丸覚え！

電験三種

公式 用語 法規

の超重要ポイント

著者 石原鉄郎
毛馬内洋典

ナツメ社

[本書の使い方]

まず丸暗記
試験によく出題される重要な公式、用語をまとめてあります。赤字で書かれている箇所は赤シートで隠しても答えられるように暗記しましょう。

ゴロで暗記
公式、用語をゴロ合わせで覚えられます。

---

42 トランジスタ増幅回路

ここを暗記!

○ トランジスタ増幅回路 トランジスタを使った次のような回路では、i_b を変化させると、それに応じて i_c の大きさが大きく変化する。元の入力よりも大きな出力を得られる作用のことを増幅という。

i_b:入力信号電流 (A) i_c:出力信号電流 (A) v_b:入力信号電圧 (V)
v_o:出力信号電圧 (V) R_L:抵抗 (Ω)

○ 増幅度と利得 (ゲイン)

電流増幅度 $A_i = \dfrac{i_c}{i_b}$ 電圧増幅度 $A_v = \dfrac{v_o}{v_b}$

電力増幅度 $A_p = \dfrac{i_c v_o}{i_b v_b} = A_i A_v$

電流利得 $G_i = 20 \log_{10} A_i$ (dB) 電圧利得 $G_v = 20 \log_{10} A_v$ (dB)
電力利得 $G_p = 10 \log_{10} A_p$ (dB)

○ トランジスタ増幅回路の簡易等価回路 上記の回路を最小限の要素で単純化した回路。

▶電流利得、電圧利得の公式
ゴロあわせ ジーさん、二重にもーろく、えーかげんにしろ!
G 20   log A

本書の特徴

- 電験三種試験は、計算問題と論説・空白問題があります。本書は、計算問題でよく使われる公式、そして論説・空白問題で出題される内容・用語をコンパクトにまとめたものです。
- 電験三種試験では、電磁気関係の正確な知識を必要とする問題が幅広い分野から出題されます。資格試験対策では過去問題を何度も解くことが「勉強の王道」とされますが、この試験の場合は、電磁気関係の正確な知識を身につけていないと、ある過去問題は解けてもその類似問題が解けない、といったことが起こります。「過去問題に慣れる」だけでは、他の問題に対処できないのです。
- よく出題される内容をとにかく暗記 ➡ 問題を解く ➡ 解けなかったら(内容がうろ覚えだったら)また暗記 ➡ 覚えたら類似問題へ、という流

問題を解く

過去問題から重要な問題をピックアップ。最初は解説を読むだけでもOK。解き方を覚えたら、自力で解いてみましょう。この問題が解けるようになれば、類似問題にもうまく対処できるようになるはずです。

入力信号電圧 $v_b = h_{ie}i_b + h_{re}v_c$
出力信号電圧 $i_c = h_{fe}i_b + h_{oe}v_c$

入力インピーダンス $h_{ie} = \dfrac{v_b}{i_b}$ 〔Ω〕 電圧帰還率 $h_{re} = \dfrac{v_b}{v_c}$

電流増幅率 $h_{fe} = \dfrac{i_c}{i_b}$ 出力アドミタンス $h_{oe} = \dfrac{i_c}{v_c}$ 〔S〕

h_{ie} :入力インピーダンス〔Ω〕 h_{fe} :電流増幅率

問題 ▶ 1 平成17年度 理論 問12 改題

● 図は、エミッタを接地したトランジスタ電圧増幅器の簡易小信号等価回路である。この回路において、電圧増幅度が120となるとき、負荷抵抗 R_L 〔kΩ〕の値を求めよ。

ただし、v_i を入力電圧、v_o を出力電圧とし、トランジスタの電流増幅率 $h_{fe} = 140$、入力インピーダンス $h_{ie} = 2.30$ 〔kΩ〕とする。

解説 ▶ 1

簡易等価回路図より次式が成り立つ。

$R_L = \dfrac{v_o}{i_c}$

$h_{fe} = \dfrac{i_c}{i_b}$ より $R_L = \dfrac{v_o}{i_c} = \dfrac{v_o}{h_{fe}i_b}$

$h_{ie} = \dfrac{v_i}{i_b}$ より $R_L = \dfrac{v_o}{h_{fe}i_b} = \dfrac{v_o}{h_{fe}} \times \dfrac{h_{ie}}{v_i} = \dfrac{v_o}{v_i} \times \dfrac{h_{ie}}{h_{fe}}$

電圧増幅度 $\dfrac{v_o}{v_i} = 120$、$h_{ie} = 2.30$ 〔kΩ〕、$h_{fe} = 140$を代入すると、

$R_L = 120 \times \dfrac{2.30}{140} ≒ 1.971 \rightarrow 1.97$ 〔kΩ〕

答え 1.97〔kΩ〕

解き方のコツを知る

試験の傾向、問題の解き方のコツなどをまとめました。

合格アドバイス 電流利得、電圧利得が20倍であるのに対し、電力利得は10倍。間違えやすいので注意!

れを作ることで、記憶が定着し、類似問題への対応ができるようになります。その勉強に役立つのが本書です。

● まず、「ここを暗記!」にある公式、用語は丸暗記してください。これらは過去問題から抽出したものがほとんどです。そして暗記をしたら、問題に挑戦してみましょう。ここで取り上げた公式、用語を覚えておくだけでかなりの問題が解けるはずです。最初は解説を見ながら解き方を覚えるだけでもいいです。

● 解けない問題があったら、その内容をチェックしておき、空き時間を使ってそれをまた暗記しましょう。コンパクトサイズの本ですから、持ち運びも通勤通学電車で開くのも簡単です。スキマ時間にサッと開いて、覚えることができるのも本書の大きな特徴です。

丸覚え！電験三種［もくじ］
公式・用語・法規の超重要ポイント

第1章 理論

- **01** オームの法則 ... 16
- **02** 電気抵抗と温度係数 ... 18
- **03** 直並列回路の合成抵抗 ... 20
- **04** 抵抗の直列回路・並列回路 ... 22
- **05** キルヒホッフの法則 ... 24
- **06** 重ね合わせの理 ... 26
- **07** テブナンの定理 ... 28
- **08** ミルマンの定理 ... 30
- **09** 抵抗のΔ-Y変換・Y-Δ変換 ... 32
- **10** ブリッジ回路 ... 34
- **11** 電力・電力量・ジュールの法則 ... 36
- **12** RL回路・RC回路の過渡現象 ... 38
- **13** 正弦波交流 ... 42
- **14** RLC直列回路 ... 46
- **15** RLC並列回路 ... 48
- **16** 共振回路 ... 50
- **17** 単相交流電力と力率 ... 52
- **18** 交流ベクトルの計算 ... 54
- **19** 交流電圧の合成とひずみ波交流 ... 56
- **20** 三相交流電源 ... 58

番号	タイトル	ページ
21	三相交流回路のY結線とΔ結線	60
22	三相交流回路のY↔Δ変換	62
23	三相交流電力	64
24	三相交流の力率	66
25	倍率器と分流器	68
26	直流電力の測定と誤差	70
27	三相電力の測定（二電力計法）	72
28	単相電力の測定（三電圧計法と三電流計法）	76
29	電気計器の種類と特徴	78
30	電界の強さとクーロンの法則	80
31	コンデンサの静電容量と静電エネルギー	82
32	コンデンサの直並列接続	84
33	磁界の強さとクーロンの法則	86
34	コイルの作る磁界の強さ	88
35	フレミング左手の法則と電磁力	90
36	電磁誘導の法則と起電力	92
37	磁気回路のオームの法則	94
38	合成インダクタンス	98
39	ヒステリシス曲線	100
40	電子と電流	102
41	電子の運動	104
42	トランジスタ増幅回路	108
43	トランジスタの種類	110
44	演算増幅器（オペアンプ）	112
45	電磁気の各種効果	114
46	p形半導体とn形半導体	116
47	オシロスコープとリサジュー図形	118

第2章 電力

- **01** 水力発電とエネルギー ……………………………… 122
- **02** 水の流量、エネルギーとベルヌーイの定理 ………… 126
- **03** 水車の方式 …………………………………………… 128
- **04** 汽力発電の熱サイクル ……………………………… 130
- **05** 汽力発電の発電効率 ………………………………… 132
- **06** 火力発電の付随装置 ………………………………… 136
- **07** 火力発電 ……………………………………………… 138
- **08** 原子力発電 …………………………………………… 140
- **09** 自然エネルギー発電 ………………………………… 142
- **10** 電池 …………………………………………………… 144
- **11** 遮断器・開閉器・断路器 ……………………………… 146
- **12** 雷害・過電圧対策と絶縁協調 ………………………… 148
- **13** 架空送電線路 ………………………………………… 150
- **14** 地中送電線路 ………………………………………… 152
- **15** 調相設備 ……………………………………………… 154
- **16** 直流送電 ……………………………………………… 156
- **17** 送配電線路の電圧降下 ……………………………… 158
- **18** 発電所・変電所の変圧器と結線方法 ………………… 160
- **19** 送配電線路の接地方式 ……………………………… 162
- **20** 架空電線の機械的障害とその対策 ………………… 164
- **21** 送電線路の電気的障害とその対策 ………………… 166
- **22** ケーブルの充電電流 ………………………………… 168
- **23** 配電線系統の保護 …………………………………… 170

第3章 機械

- **01** 直流電動機 ... 174
- **02** 直流発電機 ... 178
- **03** 単相変圧器 ... 180
- **04** 誘導電動機の一般的性質 ... 184
- **05** 誘導電動機の等価回路 ... 186
- **06** 巻線型誘導電動機の構造と性質 ... 188
- **07** かご型誘導電動機の構造と性質 ... 190
- **08** 同期機の一般的性質 ... 192
- **09** 同期発電機の電機子反作用 ... 194
- **10** 同期発電機の短絡比と同期インピーダンス ... 196
- **11** 同期電動機の出力とV特性曲線 ... 198
- **12** 単相単巻変圧器 ... 202
- **13** 三相交流の変圧方法 ... 204
- **14** ダイオード整流回路 ... 206
- **15** サイリスタ ... 210
- **16** インバータ ... 212
- **17** パワーコンディショナ ... 214
- **18** 電気照明 ... 216
- **19** 照度計算 ... 220
- **20** 電気加熱 ... 224
- **21** 電熱と温度測定 ... 226
- **22** ヒートポンプ ... 230
- **23** 電気分解とファラデーの法則 ... 234

24	自動制御	236
25	電池	238
26	電気動力と力学的エネルギー	240
27	論理回路	242
28	論理演算とブール代数	248
29	プログラミング	250

第4章 法規

01	電圧種別と電気工作物	254
02	電気工作物の維持義務	256
03	電気工作物の設置者の義務	258
04	電気事故報告	260
05	電気用品安全法	262
06	電気工事士法	264
07	絶縁抵抗値と低圧電路の絶縁性能	266
08	絶縁耐力試験	268
09	接地工事	270
10	架空電線	272
11	地中電線・屋側ケーブル	276
12	変電設備等の施設の基準	278
13	屋内電路の施設	280
14	負荷特性（需要率・負荷率・不等率）	284
15	対地電圧からの接地抵抗の計算	286
16	漏えい電流からの接地抵抗の計算	288
17	高圧ケーブルの絶縁耐力試験	290

18	支線の張力と強度の計算	292
19	架空線路の風圧荷重の計算	294
20	短絡電流と遮断容量の計算	296
21	中性点非接地式電路の1線地絡電流	298
22	調整池式発電所の計算	300
23	変圧器の全日効率	304
24	電力用コンデンサで力率改善	306

さくいん 308

付録

電験三種試験でよく使われる数学の公式	10
主な量記号と単位記号	14
数式に出てくるギリシャ文字	252
計算問題に出てくる倍数記号	252

本文デザイン●志岐デザイン事務所
本文組版・図版●オフィス・ムーヴ　原田高志／原田新
編集協力●パケット
編集担当●伊藤雄三（ナツメ出版企画）

電験三種試験でよく使われる
数学の公式

●弧度法

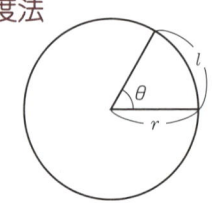

$$\theta = \frac{l}{r} \text{ [rad]}$$

$$360° = \frac{2\pi r}{r} = 2\pi \text{ [rad]}$$

度数法	0°	30°	45°	60°	90°	180°	270°	360°
弧度法	0	$\frac{\pi}{6}$	$\frac{\pi}{4}$	$\frac{\pi}{3}$	$\frac{\pi}{2}$	π	$\frac{3\pi}{2}$	2π

↑ 度数法と弧度法の比較表は丸暗記するのではなく、$2\pi = 360°$ から導き出せるようにしておこう。

●三角関数

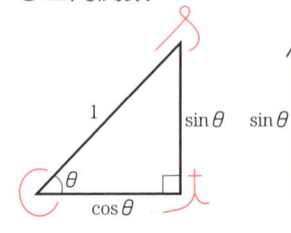

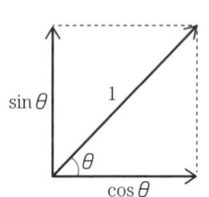

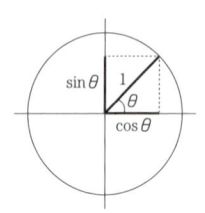

$$\tan\theta = \frac{\sin\theta}{\cos\theta}$$

$\sin^2\theta + \cos^2\theta = 1$ ← 三平方の定理から導き出せる。

$\sin(-\theta) = -\sin\theta \quad \cos(-\theta) = \cos\theta$

$\left.\begin{array}{l}\sin\theta = \cos(\frac{\pi}{2} - \theta) \\ \cos\theta = \sin(\frac{\pi}{2} - \theta)\end{array}\right\}$ sin→cosへの変換、cos→sinへの変換に多用。

$\left.\begin{array}{l}\sin(\theta \pm \phi) = \sin\theta\cos\phi \pm \cos\theta\sin\phi \\ \cos(\theta \pm \phi) = \cos\theta\cos\phi \mp \sin\theta\sin\phi\end{array}\right\}$ ← 加法定理

$$\left.\begin{array}{l}\sin 2\theta = 2\sin\theta\cos\theta \\ \cos 2\theta = 2\cos^2\theta - 1 = 1 - 2\sin^2\theta\end{array}\right\} \leftarrow \text{2倍角の公式}$$

●指数

$$a^m \times a^n = a^{m+n} \qquad \frac{a^m}{a^n} = a^{m-n} \qquad a^{-m} = \frac{1}{a^m}$$

$$a^0 = 1 \qquad (a^m)^n = a^{m \times n} \qquad a^{\frac{m}{n}} = \sqrt[n]{a^m}$$

$$(ab)^m = a^m \times b^m$$

●対数

$a^x = C$ ($a > 0$、$a \neq 1$、$C > 0$) のとき、

$x = \log_a C$

$\log_a xy = \log_a x + \log_a y$

$\log_a \dfrac{x}{y} = \log_a x - \log_a y$

$\log_a x^n = n\log_a x$

$\therefore \log_{10} 1 = \log_{10} 10^0 = 0$

$\quad \log_{10} 100 = \log_{10} 10^2 = 2$

$\quad \log_{10} 0.01 = \log_{10} 10^{-2} = -2$

← 10を底とする常用対数はトランジスタ増幅回路の利得を求める公式などに使われる。対数の性質からこれらの数値が導き出せるようにしておこう。

●三平方の定理

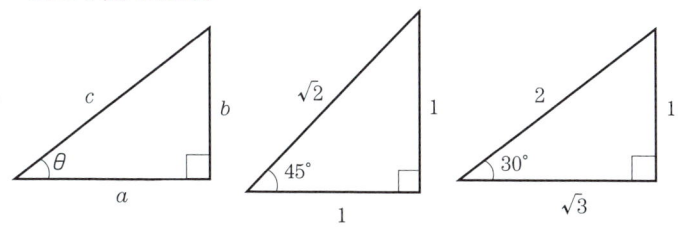

$$a^2 + b^2 = c^2$$

↑ 三平方の定理と三角定規の三角比は問題を解くのによく使う。

電験三種試験でよく使われる数学の公式

●複素数

$j = \sqrt{-1} \qquad j^2 = -1$

$(a + jb) + (c + jd) = (a + c) + j(b + d)$

$(a + jb) - (c + jd) = (a - c) + j(b - d)$

$(a + jb)(c + jd) = ac + jad + jbc + j^2 bd$
$\qquad\qquad\qquad = (ac - bd) + j(ad + bc)$

$(a + jb)(a - jb) = a^2 - jab + jab + b^2$
$\qquad\qquad\qquad = a^2 + b^2$

← 虚数部の符号を反転させたものを共役複素数という。複素数とその共役複素数の積は正の実数になる。

$\dfrac{a + jb}{c + jd} = \dfrac{(a + jb)(c - jd)}{(c + jd)(c - jd)}$
$\qquad = \dfrac{(ac + bd) + j(bc - ad)}{c^2 + d^2}$
$\qquad = \dfrac{ac + bd}{c^2 + d^2} + j\dfrac{bc - ad}{c^2 + d^2}$

← 共役複素数を掛けるテクニックは割り算に使用される。必ずマスターしておくこと。

●ベクトルの複素数表示

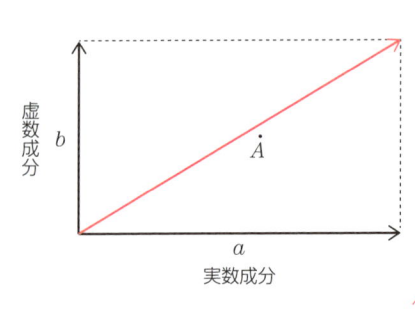

$\dot{A} = \underline{a} + \underline{jb}$
　　　実数成分　虚数成分

↑ ベクトルを虚数成分と実数成分に分ける。虚数成分に虚数の記号である「j」をつける。

$|\dot{A}| = \sqrt{a^2 + b^2}$

↑ベクトルAの絶対値　↑三平方の定理より

12

●ベクトルの合成（複素数表示）

> **【ベクトル合成の手順】**
> ①それぞれのベクトルを虚数成分（虚軸）と実数成分（実軸）に分解する。
> ②虚数成分と実数成分、それぞれの成分を足す。
> ＊合成ベクトルの大きさは三平方の定理で求まる。

【例1】ベクトルAとBの虚数成分と実数成分、それぞれの向きが同じ場合

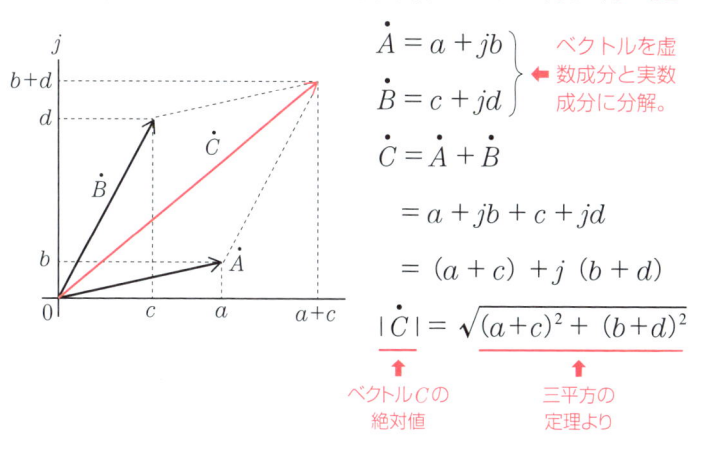

$\dot{A} = a + jb$
$\dot{B} = c + jd$ ← ベクトルを虚数成分と実数成分に分解。

$\dot{C} = \dot{A} + \dot{B}$
$\phantom{\dot{C}} = a + jb + c + jd$
$\phantom{\dot{C}} = (a + c) + j(b + d)$

$|\dot{C}| = \sqrt{(a+c)^2 + (b+d)^2}$

↑ ベクトルCの絶対値 　　 ↑ 三平方の定理より

【例2】ベクトルAとBの虚数成分の向きが異なる場合

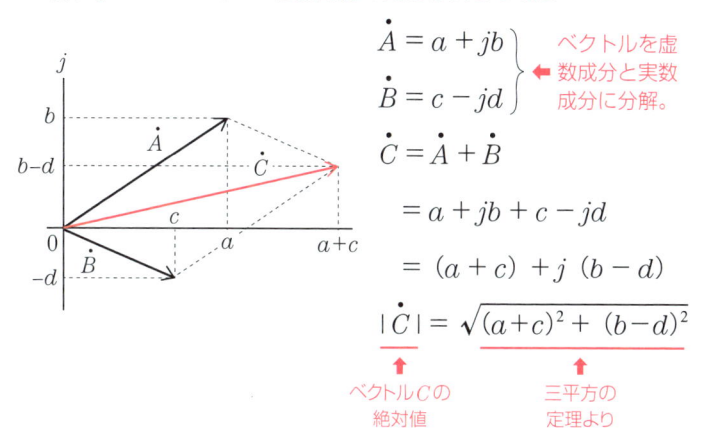

$\dot{A} = a + jb$
$\dot{B} = c - jd$ ← ベクトルを虚数成分と実数成分に分解。

$\dot{C} = \dot{A} + \dot{B}$
$\phantom{\dot{C}} = a + jb + c - jd$
$\phantom{\dot{C}} = (a + c) + j(b - d)$

$|\dot{C}| = \sqrt{(a+c)^2 + (b-d)^2}$

↑ ベクトルCの絶対値 　　 ↑ 三平方の定理より

主な量記号と単位記号

	量記号	単位記号	単位の名称
圧力	P、p	Pa	パスカル
インピーダンス	Z、z	Ω	オーム
エネルギー、熱量	W、Q、H	J	ジュール
温度（絶対温度）	T、t、θ	K	ケルビン
温度（セルシウス温度）	T、t、θ	℃	度
回転速度	n (N)	s^{-1} (min^{-1})	毎秒（毎分）
角速度、角周波数	ω	rad/s	ラジアン毎秒
角度、位相、位相差	θ、α、β	rad (°)	ラジアン（度）
起電力	E、e	V	ボルト
光束	F	lm	ルーメン
光度	I	cd	カンデラ
時間、周期	T、t	s	秒
自己インダクタンス	L	H	ヘンリー
磁束	Φ、ϕ	Wb	ウェーバ
磁束密度	B	T	テスラ
質量	m	kg	キログラム
周波数	f	Hz	ヘルツ
照度	E	lx	ルクス
静電容量(キャパシタンス)	C	F	ファラド
相互インダクタンス	M	H	ヘンリー
速度	v	m/s (m/h)	メートル毎秒(メートル毎時)
体積	V	m^3	立方メートル
抵抗(電気抵抗)	R、r	Ω	オーム
抵抗率	ρ	Ω·m	オームメートル
電圧、電位、電位差	V、v	V	ボルト
電荷、電気量	Q、q	C	クーロン
電流	I、i	A	アンペア
電力、有効電力	P	W	ワット
電力量	W	W·s (W·h)	ワット秒（ワット時）
導電率	σ	S/m	ジーメンス毎メートル
長さ、波長	l、λ	m	メートル
皮相電力	S	V·A	ボルトアンペア
無効電力	Q	Var	バール
面積	A、S	m^2	平方メートル
リアクタンス	X、x	Ω	オーム
立体角	ω	sr	ステラジアン

第 1 章

理論
の超重要ポイント

01 オームの法則

ここを暗記！

➡ 直流回路のオームの法則　電流 I は電圧 V に比例、抵抗 R に反比例。

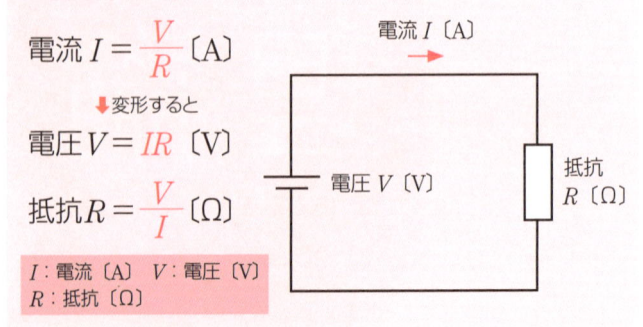

$$電流 I = \frac{V}{R} \text{〔A〕}$$

↓変形すると

$$電圧 V = IR \text{〔V〕}$$

$$抵抗 R = \frac{V}{I} \text{〔Ω〕}$$

I：電流〔A〕　V：電圧〔V〕
R：抵抗〔Ω〕

問題▶1　平成17年度 理論 問5

●図のように、抵抗 $R_{ab} = 140$〔Ω〕のすべり抵抗器に抵抗 $R_1 = 10$〔Ω〕、抵抗 $R_2 = 5$〔Ω〕を接続した回路がある。この回路を流れる電流が $I = 9$〔A〕のとき、抵抗 R_1 を流れる電流 $I_1 = 3$〔A〕であった。このときのすべり抵抗器の抵抗比（抵抗 R_{ac}：抵抗 R_{bc}）を求めよ。

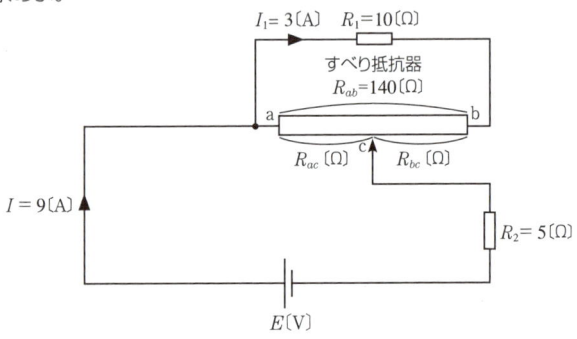

ゴロあわせ　▶オームの法則
合格のVサインには愛があーる
　　　　　V　　　　 I 　 R

解説 ▶ 1

[図: すべり抵抗器を含む回路。$I_1 = 3$ [A], $R_1 = 10$ [Ω], すべり抵抗器 $R_{ab} = 140$ [Ω], R_{ac} [Ω], R_{bc} [Ω], I_2, $I = 9$ [A], $R_2 = 5$ [Ω], E [V]]

R_{ac} に流れる電流を I_2 とすると I_2 は次式で求められる。

$I_2 = I - I_1 = 9 - 3 = 6$ [A]

次に R_1 の両端の電圧を V_1、R_{ac} の両端の電圧を V_{ac}、R_{bc} の両端の電圧を V_{bc} とすると次式が成り立つ。

$V_{ac} = V_{bc} + V_1$

オームの法則より、上式は次式になる。

$R_{ac} I_2 = R_{bc} I_1 + R_1 I_1 = (R_{bc} + R_1) I_1 \cdots$ ①

また、R_{ac}、R_{bc}、R_{ab} の間には次式が成り立つ。

$R_{ac} + R_{bc} = R_{ab}$

$R_{ac} = R_{ab} - R_{bc} = 140 - R_{bc} \cdots$ ②

②を①に代入すると

$(140 - R_{bc}) I_2 = (R_{bc} + R_1) I_1 \cdots$ ③

③に題意の数値を代入する。

$6 (140 - R_{bc}) = 3 (R_{bc} + 10)$

$R_{bc} = 90$ [Ω]

②より

$R_{ac} = 140 - R_{bc} = 140 - 90 = 50$ [Ω]

したがって、$R_{ac} : R_{bc} = 50 : 90 = 5 : 9$

答え $R_{ac} : R_{bc} = 5 : 9$

合格アドバイス：オームの法則は単独で出題されることはない。しかし、他の法則などと組み合わせて解くという使われ方は非常に多い。電気法則の中で最も基本かつ重要な法則だが、この試験においてもまさにその通り。

02 電気抵抗と温度係数

ここを 暗記！

◯ 電気抵抗と導体の断面積、導体の長さとの関係

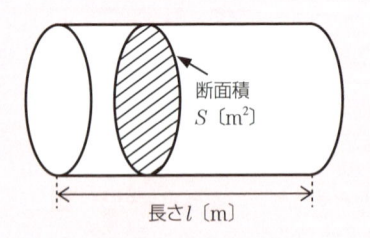

電気抵抗 $R = \rho \dfrac{l}{S}$ 〔Ω〕

ρ：抵抗率〔Ω・m〕 S：導体の断面積〔m²〕 l：導体の長さ〔m〕

◯ 温度変化と抵抗値の関係

温度上昇後の抵抗 R_2

= 温度上昇前の抵抗 $R_1 \times \{1 + \alpha_1 (t_2 - t_1)\}$

α_1：t_1〔℃〕における抵抗の温度係数〔1/℃〕 t_2：上昇後の温度〔℃〕
t_1：上昇前の温度〔℃〕

問題 ▶ 1 平成23年度 理論 問5 改題

● 20〔℃〕における抵抗値が R_1〔Ω〕、抵抗温度係数が α_1〔℃⁻¹〕の抵抗器Aと20〔℃〕における抵抗値が R_2〔Ω〕、抵抗温度係数が $\alpha_2 = 0$〔℃⁻¹〕の抵抗器Bが並列に接続されている。その20〔℃〕と21〔℃〕における並列抵抗値をそれぞれ r_{20}〔Ω〕、r_{21}〔Ω〕としたとき、r_{20}、r_{21} を R_1、R_2、α_1、α_2 を用いて表せ。

ゴロあわせ ▶電気抵抗 R と導体の断面積 S・長さ l の関係
抵抗があると、労力がかかるSL
  R ρ S分のl

解説 ▶ 1

[20℃のとき]

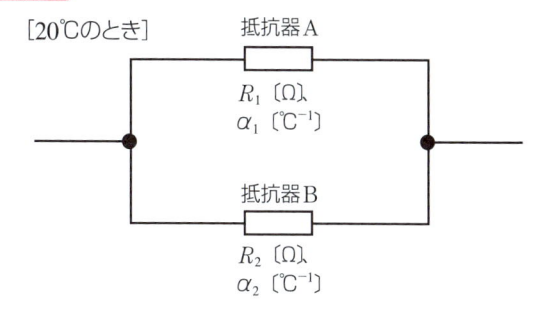

抵抗器A R_1〔Ω〕, α_1〔℃$^{-1}$〕

抵抗器B R_2〔Ω〕, α_2〔℃$^{-1}$〕

r_{20}：20℃のときの並列抵抗値
R_1：20℃のときの抵抗器Aの抵抗値
R_2：20℃のときの抵抗器Bの抵抗値
であるから、r_{20} は次式の通り。

$$r_{20} = \frac{R_1 R_2}{R_1 + R_2} \quad (\leftarrow \text{P20 並列接続の合成抵抗})$$

r_{21}：21℃のときの並列抵抗値
R'_1：21℃のときの抵抗器Aの抵抗値とすると、
$R'_1 = R_1\{1 + \alpha_1(21 - 20)\}$
$\quad = R_1(1 + \alpha_1)$

R'_2：21℃のときの抵抗器Bの抵抗値とすると、
$R'_2 = R_2\{1 + 0 \times (21 - 20)\}$
$R'_2 = R_2$

したがって、r_{21} は次式の通り。

$$r_{21} = \frac{R'_1 R'_2}{R'_1 + R'_2} = \frac{R_1(1+\alpha_1)R_2}{R_1(1+\alpha_1) + R_2}$$

$$= \frac{R_1 R_2 (1+\alpha_1)}{R_1 + R_2 + \alpha_1 R_1}$$

答え $r_{20} = \dfrac{R_1 R_2}{R_1 + R_2}$ $r_{21} = \dfrac{R_1 R_2 (1+\alpha_1)}{R_1 + R_2 + \alpha_1 R_1}$

合格アドバイス　抵抗の温度係数は、金属の場合は正、半導体の場合は負の値を取る。つまり、金属の電気抵抗は温度上昇に比例して増大し、半導体の電気抵抗は低下する。

03 直並列回路の合成抵抗

ここを 暗記！

● 直列接続の合成抵抗　「和」 ➡ 合成抵抗 $R = R_1 + R_2$ 〔Ω〕

直列接続

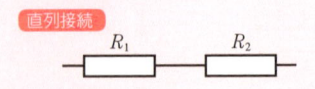

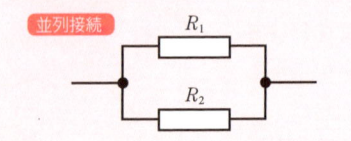

● 並列接続の合成抵抗　「和分の積」 ➡ 合成抵抗 $R = \dfrac{R_1 R_2}{R_1 + R_2}$ 〔Ω〕

並列接続

R_1、R_2：個別の抵抗〔Ω〕

問題 ▶ 1　平成21年度 理論 問6 改題

● 抵抗値が異なる抵抗 R_1〔Ω〕と R_2〔Ω〕を図1のように直列に接続し、30〔V〕の直流電圧を加えたところ、回路に流れる電流は6〔A〕であった。次に、この抵抗 R_1〔Ω〕と R_2〔Ω〕を図2のように並列に接続し、30〔V〕の直流電圧を加えたところ、回路に流れる電流は25〔A〕であった。このとき、抵抗 R_1〔Ω〕、R_2〔Ω〕のうち小さい方の抵抗〔Ω〕の値を求めよ。

図1　　　　　　　　　図2

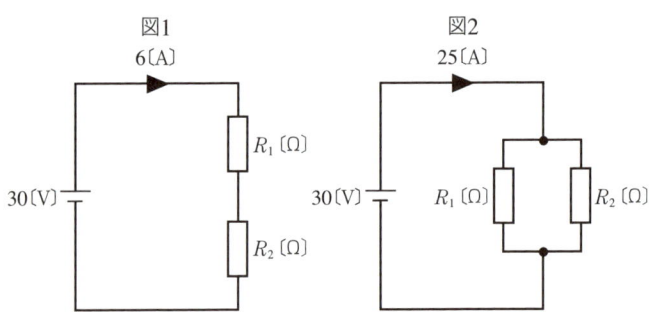

合格アドバイス　抵抗は電気の流れにくさ。したがって、抵抗の直列は流れにくさが重なるからとても流れにくくなる→抵抗値の和、と覚えよう。

解説 ▶ 1

直列接続の値より $R_1+R_2 = \dfrac{30}{6} = 5 \,[\Omega]$　・・・①

並列接続の値より $\dfrac{R_1 R_2}{R_1+R_2} = \dfrac{30}{25} = \dfrac{6}{5} \,[\Omega]$　・・・②

①を②に代入すると、

$\dfrac{R_1 R_2}{5} = \dfrac{6}{5} \Rightarrow R_1 R_2 = 6$　・・・③

①より
$R_2 = 5 - R_1$　・・・④

④を③に代入すると
$R_1(5-R_1) = 6$
$5R_1 - R_1^2 = 6$
$R_1^2 - 5R_1 + 6 = 0$

これを解くと
$(R_1-2)(R_1-3) = 0$
$R_1 = 2$ 又は $3 \,[\Omega]$

したがって
$R_1 = 2$ のとき、$R_2 = 5-R_1 = 5-2 = 3 \,[\Omega]$
$R_1 = 3$ のとき、$R_2 = 5-R_1 = 5-3 = 2 \,[\Omega]$
R_1 と R_2 は $2 \,[\Omega]$ と $3 \,[\Omega]$ の組み合わせとなり、
うち小さい方は $2 \,[\Omega]$ となる。

答え $2 \,[\Omega]$

ゴロあわせ ▶並列の合成抵抗 R と、抵抗 R_1、R_2 の関係（2つの抵抗のとき）
二人並列して　席に割り込むわ
並列抵抗 R　積　÷　和

04 抵抗の直列回路・並列回路

ここを暗記！

抵抗の直列回路 それぞれの抵抗に流れる電流は等しい。電圧はそれぞれの抵抗の値に比例して分圧される。

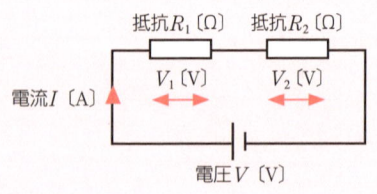

$$V_1 : V_2 = R_1 : R_2$$

V_1：抵抗R_1にかかる電圧〔V〕　V_2：抵抗R_2にかかる電圧〔V〕

抵抗の並列回路 それぞれの抵抗に加わる電圧は等しい。電流はそれぞれの抵抗の値に反比例して分流する。

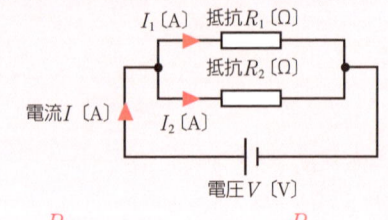

$$I_1 = \frac{R_2}{R_1+R_2} I \text{〔A〕} \qquad I_2 = \frac{R_1}{R_1+R_2} I \text{〔A〕}$$

I_1：抵抗R_1に流れる電流〔A〕　I_2：抵抗R_2に流れる電流〔A〕

問題 ▶ 1　平成26年度 理論 問6 改題

●図のように、抵抗を直並列に接続した直流回路がある。この回路を流れる電流Iの値は、$I = 10\text{mA}$であった。このとき、抵抗R_2〔kΩ〕の値を求めよ。

ただし、抵抗R_1〔kΩ〕に流れる電流I_1〔mA〕と抵抗R_2〔kΩ〕に流れる電流I_2〔mA〕の電流比 $\dfrac{I_1}{I_2}$ の値は $\dfrac{1}{2}$ とする。

合格アドバイス　直列回路の分圧→電圧と抵抗の添字が対応。
並列回路の分流→電流と分子の抵抗の添字が互い違い。

解説 ▶ 1

並列回路に流れる電流 I_1 と I_2 は次式で表される。

$$I_1 = \frac{R_2}{R_1+R_2} I \qquad I_2 = \frac{R_1}{R_1+R_2} I$$

題意で与えられている I_1 と I_2 の関係から、

$$\frac{I_1}{I_2} = \frac{\frac{R_2}{R_1+R_2} I}{\frac{R_1}{R_1+R_2} I} = \frac{R_2}{R_1} = \frac{1}{2}$$

$$R_1 = 2R_2$$

回路全体の抵抗を R_0 とすると R_0 は次式の通り。

$$R_0 = R + \frac{R_1 R_2}{R_1+R_2} + R = 2R + \frac{2R_2 R_2}{2R_2+R_2} = 2R + \frac{2R_2^2}{3R_2} = 2R + \frac{2R_2}{3}$$

また、$R_0 = \dfrac{E}{I}$ より

$$2R + \frac{2R_2}{3} = \frac{E}{I}$$

したがって、抵抗 R_2 の値は

$$R_2 = \frac{3}{2}\left(\frac{E}{I} - 2R\right) = \frac{3}{2}\left(\frac{10}{10\times 10^{-3}} - 2\times 100\right) = 1\,200 \;[\Omega]$$
$$= 1.2\;[\mathrm{k}\Omega]$$

答え $1.2\,[\mathrm{k}\Omega]$

合格アドバイス　直列回路では抵抗に流れる電流が等しいことに注目して、並列回路では抵抗にかかる電圧が等しいことに注目して、方程式を立てると計算しやすい。

05 キルヒホッフの法則

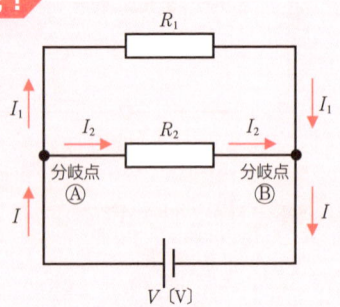

ここを暗記!

●キルヒホッフ第1法則　電流和の法則
電流の流入の和＝電流の流出の和
$I = I_1 + I_2$ 〔A〕

●キルヒホッフ第2法則　電圧和の法則
電気回路中の電源の電圧の総和＝電圧降下の総和
$R_1 I_1 = R_2 I_2 = V$ 〔V〕
$R_1 I_1 - R_2 I_2 = 0$ 〔V〕

> I_1：抵抗R_1に流れる電流〔A〕　I_2：抵抗R_2に流れる電流〔A〕
> V：電源電圧〔V〕

問題▶1　平成17年度 理論 問15(b) 改題

●図の直流回路において、電源電圧$E = 40$〔V〕、抵抗$R = 80$〔Ω〕のときのI_3〔A〕の値を求めよ。ただし、電源電圧E〔V〕の値は一定で変化しないものとする。

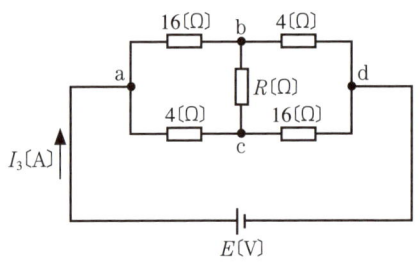

▶キルヒホッフ第1法則
ゴロあわせ　出入りは同じ愛　の流れ。私の愛はアイツ
　　　　　　流出電流＝流入電流　　I　I_1　I_2

解説 ▶ 1

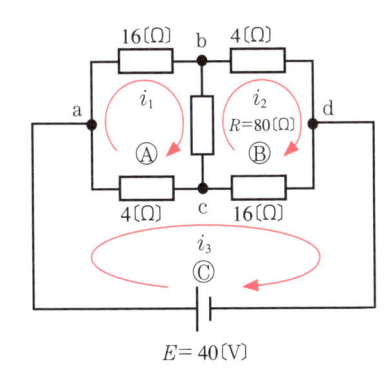

上図の回路網について、電流 i_1、i_2、i_3 を仮定すると次式が成り立つ。

Ⓐ $16i_1 + 80(i_1 - i_2) + 4(i_1 - i_3) = 0$
　　$25i_1 - 20i_2 - i_3 = 0$ ・・・①

Ⓑ $4i_2 + 16(i_2 - i_3) + 80(i_2 - i_1) = 0$
　　$-20i_1 + 25i_2 - 4i_3 = 0$ ・・・②

Ⓒ $4(i_3 - i_1) + 16(i_3 - i_2) = 40$
　　$-i_1 - 4i_2 + 5i_3 = 10$ ・・・③

この①②③の連立方程式を解くと

①＋②＋③より、$4i_1 + i_2 = 10$

変形して、$i_2 = 10 - 4i_1$ ・・・④

④を①へ代入すると、$25i_1 - 20(10 - 4i_1) - i_3 = 0$

$105i_1 - i_3 = 200$ ・・・⑤

④を②へ代入すると、$-20i_1 + 25(10 - 4i_1) - 4i_3 = 0$

$30i_1 + i_3 = 62.5$ ・・・⑥

⑤＋⑥より、$i_1 = \dfrac{262.5}{135}$ ・・・⑦

⑦を⑤へ代入すると、$i_3 = 105 \times \dfrac{262.5}{135} - 200 ≒ 4.17$〔A〕

よって、$I_3 = i_3 = 4.17$〔A〕

答え 4.17〔A〕

合格アドバイス　キルヒホッフの法則には連立方程式がつきもの。ここの問題にあるように、少なくとも3変数の連立方程式の解き方は習熟しておこう。

06 重ね合わせの理

ここを暗記！

→ **重ね合わせの理** 複数の電源を持つ回路は、電圧源は短絡、電流源は開放して取り去り、それぞれの電源が単独に存在している場合を重ね合わせたものに等しい。

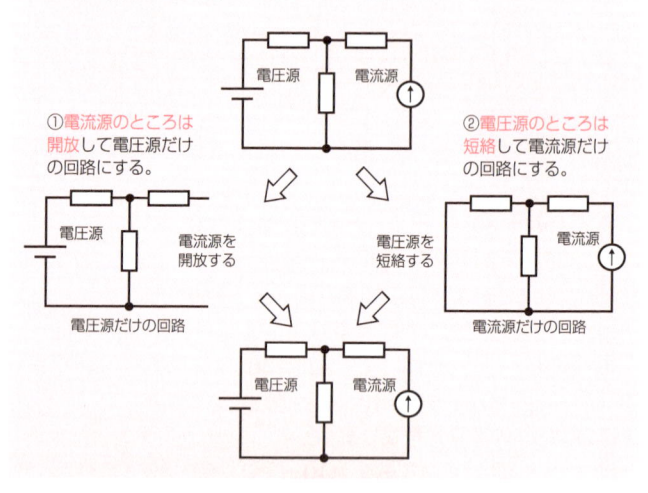

①電流源のところは開放して電圧源だけの回路にする。

②電圧源のところは短絡して電流源だけの回路にする。

問題 ▶ 1　平成20年度 理論 問7 改題

●図のように、2種類の直流電源と3種類の抵抗からなる回路がある。各抵抗に流れる電流を図に示す向きに定義するとき、電流 I_1〔A〕、I_2〔A〕、I_3〔A〕の値を求めよ。

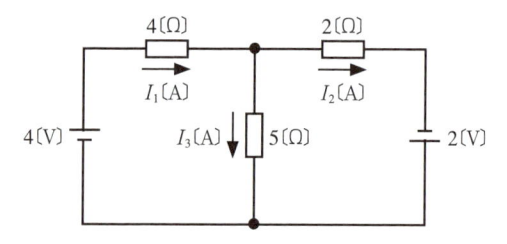

合格アドバイス　回路に複数の電源が含まれている問題は「キルヒホッフの法則」か「重ね合わせの理」を使って解けることが多い。

解説 ▶ 1

2〔V〕の電源を取り去って短絡し、4〔V〕の電源が単独で存在している場合の回路は右図の通りで、このときに回路に流れる電流は次のように計算できる。

$$I_{1a} = \frac{4}{4+\frac{5\times2}{5+2}} = \frac{14}{19} \text{〔A〕}$$

$$I_{2a} = \frac{4}{4+\frac{5\times2}{5+2}} \times \frac{5}{5+2} = \frac{10}{19} \text{〔A〕}$$

$$I_{3a} = \frac{4}{4+\frac{5\times2}{5+2}} \times \frac{2}{5+2} = \frac{4}{19} \text{〔A〕}$$

次に、4〔V〕の電源を取り去って短絡し、2〔V〕の電源が単独で存在している場合の回路は右図の通りで、このときに回路に流れる電流は次のように計算できる。

$$I_{2b} = \frac{2}{2+\frac{4\times5}{4+5}} = \frac{9}{19} \text{〔A〕}$$

$$I_{1b} = \frac{2}{2+\frac{4\times5}{4+5}} \times \frac{5}{4+5} = \frac{5}{19} \text{〔A〕}$$

$$I_{3b} = \frac{2}{2+\frac{4\times5}{4+5}} \times \frac{4}{4+5} = \frac{4}{19} \text{〔A〕}$$

したがって、各抵抗に流れる電流は、問題図の矢印の方向を正方向として求めると、

$$I_1 = I_{1a} + I_{1b} = \frac{14}{19} + \frac{5}{19} = 1 \text{〔A〕} \quad I_2 = I_{2a} + I_{2b} = \frac{10}{19} + \frac{9}{19} = 1 \text{〔A〕}$$

$$I_3 = I_{3a} - I_{3b} = \frac{4}{19} - \frac{4}{19} = 0 \text{〔A〕}$$

答え $I_1 = 1$〔A〕 $I_2 = 1$〔A〕 $I_3 = 0$〔A〕

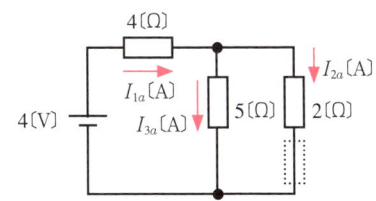

合格アドバイス 電源が複数ある場合は、まず「重ね合わせの理」を考えてみて、キルヒホッフだと時間がかかる場合は重ね合わせを使おう。

07 テブナンの定理

ここを暗記！

⊃ テブナンの定理 複雑な電気回路を等価回路に置き換えて回路計算するときに使う定理。

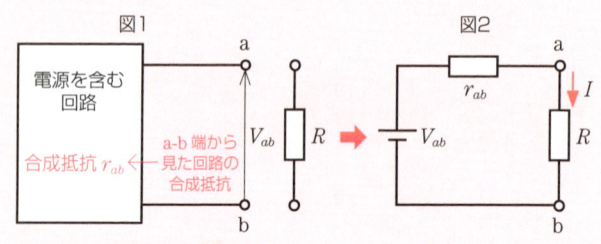

図1　　　　　　　　　　　　図2

電源を含む回路網のある抵抗Rに流れる電流Iは、抵抗を取り去ったときにその両端に発生する電圧をV_{ab}、また電圧源を短絡し、電流源を開放した回路網を両端から見た抵抗をr_{ab}とすると次式で表される。

電流 $I = \dfrac{V_{ab}}{r_{ab}+R}$〔A〕

I：外部抵抗Rを流れる電流〔A〕　V_{ab}：a-b間開放時の端子電圧〔V〕
r_{ab}：a-b間開放端子から回路網を見た抵抗〔Ω〕
R：端子a-b間に接続する外部抵抗〔Ω〕

問題 ▶ 1　平成25年度 理論 問6 改題

●図の直流回路において、抵抗$R=10$〔Ω〕で消費される電力〔W〕の値を求めよ。

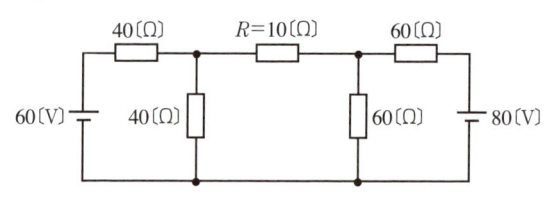

合格アドバイス　テブナンの定理もキルヒホッフの法則で解くのに時間がかかる場合に役立つ。複雑な回路はテブナンの定理で解くのが無難。

解説▶1

テブナンの定理で求める。下の図のように、抵抗Rを取り外した端子a-bに発生する電圧をV_0とすると次式で求められる。

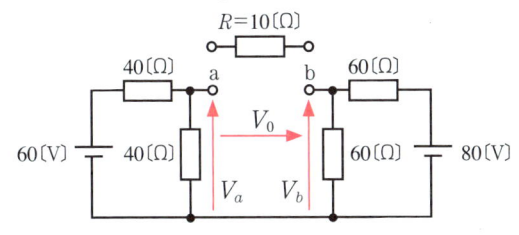

$$V_a = \frac{40}{40+40} \times 60 = 30 \text{ [V]}$$

$$V_b = \frac{60}{60+60} \times 80 = 40 \text{ [V]}$$

したがって、$V_0 = V_b - V_a = 40 - 30 = 10$ [V]

次の図のように、回路網の電圧源を短絡し、端子a-bから見た抵抗R_0は次式で求められる。

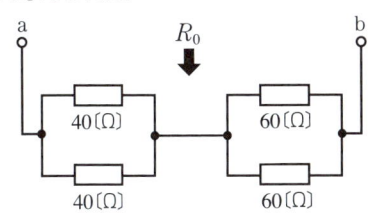

$$R_0 = \frac{40 \times 40}{40+40} + \frac{60 \times 60}{60+60} = 50 \text{ [Ω]}$$

したがって、抵抗Rを流れる電流Iは、次のように求まる。

$$I = \frac{V_0}{R_0 + R} = \frac{10}{50+10} = \frac{1}{6} \text{ [A]}$$

抵抗Rで消費される電力をPとすると、

$$P = I^2 R = \left(\frac{1}{6}\right)^2 \times 10 = \frac{10}{36} \fallingdotseq 0.28 \text{ [W]}$$

答え 0.28 [W]

合格アドバイス　両端の電圧を求めるときは電源の向きに、端子から見た抵抗を求めるときは抵抗の直列・並列の接続に注意しよう。

08 ミルマンの定理

ここを 暗記！

➜ **ミルマンの定理** 多数の並列回路をもつ回路網の計算に用いる定理。キルヒホッフの法則等だと解くのに時間がかかる場合に役立つ。

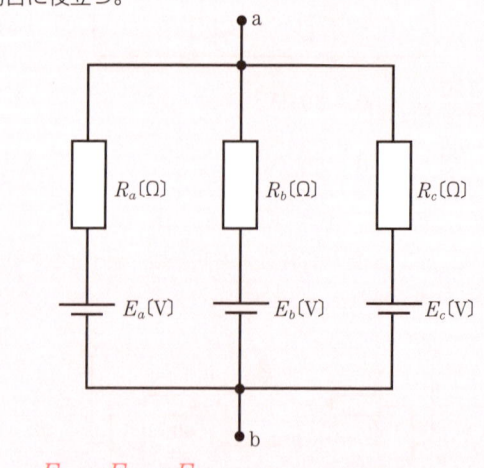

$$V_{ab} = \frac{\dfrac{E_a}{R_a} + \dfrac{E_b}{R_b} + \dfrac{E_c}{R_c}}{\dfrac{1}{R_a} + \dfrac{1}{R_b} + \dfrac{1}{R_c}} \text{(V)}$$

◀……　分子　a-b間の短絡電流の和
◀……　分母　抵抗の逆数の和

V_{ab}：a-b間の電圧〔V〕　E_a、E_b、E_c：電源電圧〔V〕
R_a、R_b、R_c：抵抗〔Ω〕

問題▶1　平成20年度 理論 問7 改題

●図のように、2種類の直流電源と3種類の抵抗からなる回路がある。各抵抗に流れる電流を図に示す向きに定義するとき、電流 I_1〔A〕、I_2〔A〕、I_3〔A〕の値を求めよ。

ゴロあわせ
▶ミルマンの定理　分子
ミルマンの子ども　は　短絡的に　電　話した
ミルマンの定理の分子　　　短絡　　電流　和

解説 ▶ 1

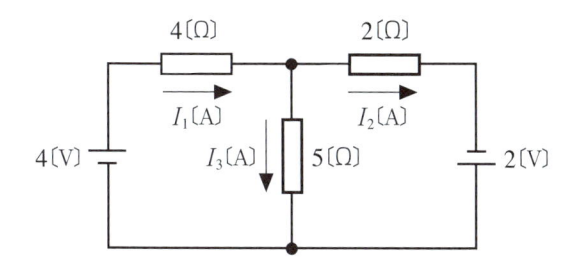

5〔Ω〕の抵抗の両端の電圧をV_3とすると、ミルマンの定理により、次式で求められる。

$$V_3 = \frac{\frac{4}{4} + \frac{0}{5} + \frac{-2}{2}}{\frac{1}{4} + \frac{1}{5} + \frac{1}{2}} = 0〔V〕$$

5〔Ω〕の抵抗の両端の電圧は 0 なので、$I_3 = \frac{V_3}{5} = 0$ となり、5〔Ω〕の抵抗には電流が流れない。したがって、問題の回路は電流の流れない部分を取り去り、次のように書き換えられる。

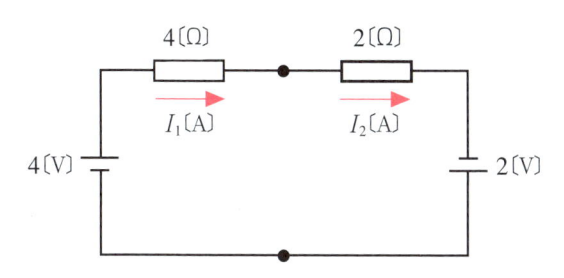

したがって、I_1、I_2は次式の通り。

$$I_1 = I_2 = \frac{4+2}{4+2} = \frac{6}{6} = 1〔A〕$$

答え $I_1 = 1$〔A〕 $I_2 = 1$〔A〕 $I_3 = 0$〔A〕

▶ミルマンの定理　分母
ゴロあわせ ミルマンのお母さん　は　抵抗に逆ギレしていたわ
　　　　　　ミルマンの定理の分母　　　抵抗の逆数　　　　和

09 抵抗のΔ−Y変換・Y−Δ変換

ここを暗記!

◯ 抵抗のΔ−Y変換 抵抗のΔ結線回路をY結線回路と等価になるように変換する方法。

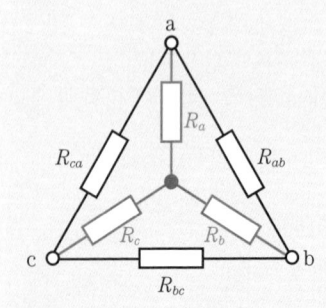

$$R_a = \frac{R_{ab}R_{ca}}{R_{ab}+R_{bc}+R_{ca}}$$

$$R_b = \frac{R_{bc}R_{ab}}{R_{ab}+R_{bc}+R_{ca}}$$

$$R_c = \frac{R_{ca}R_{bc}}{R_{ab}+R_{bc}+R_{ca}}$$

◯ 抵抗のY−Δ変換 抵抗のY結線回路をΔ結線回路と等価になるように変換する方法。

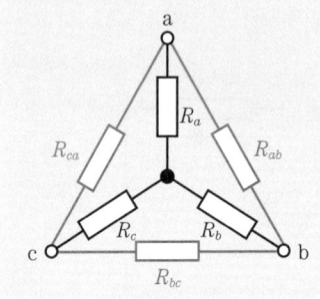

$$R_{ab} = \frac{R_aR_b+R_bR_c+R_cR_a}{R_c}$$

$$R_{bc} = \frac{R_aR_b+R_bR_c+R_cR_a}{R_a}$$

$$R_{ca} = \frac{R_aR_b+R_bR_c+R_cR_a}{R_b}$$

問題 ▶ 1　平成21年度 理論 問16(a) 改題

●図1のように、抵抗 R〔Ω〕が接続された平衡三相負荷に線間電圧 E〔V〕の対称三相交流電源を接続した。このとき図1に示す電流 $\dot{I}_1$〔A〕の大きさの値を表す式を書け。

合格アドバイス　平衡三相回路では、Δ−Y変換すると抵抗値は元の $\frac{1}{3}$ 倍になる。

図1

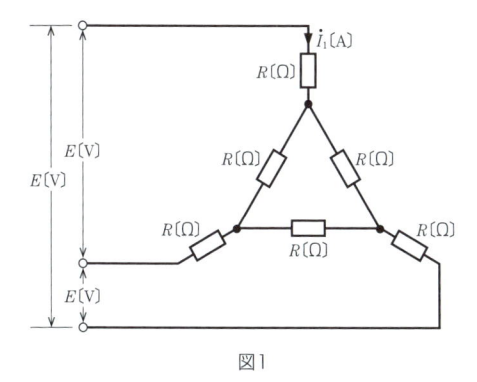

解説 ▶ 1

問題の図のΔ結線部分を、Y結線に等価変換すると次の図の通り。

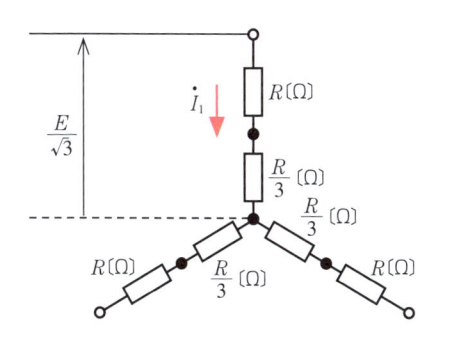

したがって、$\dot{I}_1$は2つの抵抗が直列接続された回路に相電圧が印加されたときに流れる電流なので、次式で求まる。

$$I_1 = \frac{\frac{E}{\sqrt{3}}}{R + \frac{R}{3}} = \frac{\frac{E}{\sqrt{3}}}{\frac{4R}{3}} = \frac{\sqrt{3}E}{4R}$$

答え $\dfrac{\sqrt{3}E}{4R}$

合格アドバイス 平衡三相回路では、Y－Δ変換すると抵抗値は元の3倍になる。

10 ブリッジ回路

ここを暗記!

ブリッジの平衡条件 次のブリッジ回路において、検流計Gの指針がゼロ（すなわち電流が流れない）とき、**対辺抵抗値の積**は等しい。

$$R_1 R_4 = R_2 R_3$$

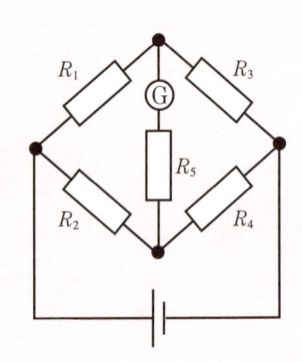

問題▶1　平成19年度 理論 問6

●図のような直流回路において、スイッチSを閉じても、開いても電流計の指示値は、$\frac{E}{4}$〔A〕一定である。このとき、抵抗R_3〔Ω〕、R_4〔Ω〕のうち小さい方の抵抗〔Ω〕の値を求めよ。ただし、直流電圧源はE〔V〕とし、電流計の内部抵抗は無視できるものとする。

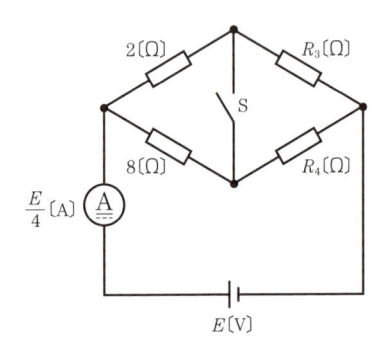

ゴロあわせ
▶ブリッジ回路の平衡条件
ブリッジ回路の　たいへんな功績は同じ
ブリッジ回路の　対辺抵抗値の積は等しい

解説 ▶ 1

スイッチSを閉じても開いても電流が変わらないということは、Sを閉じてもSに電流が流れないことを意味している。ゆえに、このブリッジ回路は平衡状態にあると判断できる。

ブリッジの平衡条件より次式が成り立つ。

$2R_4 = 8R_3$ → $R_4 = 4R_3$ → ∴ $R_3 < R_4$

求める抵抗値は小さい方のR_3である。

回路全体の抵抗値をR_0とすると、オームの法則より次式の通り求められる。

$$R_0 = \frac{E}{\frac{E}{4}} = 4 〔Ω〕$$

次に、Sには電流が流れないので、短絡しても回路は等価であり、次の図に描きかえられる。

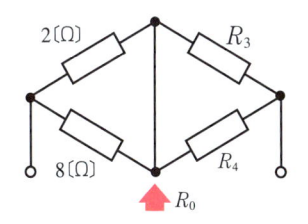

したがって、R_0は次式の通りである。

$$R_0 = \frac{2 \times 8}{2+8} + \frac{R_3 R_4}{R_3 + R_4} = 4 \qquad \frac{R_3 R_4}{R_3 + R_4} = \frac{24}{10}$$

$R_4 = 4R_3$を代入してR_3を求めると

$$\frac{4R_3{}^2}{5R_3} = \frac{24}{10} \qquad ∴ R_3 = \frac{5}{4} \times \frac{24}{10} = \frac{6}{2} = 3 〔Ω〕$$

電流が流れない部分は短絡しても開放しても、回路は変化せずに等価である。Sの部分を開放して求めてもよい。

答え 3〔Ω〕

合格アドバイス 試験でブリッジ回路が出てきたら、平衡条件が成り立つかをまず確認！ 成り立つ場合はブリッジを短絡もしくは開放する。開放した方が求めやすい場合が多い。

11 電力・電力量・ジュールの法則

ここを暗記！

⇒ 電力を求める公式　電力は電圧と電流の積。

電力 $P = VI = I^2R = \dfrac{V^2}{R}$ 〔W〕

⇒ 電力量を求める公式　電力量は電力と時間の積。

電力量 $W_P = Pt$ 〔W·s〕
電力量 $W_P = PT$ 〔W·h〕

⇒ ジュール熱を求める公式　抵抗を流れる電流による熱量は電流の2乗と抵抗と時間の積。

熱量 $H = I^2Rt$ 〔J〕

> P：電力〔W〕　V：電圧〔V〕　I：電流〔A〕　R：抵抗〔Ω〕
> W_P：電力量〔W·s〕〔W·h〕　t：時間〔s〕　T：時間〔h〕
> H：熱量〔J〕

問題▶1　平成22年度 理論 問5 改題

●図の直流回路において、12〔Ω〕の抵抗の消費電力が27〔W〕である。このとき、抵抗 R〔Ω〕の値を求めよ。

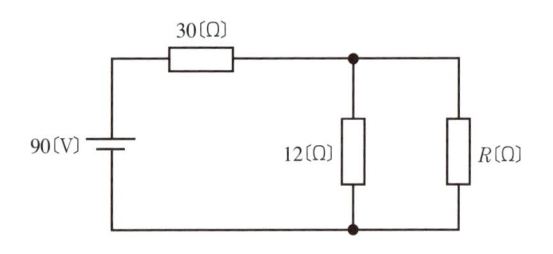

▶電力 P を求める公式
ゴロあわせ　パワーには愛の事情がある
　　　　　　　P　　　I^2　　R

解説 ▶ 1

各部の電流、電圧を次の図の通りとすると、

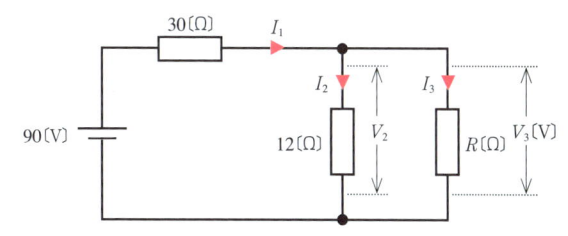

題意より 12〔Ω〕の抵抗の消費電力が 27〔W〕なので、I_2 は次式の通りとなる。

$P = I_2^2 \times 12 = 27$ 〔W〕

$I_2 = \sqrt{\dfrac{27}{12}} = \dfrac{3}{2}$ 〔A〕

次に、12〔Ω〕の抵抗にかかる電圧 V_2 は次式の通り。

$V_2 = I_2 \times 12 = \dfrac{3}{2} \times 12 = 18$ 〔V〕

並列接続であるから、$V_2 = V_3$

$V_3 = 18$ 〔V〕

一方、30〔Ω〕の抵抗にかかる電圧は 90 − 18 = 72〔V〕であるので、I_1 は次式の通りとなる。

$I_1 = \dfrac{72}{30} = 2.4$ 〔A〕

したがって、抵抗 R は次式の通り求められる。

$R = \dfrac{V_3}{I_3} = \dfrac{V_3}{I_1 - I_2} = \dfrac{18}{0.9} = 20$ 〔Ω〕

答え 20〔Ω〕

ゴロあわせ ▶ジュール熱を求める公式
熱量は　愛に情　ある人
熱量　　I^2　　Rt

12 RL回路・RC回路の過渡現象

ここを暗記!

◯ 過渡現象 ある定常状態から電源電圧が変化して次の定常状態に至るまでの現象のこと。

◯ RL直列回路の過渡現象 右の回路で①まずS_1を閉じ、②次にS_1を開いてS_2を閉じたときの回路に流れる電流iの変化は次の通り。

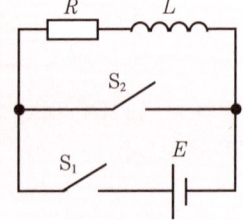

①まず、S_1を閉じる。

$$i = \underbrace{\frac{E}{R}}_{\text{定常項}} - \underbrace{\frac{E}{R}e^{-\frac{R}{L}t}}_{\text{過渡項}} = \frac{E}{R}\left(1 - e^{-\frac{R}{L}t}\right) \text{[A]}$$

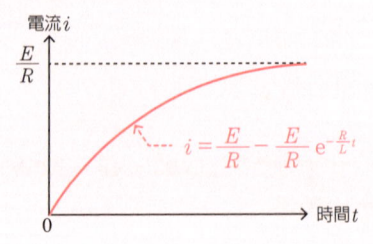

電流iのグラフ:$\frac{E}{R}$に漸近

$$i = \frac{E}{R} - \frac{E}{R}e^{-\frac{R}{L}t}$$

②次に、S_1を開き、S_2を閉じる。

$$i = \frac{E}{R}e^{-\frac{R}{L}t} \text{[A]}$$

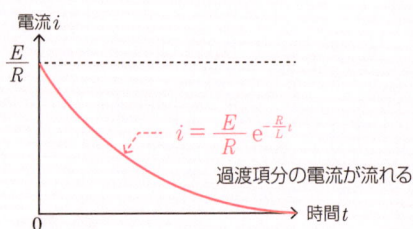

$$i = \frac{E}{R}e^{-\frac{R}{L}t}$$

過渡項分の電流が流れる

合格アドバイス 試験ではRL回路とRC回路の過渡現象でのグラフの形を問われる。RC直列回路の方が感覚的に理解しやすい。RL直列回路はRC直列回路と逆の形と覚えるとよい。

● RC 直列回路の過渡現象

右の回路で①まず S_1 を閉じ（**充電**）、②次に S_1 を開いて S_2 を閉じたとき（**放電**）の回路に流れる電流 i の変化は次の通り。

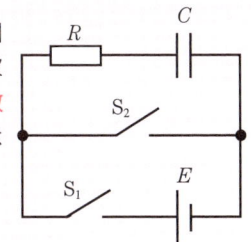

①まず、S_1 を閉じる（**充電**）。

$$i = \frac{E}{R} e^{-\frac{1}{CR}t} \text{〔A〕}$$

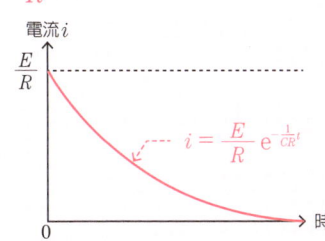

コンデンサが充電を終えるまでの電流の変化

②次に、S_1 を開き、S_2 を閉じる（**放電**）。

$$i = -\frac{E}{R} e^{-\frac{1}{CR}t} \text{〔A〕}$$

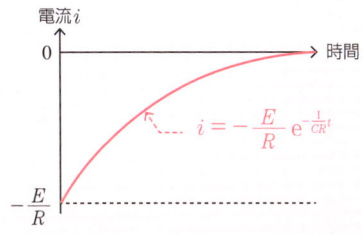

コンデンサが放電を終えるまでの電流の変化

| R：抵抗〔Ω〕 E：起電力〔V〕 L：インダクタンス〔H〕 |
| t：時間〔s〕 C：静電容量〔F〕 e：自然対数の底 |

▶RL直列回路の過渡現象　過渡項
ゴロあわせ ある偉人がいった「マイナス　得る、あるときにね」
　　　　　　　E/R　　　　　　　e　　　　　－　　　　L　　Rt

問題 ▶ 1　平成23年度 理論 問10

●図のように、2種類の直流電源、R〔Ω〕の抵抗、静電容量C〔F〕のコンデンサ及びスイッチSからなる回路がある。この回路において、スイッチSを①側に閉じて回路が定常状態に達した後に、時刻$t=0$〔s〕でスイッチSを①側から②側に切り換えた。②側への切り換え以降の、コンデンサから流れ出る電流i〔A〕の時間変化を示す図として、正しいものを次の(1)～(5)のうちから一つ選べ。

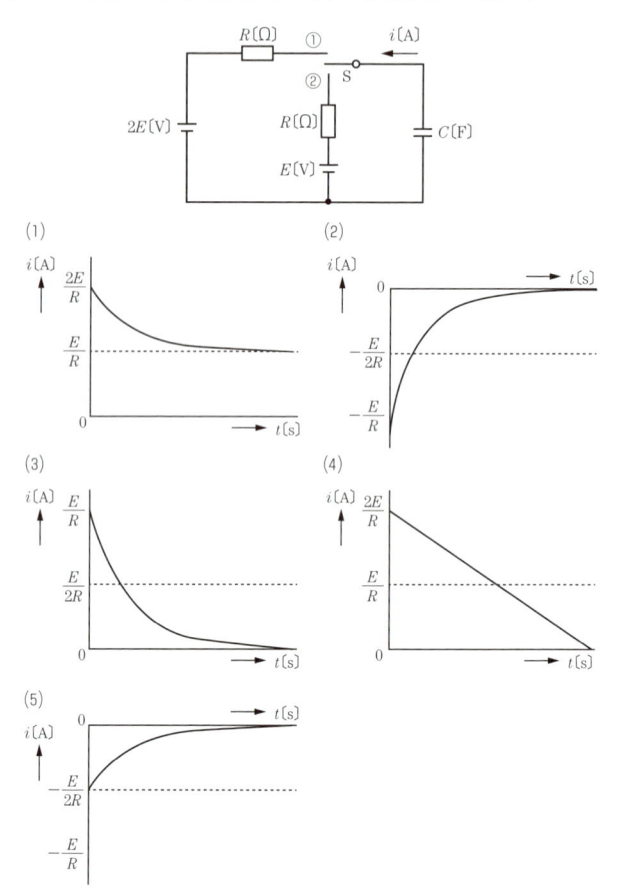

(1)

(2)

(3)

(4)

(5)

合格アドバイス　直流RC回路ではコンデンサが充電でも放電でも、し終わると流れる電流はゼロになる。

解説 ▶ 1

スイッチSを①から②に切り換えた場合、次の図のように、コンデンサ C から、蓄積された電荷による電圧 $2E$ が、E と逆向きに生じる。

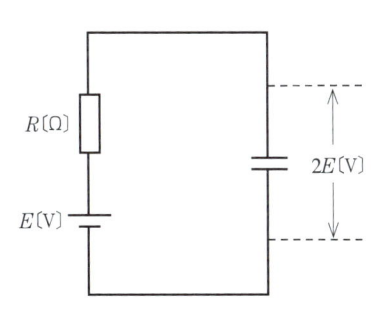

したがって、回路の起電力は

$2E - E = E$

スイッチSを②にしたとき、この RC 回路の過渡電流 i は、次式で表される。

$$i = \frac{2E - E}{R} e^{-\frac{t}{CR}} = \frac{E}{R} e^{-\frac{t}{CR}} \text{ (A)}$$

したがって、$t = 0$ のとき

$$i = \frac{E}{R} e^{-\frac{0}{CR}} = \frac{E}{R} e^0 = \frac{E}{R} \text{ (A)}$$

$t = \infty$ のときは、

$$i = \frac{E}{R} e^{-\frac{\infty}{CR}} = \frac{E}{Re^\infty} = \frac{E}{\infty} = 0 \text{ (A)}$$

であり、初期値 $\frac{E}{R}$、定常値 0 となるので、i のグラフは (3) である。

答え (3)

▶ RC 直列回路の過渡現象　放電電流

ゴロあわせ ある偉人がいった「マイナスあるし、時間はない」
　　　　　　　 E/R 　　　e 　　　　 −　　　 RC　　 t

13 正弦波交流

> ここを 暗記！

○ 正弦波交流 交流のうち、電圧や電流の変化が正弦波（サインカーブ）を描くもの。

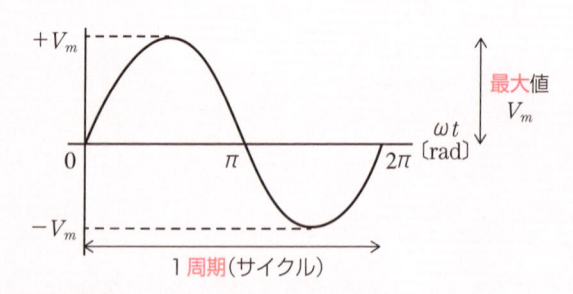

○ 正弦波交流の瞬時値 ある瞬間の電圧（電流）の大きさ。

電圧の瞬時値　$v = V_m \sin(\omega t + \phi)$ 〔V〕

電流の瞬時値　$i = I_m \sin(\omega t + \phi)$ 〔A〕

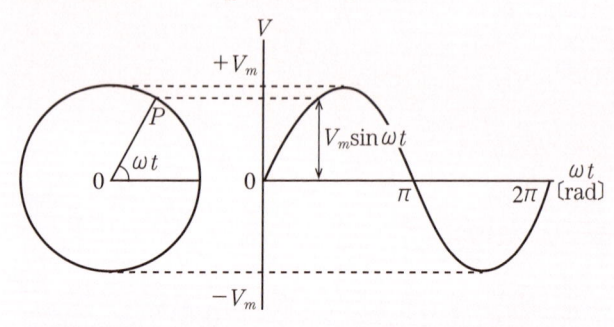

○ 正弦波交流の平均値 半周期における瞬時値の平均値。

電圧の平均値　$V_a = \dfrac{2}{\pi} V_m$

電流の平均値　$I_a = \dfrac{2}{\pi} I_m$

｝最大値の $\dfrac{2}{\pi}$ 倍

▶ 正弦波交流の平均値

ゴロあわせ　平気！ 失敗した 2 人に再ダイヤルをかけて確認するから
　　　　　　　平均値　　π　　　2　　　　最大値　　　×

➡ 正弦波交流の実効値　直流に換算したとき同じ電力を発生する値。

電圧の実効値　$V = \dfrac{V_m}{\sqrt{2}}$

電流の実効値　$I = \dfrac{I_m}{\sqrt{2}}$

　　　　　　　最大値の $\dfrac{1}{\sqrt{2}}$ 倍

➡ 周期　1サイクルにかかる時間。
（**周波数**　1秒間に繰り返すサイクル数。周期の逆数）

周期 $T = \dfrac{1}{f}$ 〔s〕　　周波数 $f = \dfrac{1}{T}$ 〔Hz〕

➡ 角周波数　単位時間当たりに回転する角度。
$\omega = 2\pi f$ 〔rad/s〕

➡ 波形率　交流電圧（電流）の実効値を平均値で割った値。

波形率 $= \dfrac{実効値}{平均値}$

➡ 波高率　交流電圧（電流）の最大値を実効値で割った値。

波高率 $= \dfrac{最大値}{実効値}$

---

v：電圧の瞬時値〔V〕　V_m：電圧の最大値〔V〕
ω：角周波数〔rad/s〕　ϕ：位相角〔rad〕
i：電流の瞬時値〔A〕　I_m：電流の最大値〔A〕
V_a：電圧の平均値〔V〕　I_a：電流の平均値〔A〕　V：電圧の実効値〔V〕
I：電流の実効値〔A〕　T：周期〔s〕　f：周波数〔Hz〕

ゴロあわせ　▶正弦波交流の実効値
実行あるのみ、最大のルートを割って楽に進もう
実効値　　　最大値　$\sqrt{2}$　÷

問題 ▶ 1 平成17年度 理論 問6 改題

●ある回路に電圧 $v = 100\sin\left(100\pi t + \dfrac{\pi}{3}\right)$ 〔V〕を加えたところ、回路に $i = 2\sin\left(100\pi t + \dfrac{\pi}{4}\right)$ 〔A〕の電流が流れた。この電圧と電流の位相差 θ 〔rad〕を時間〔s〕の単位に変換して表した値を求めよ。

解説 ▶ 1

電圧 v と電流 i の位相差 θ は次の通りとなる。

$$\theta = \frac{\pi}{3} - \frac{\pi}{4} = \frac{\pi}{12} \text{ 〔rad〕}$$

次に、電圧 v 及び電流 i の周期 T〔s〕を求める。
角周波数 ω〔rad/s〕、周波数 f〔Hz〕とすると、次式の通りとなる。

$$\omega = 2\pi f = 100\pi \text{ 〔rad/s〕}$$

$$f = \frac{100\pi}{2\pi} = 50 \text{ 〔Hz〕}$$

$$T = \frac{1}{f} = \frac{1}{50} = 0.02 \text{ 〔s〕}$$

周期とは1サイクル、すなわち 2π〔rad〕要する時間であるので、位相差 θ に要する時間 t_θ〔s〕は次式で求められる。

$$t_\theta = \frac{\pi}{12} \times \frac{0.02}{2\pi} = \frac{1}{1\,200} \text{ 〔s〕}$$

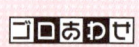

答え $\dfrac{1}{1\,200}$〔s〕

問題 ▶ 2　平成26年度 理論 問10 改題

●交流回路に関する(1)と(2)の記述の正誤を答えよ。

(1) 正弦波交流起電力の最大値をE_m〔V〕、平均値をE_a〔V〕とすると、平均値と最大値の関係は、理論的に次のように表される。

$$E_a = \frac{2E_m}{\pi} \fallingdotseq 0.637 E_m \text{〔V〕}$$

(2) ある交流起電力の時刻 t〔s〕における瞬時値が、$e = 100\sin 100\pi t$〔V〕であるとすると、この起電力の周期は20msである。

解説 ▶ 2

(1) 正弦波交流起電力の平均値は、「ここを暗記!」（P42）より、次の式で求まる。

$$E_a = \frac{2}{\pi} E_m$$

$$\frac{2}{\pi} \fallingdotseq 0.637$$

よって、この記述は正しい。

(2) 正弦波交流起電力のt〔s〕における瞬時値は、「ここを暗記!」（P42）より、次の式で求まる。

$e = E_m \sin \omega t = E_m \sin 2\pi f t$

$e = 100\sin 100\pi t$ より

$2\pi f t = 100\pi t$

$2f = 100$

$f = 50$〔Hz〕

周期は周波数の逆数だから、

$$T = \frac{1}{f} = \frac{1}{50} = 0.02 = 20 \text{〔ms〕}$$

よって、この記述は正しい。

答え (1) 正しい　(2) 正しい

▶正弦波交流の波高率
ゴロあわせ　波の高さは　実　際　に測る
　　　　　　　　波高率　実効値　最大値

14 RLC直列回路

ここを暗記!

◯ RLC直列回路 抵抗RとコイルLとコンデンサCを直列につないだ回路。

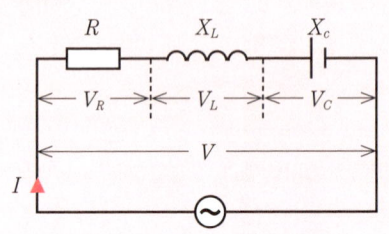

◯ インピーダンス 交流回路における電流の流れにくさ。抵抗Rのほかに、コイルによる誘導性リアクタンスとコンデンサによる容量性リアクタンスがある。

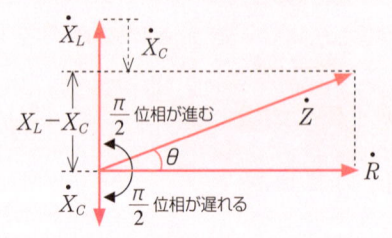

合成インピーダンス $\dot{Z} = R + j(X_L - X_C)$〔Ω〕

合成インピーダンスの大きさ $Z = \sqrt{R^2 + (X_L - X_C)^2}$〔Ω〕

力率 $\cos\theta = \dfrac{R}{Z}$

電圧 $\dot{V} = \dot{Z}\dot{I} = \{R + j(X_L - X_C)\}\dot{I} = V_R + j(V_L - V_C)$〔V〕

> Z：合成インピーダンス〔Ω〕　R：抵抗〔Ω〕
> X_L：誘導性リアクタンス〔Ω〕　X_C：容量性リアクタンス〔Ω〕

合格アドバイス　RLC直列回路の合成インピーダンスを求める公式を覚えておけば、RL回路、RC回路も対応可能。LとC、ないものにゼロを代入すればよい。

問題 ▶ 1　平成16年度 理論 問8 改題

●図1のような抵抗 R〔Ω〕と誘導性リアクタンス X〔Ω〕との直列回路がある。この回路に正弦波交流電圧 $E = 100$〔V〕を加えたとき、回路に流れる電流は 10〔A〕であった。この回路に図2のように、さらに抵抗 11〔Ω〕を直列接続したところ、回路に流れる電流は 5〔A〕になった。抵抗 R〔Ω〕の値を求めよ。

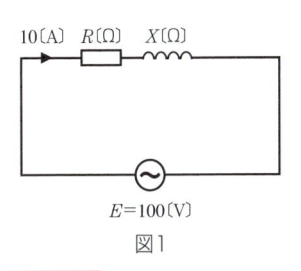

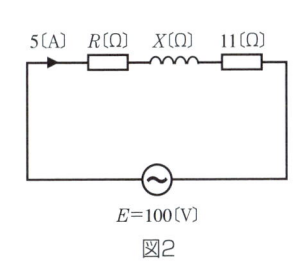

図1　　　図2

解説 ▶ 1

図1の回路図より次式が成り立つ。

$$\sqrt{R^2 + X^2} = \frac{100}{10} = 10 \text{〔Ω〕}$$

$R^2 + X^2 = 100$

$X^2 = 100 - R^2$　…①

図2の回路図から次式が成り立つ。

$$\sqrt{(R + 11)^2 + X^2} = \frac{100}{5} = 20 \text{〔Ω〕}$$

$(R + 11)^2 + X^2 = 400$　…②

②に①を代入すると、

$(R + 11)^2 + (100 - R^2) = 400$

$22R + 121 = 300$

$R = \dfrac{300 - 121}{22} \fallingdotseq 8.1 \text{〔Ω〕}$

答え 8.1〔Ω〕

合格アドバイス　複素数で表すと、$\dfrac{\pi}{2}$ 位相が進む X_L はプラス、$\dfrac{\pi}{2}$ 位相が遅れる X_C はマイナスになる。

15 RLC並列回路

ここを 暗記!

● RLC並列回路
抵抗RとコイルLとコンデンサCを並列につないだ回路。

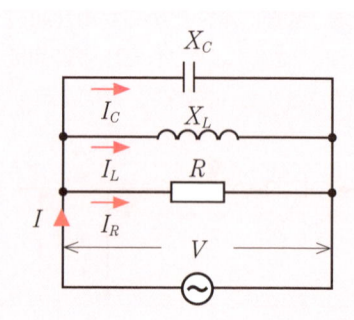

● RLC並列回路の全電流 I の求め方

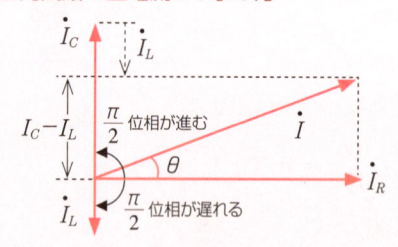

全電流 $\dot{I} = \dot{I}_R + \dot{I}_L + \dot{I}_C$ 〔A〕

全電流の大きさ $I = \sqrt{I_R^2 + (I_L - I_C)^2}$ 〔A〕

抵抗に流れる電流 $\dot{I}_R = \dfrac{\dot{V}}{R}$ 〔A〕

コイルに流れる電流 $\dot{I}_L = \dfrac{\dot{V}}{\dot{X}_L} = \dfrac{\dot{V}}{j\omega L}$ 〔A〕

コンデンサに流れる電流 $\dot{I}_C = \dfrac{\dot{V}}{\dot{X}_C} = j\omega C \dot{V}$ 〔A〕

> R：抵抗〔Ω〕 ω：角周波数〔rad/s〕 L：インダクタンス〔H〕
> C：静電容量〔F〕 V：電圧〔V〕
> X_L：誘導性リアクタンス〔Ω〕 X_C：容量性リアクタンス〔Ω〕

▶RLC並列回路の誘導性リアクタンスと容量性リアクタンスの位相のずれ
ゴロあわせ 要領いい男にパイを半分勧め、優等生にパイを半分贈る
容量性 $\pi/2$ 進む 誘導性 $\pi/2$ 遅れ

問題▶1　平成19年度 理論 問9 改題

●図1に示す、R〔Ω〕の抵抗、インダクタンスL〔H〕のコイル、静電容量C〔F〕のコンデンサからなる並列回路がある。この回路に角周波数ω〔rad/s〕の交流電圧$\dot{E}$〔V〕を加えたところ、この回路に流れる電流$\dot{I}$〔A〕、$\dot{I}_R$〔A〕、$\dot{I}_L$〔A〕、$\dot{I}_C$〔A〕のベクトル図が図2に示すようになった。このときのLとCの関係を表す式として、正しいのは次のうちどれか。

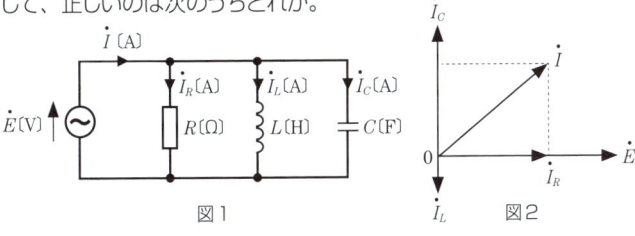

図1　図2

(1) $\omega L < \dfrac{1}{\omega C}$ 　(2) $\omega L > \dfrac{1}{\omega C}$ 　(3) $\omega^2 = \dfrac{1}{\sqrt{LC}}$ 　(4) $\omega L = \dfrac{1}{\omega C}$

解説▶1

図2より

$|\dot{I}_L| < |\dot{I}_C|$

並列回路の各部に分流する電流の大きさは、抵抗、リアクタンスの大きさに反比例するので、コイルのリアクタンスをX_L〔Ω〕、コンデンサのリアクタンスをX_C〔Ω〕とすると、次式の関係が成り立つ。

$X_L > X_C$

また、各リアクタンスは次式で表されるので、

$X_L = \omega L$

$X_C = \dfrac{1}{\omega C}$

$\omega L > \dfrac{1}{\omega C}$

答え　(2)

合格アドバイス　P46とP48のベクトル図を比較してみよう。X_LとI_Lはベクトルが逆向きである。X_CとI_Cはベクトルが逆向きである。

16 共振回路

> ここを 暗記!

○ **直列共振回路** RLC直列回路で誘導性リアクタンスX_Lと容量性リアクタンスX_Cの大きさが等しい回路のこと。合成インピーダンスの大きさZが抵抗Rのみになる。このときの周波数のことを共振周波数という。

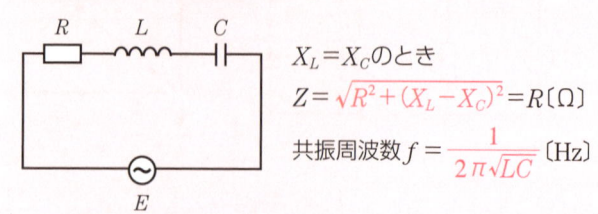

$X_L = X_C$ のとき
$Z = \sqrt{R^2 + (X_L - X_C)^2} = R$ 〔Ω〕

共振周波数 $f = \dfrac{1}{2\pi\sqrt{LC}}$ 〔Hz〕

○ **並列共振回路** RLC並列回路でX_LとX_Cの大きさが等しい回路のこと。コイルに流れる電流I_Lとコンデンサに流れるI_Cの大きさが等しくなり、抵抗にしか電流が流れない。このときの周波数のことを共振周波数という。

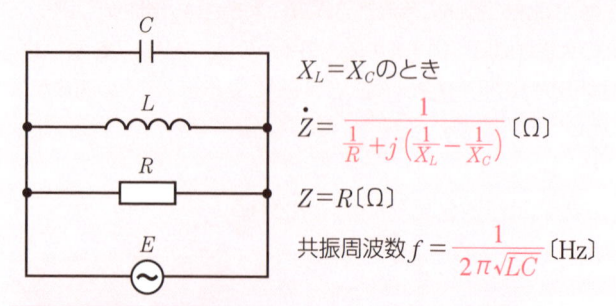

$X_L = X_C$ のとき

$\dot{Z} = \dfrac{1}{\dfrac{1}{R} + j\left(\dfrac{1}{X_L} - \dfrac{1}{X_C}\right)}$ 〔Ω〕

$Z = R$ 〔Ω〕

共振周波数 $f = \dfrac{1}{2\pi\sqrt{LC}}$ 〔Hz〕

R：抵抗〔Ω〕　L：インダクタンス〔H〕　C：静電容量〔F〕
I：電流〔A〕　E：電圧〔V〕　X_L：誘導性リアクタンス〔Ω〕
X_C：容量性リアクタンス〔Ω〕　Z：インピーダンス〔Ω〕
f：共振周波数〔Hz〕

ゴロあわせ ▶直列共振回路の合成インピーダンス
教師の　　　強引なダンス　の誘いは抵抗のみ
共振回路の　合成インピーダンス　　　　Rのみ

問題 ▶ 1　平成24年度 理論 問7 改題

●次の文章は、RLC直列共振回路に関する記述である。(ア)〜(カ)に当てはまる語句を選べ。

R〔Ω〕の抵抗、インダクタンスL〔H〕のコイル、静電容量C〔F〕のコンデンサを直列に接続した回路がある。

この回路に交流電圧を加え、その周波数を変化させると、特定の周波数f_r〔Hz〕のときに誘導性リアクタンス$=2\pi f_r L$〔Ω〕と容量性リアクタンス$=\dfrac{1}{2\pi f_r C}$〔Ω〕の大きさが等しくなり、その作用が互いに打ち消し合って回路のインピーダンスが(ア　大きく・小さく)なり、(イ　大きな・小さな)電流が流れるようになる。この現象を直列共振といい、このときの周波数f_r〔Hz〕をその回路の共振周波数という。

回路のリアクタンスは共振周波数f_r〔Hz〕より低い周波数では(ウ　容量性・誘導性)となり、電圧より位相が(エ　進んだ・遅れた)電流が流れる。また、共振周波数f_r〔Hz〕より高い周波数では(オ　容量性・誘導性)となり、電圧より位相が(カ　進んだ・遅れた)電流が流れる。

解説 ▶ 1

(ア) 誘導性リアクタンスと容量性リアクタンスが打ち消し合うと、インピーダンスは抵抗成分のみとなり小さくなる。

(イ) インピーダンスが小さくなると大きな電流が流れる。

(ウ) $2\pi f_r L$で表される誘導性リアクタンスは周波数に比例し、$\dfrac{1}{2\pi f_r C}$で表される容量性リアクタンスは周波数に反比例する。したがって、共振周波数より低い周波数では容量性になる。

(エ) 回路が容量性になると、電流の位相は電圧よりも進む。

(オ)、(カ)は、(ウ)、(エ)の反対になる。

答え　(ア) 小さく　(イ) 大きな　(ウ) 容量性
　　　　(エ) 進んだ　(オ) 誘導性　(カ) 遅れた

ゴロあわせ　▶共振回路の共振周波数

教室で	2つの失敗を	ルートで	得るし
共振周波数	2π	$\sqrt{}$	LC

17 単相交流電力と力率

ここを暗記！

⇒有効電力 交流回路では電圧と電流に位相差がある場合があり、電流成分のうち電圧と同相の電流成分（$I\cos\theta$）との積が有効電力となる。

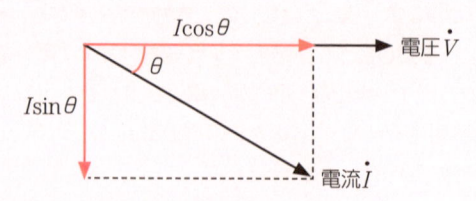

有効電力 $P = VI\cos\theta = RI^2$〔W〕

⇒無効電力 電圧と直交する電流成分（$I\sin\theta$）との積が無効電力となる。単位は〔var〕（バール）。

無効電力 $Q = VI\sin\theta = XI^2$〔var〕

⇒皮相電力 交流回路の電圧と電流の積のこと。単位は〔V·A〕。

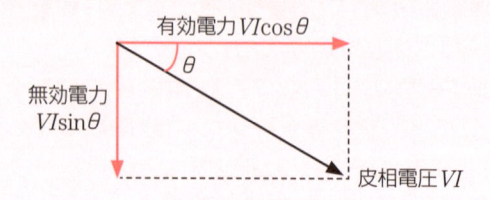

皮相電力 $S = VI = ZI^2$〔V·A〕

⇒力率 皮相電力に対する有効電力の比。

力率 $= \cos\theta = \dfrac{P}{S}$

ゴロあわせ ▶有効電力P、無効電力Q
パワーは勝利の愛を越した。球児は勝利に愛のサインした
P　V　I　$\cos\theta$　　Q　V　I　$\sin\theta$

❺ 皮相電力と有効電力、無効電力の関係

$$S^2 = P^2 + Q^2$$

V：電圧〔V〕 I：電流〔A〕 R：抵抗〔Ω〕
S：皮相電力〔V·A〕 P：有効電力〔W〕 Q：無効電力〔var〕
X：リアクタンス〔Ω〕 Z：インピーダンス〔Ω〕 $\cos\theta$：力率

問題 ▶ 1 平成24年度 理論 問8 改題

●図のように、正弦波交流電圧$E=200$〔V〕の電源がインダクタンスL〔H〕のコイルとR〔Ω〕の抵抗との直列回路に電力を供給している。回路を流れる電流が$I=10$〔A〕、回路の無効電力が$Q=1\,200$〔var〕のとき、抵抗R〔Ω〕の値を求めよ。

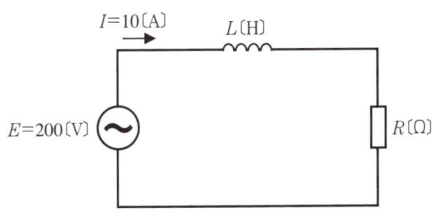

解説 ▶ 1

回路の皮相電力Sは次式の通り。

$S = EI = 200 \times 10 = 2\,000$〔V·A〕

皮相電力S、有効電力P、無効電力Qのベクトル図は右図の通り。

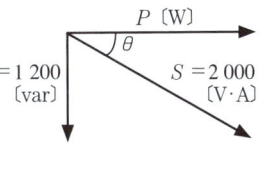

したがって、有効電力Pは次式の通り。

$P = \sqrt{S^2 - Q^2} = \sqrt{2\,000^2 - 1\,200^2} = 1\,600$〔W〕

抵抗Rは次式の関係式より、次のように求められる。

$P = RI^2$より

$R = \dfrac{P}{I^2} = \dfrac{1\,600}{10^2} = 16$〔Ω〕

答え 16〔Ω〕

▶皮相電力Sと有効電力P・無効電力Qの関係
ゴロあわせ ユーの事情と　婿の事情は　悲壮な事情
　　　　　　　有効電力²　　無効電力²　　皮相電力²

18 交流ベクトルの計算

ここを暗記!

○交流ベクトルの3つの表し方
次の3つの表示法を覚えておこう。
① 複素数表示
② 三角関数表示
③ 極座標表示

○複素数表示
$\dot{P} = x + jy \quad P = \sqrt{x^2 + y^2}$

○三角関数表示
$\dot{P} = P\cos\theta + jP\sin\theta = P(\cos\theta + j\sin\theta)$

○極座標表示
$\dot{P} = Pe^{j\theta} = P\angle\theta$

○ベクトルの和・差
複素数表示が計算しやすい。
$\dot{A} = a + jb$、$\dot{B} = c + jd$ のベクトルの和と差は次のように計算する。
$\dot{A} + \dot{B} = (a+c) + j(b+d)$
$\dot{A} - \dot{B} = (a-c) + j(b-d)$

○ベクトルの積・商
極座標表示が計算しやすい。
$\dot{A} = A\angle\theta_1$、$\dot{B} = B\angle\theta_2$ のベクトルの積と商は次のように計算する。
$\dot{A} \cdot \dot{B} = AB\angle(\theta_1 + \theta_2)$
$\dfrac{\dot{A}}{\dot{B}} = \dfrac{A}{B}\angle(\theta_1 - \theta_2)$

合格アドバイス 交流ベクトルの表示にはそれぞれ計算のしやすさがある。ベクトルの和・差は複素数表示、ベクトルの積・商は極座標表示を使うと計算しやすい。

問題 ▶ 1　平成23年度 理論 問8 改題

●図の交流回路において、電源電圧を $\dot{E} = 140∠0°$ 〔V〕とする。いま、この電源に力率 0.6 の誘導性負荷を接続したところ、電源から流れ出る電流の大きさは 37.5 〔A〕であった。次に、スイッチSを閉じ、この誘導性負荷と並列に抵抗 R 〔Ω〕を接続したところ、電源から流れ出る電流の大きさが 50 〔A〕となった。このとき、抵抗 R 〔Ω〕の大きさを求めよ。

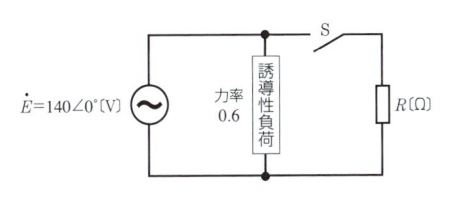

解説 ▶ 1

スイッチを閉じる前の誘導性負荷に流れる電流 $\dot{I}$ は次式で表される。

$\dot{I} = 37.5 \ (0.6 - j \ 0.8) = 22.5 - j30$ 〔A〕

スイッチを閉じた後の回路に流れる電流 $\dot{I'}$ は次式で表される。

$\dot{I'} = \dot{I} + \dot{I_R}$

ただし、$\dot{I_R}$ は抵抗部分に流れる電流である。$\dot{I_R}$ は電源電圧 $\dot{E}$ と同相であるので、複素数で表すと次の通りである。

$\dot{I_R} = I_R + j0 = I_R$

したがって、$\dot{I'}$ は次の通りとなる。

$\dot{I'} = (22.5 + I_R) - j30$

題意より、

$|\dot{I'}| = I' = 50$ 〔A〕であるので、

$\sqrt{(22.5 + I_R)^2 + 30^2} = 50$

$(22.5 + I_R)^2 = 50^2 - 30^2 = 40^2$

$\therefore I_R = 40 - 22.5 = 17.5$ 〔A〕

$R = \dfrac{E}{I_R} = \dfrac{140}{17.5} = 8$ 〔Ω〕

答え 8〔Ω〕

合格アドバイス　三角関数表示の場合、cos θ が実数で、sin θ が虚数になる。

19 交流電圧の合成とひずみ波交流

ここを暗記!

◯ 複数の交流電圧の合成　$\dot{V} = \dot{E}_a + \dot{E}_b$

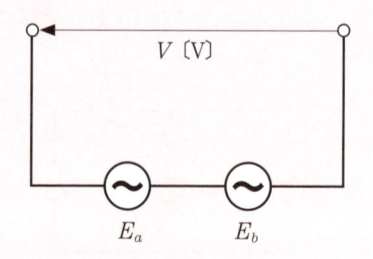

V：合成電圧〔V〕　E_a、E_b：各電圧〔V〕

◯ ひずみ波　正弦波以外のひずんだ交流波形のこと。

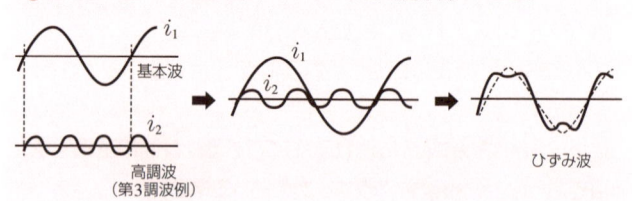

基本波　高調波（第3調波例）　→　i_1、i_2　→　ひずみ波

◯ ひずみ波の瞬時値

$e = \underline{E_0} + \underline{\sqrt{2}E_1 \sin(\omega t + \theta_1)} + \cdots + \underline{\sqrt{2}E_n \sin(n\omega t + \theta_n)}$ 〔V〕

直流成分　基本波　第n調波

◯ ひずみ波交流の電圧の実効値

$E = \sqrt{E_0{}^2 + E_1{}^2 + \cdots + E_n{}^2}$ 〔V〕

◯ ひずみ波交流の皮相電力　$S = EI$ 〔V·A〕

◯ ひずみ波交流の電力

$P = E_0 I_0 + E_1 I_1 \cos\theta_1 + \cdots + E_n I_n \cos\theta_n$ 〔W〕

◯ ひずみ波交流の力率　$\cos\theta = \dfrac{P}{S}$

合格アドバイス　第3調波は基本波の3倍の周波数。同じように第n調波は基本波のn倍の周波数。

ひずみ率　交流波形のひずみの度合いの程度を表す値。

$$\text{ひずみ率} = \frac{\sqrt{E_2^2 + E_3^2 + \cdots + E_n^2}}{E_1} \quad \begin{array}{l}\leftarrow \text{全高調波成分の実効値の2乗の総和の平方根} \\ \leftarrow \text{基本波の実効値}\end{array}$$

e：瞬時値〔V〕　E_0：ひずみ波の直流成分〔V〕
E_1：ひずみ波の基本波〔V〕　E_n：ひずみ波の第n調波成分の電圧〔V〕
ω：角周波数〔rad/s〕　t：時間〔s〕　$\theta_1 \sim \theta_n$：位相角〔rad〕
I：電流の実効値〔A〕　$I_0 \sim I_n$：電流〔A〕　$\cos\theta_1 \sim \cos\theta_n$：力率

問題 ▶ 1　平成18年度 理論 問8 改題

●下記の記述中の（ア）、（イ）、（ウ）に当てはまる語句、式又は数値を選べ。

　図のように、2つの正弦波交流電圧源 e_1〔V〕、e_2〔V〕が直列に接続されている回路において、合成電圧 v〔V〕の最大値は e_1 の最大値の（ア　$\frac{1}{2}\cdot 1 + \sqrt{3}\cdot 2$）倍となり、その位相は e_1 を基準として（イ　$\frac{\pi}{6}\cdot\frac{\pi}{3}\cdot\frac{2\pi}{3}$）〔rad〕の（ウ　進み・遅れ）となる。

$e_1 = E\sin(\omega t + \theta)$〔V〕
$e_2 = \sqrt{3}E\sin\left(\omega t + \theta + \frac{\pi}{2}\right)$〔V〕
v〔V〕

解説 ▶ 1

　e_2 の位相は e_1 より $\frac{\pi}{2}$ 進んでいるので、e_1 を基準にして各電圧のベクトルを表すと右図の通りとなる。

　図より合成電圧 v の最大値 $\dot{V}$ の大きさは $2E$ となり、位相は $\dot{E}$ に対して $\frac{\pi}{3}$ 進む。

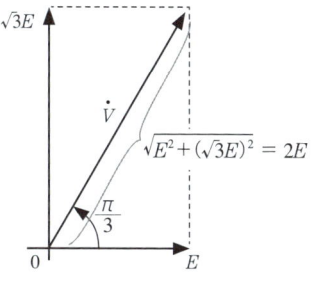

図中：$\sqrt{3}E$、$\dot{V}$、$\sqrt{E^2 + (\sqrt{3}E)^2} = 2E$、$\frac{\pi}{3}$、$E$

答え　（ア）2　（イ）$\frac{\pi}{3}$　（ウ）進み

合格アドバイス　ひずみ率の分母は基本波のみの実効値（ひずみ波の実効値ではない、注意！）。分子は高調波成分の実効値の2乗の総和の平方根。

20 三相交流電源

ここを暗記！

◯三相交流電源 大きさが同じで、位相が $\frac{2}{3}\pi$ [rad]（= 120°）ずつずれている3つの正弦波交流をひと組にした交流電源。

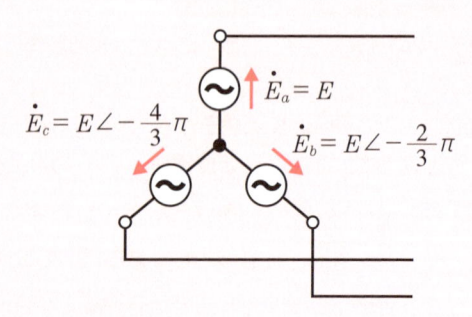

$$\dot{E}_c = E\angle -\frac{4}{3}\pi \qquad \dot{E}_a = E \qquad \dot{E}_b = E\angle -\frac{2}{3}\pi$$

$e_a = \sqrt{2}E\sin\omega t$ [V] → $\dot{E}_a = E\angle 0$ [V]

$e_b = \sqrt{2}E\sin(\omega t - \frac{2}{3}\pi)$ [V] → $\dot{E}_b = E\angle(-\frac{2}{3}\pi)$ [V]

$e_c = \sqrt{2}E\sin(\omega t - \frac{4}{3}\pi)$ [V] → $\dot{E}_c = E\angle(-\frac{4}{3}\pi)$ [V]

e_a、e_b、e_c：相電圧の瞬時値 [V]　$\dot{E}_a$、$\dot{E}_b$、$\dot{E}_c$：相電圧 [V]
E：相電圧の実効値 [V]

問題 ▶ 1　平成22年度 理論 問9

●Y結線の対称三相交流電源にY結線の平衡三相抵抗負荷を接続した場合を考える。負荷側における線間電圧を V_l [V]、線電流を I_l [A]、相電圧を V_p [V]、相電流を I_p [A]、各相の抵抗を R [Ω]、三相負荷の消費電力を P [W] とする。このとき、誤っているのは次のうちどれか。

ゴロあわせ ▶三相交流電源
<u>3分で</u> <u>2つのパイがずれまくり</u> <u>制限時間に</u> <u>交流</u>開始
　2/3π　　　　ずれ　　　正弦波　交流

(1) $V_l = \sqrt{3}V_p$ が成り立つ。 (2) $I_l = I_p$ が成り立つ。
(3) $I_l = \dfrac{V_p}{R}$ が成り立つ。 (4) $P = \sqrt{3}V_p I_p$ が成り立つ。
(5) 電源と負荷の中性点を中性線で接続しても、中性線に電流は流れない。

解説 ▶ 1

問題文を図示すると次の通りである。

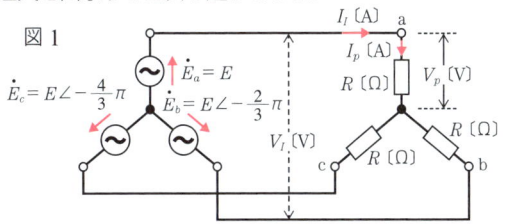

図 1

(1) 図 2 より、線間電圧は相電圧の$\sqrt{3}$倍であり正しい。

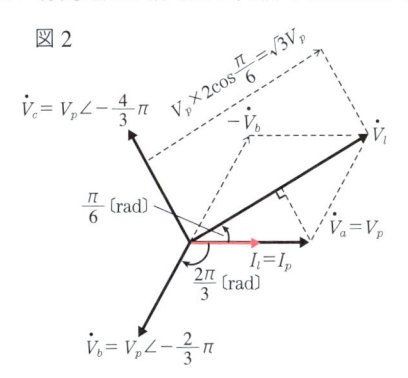

図 2

(2) 図 1 より、線電流 = 相電流であるので正しい。
(3) 負荷の 1 相分にオームの法則が成り立つので正しい。
(4) 負荷の三相電力は相電圧×相電流を 3 倍して求める。したがって誤り。
(5) 問題文の通りであり正しい。

答え (4)

▶三相交流電源の瞬時値e

ゴロあわせ   瞬時にいい気持ち。ルートに いいサインをおめーが手で
              瞬時値 e $\sqrt{2}$ E sin ωt

21 三相交流回路のY結線とΔ結線

ここを暗記!

⊃三相交流回路 位相をずらした3つの相からなる三相交流による回路で、接続方法にはY結線とΔ結線がある。

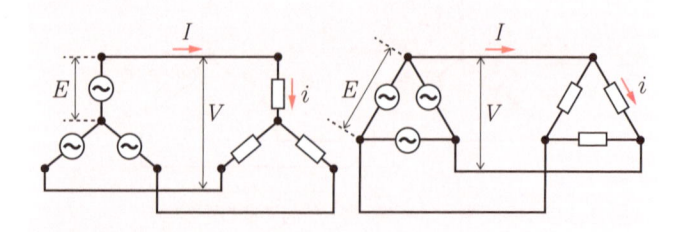

●Y結線　　　　　　　　　●Δ結線

⊃相電圧 各相の電圧 E
⊃相電流 各相に流れる電流 i
⊃線間電圧 各線の間の電圧 V
⊃線電流 各線に流れる電流 I

	Y結線	Δ結線
電圧	線間電圧 = $\sqrt{3}$ × 相電圧	線間電圧 = 相電圧
電流	線電流 = 相電流	線電流 = $\sqrt{3}$ × 相電流

問題▶1　平成17年度 理論 問7 改題

●図のように、相電圧 10 [kV] の対称三相交流電源に、抵抗 R [Ω] と誘導性リアクタンス X [Ω] からなる平衡三相負荷を接続した交流回路がある。平衡三相負荷の全消費電力が 200 [kW]、線電流 I [A] の大きさ(スカラ量)が 20 [A] のとき、R [Ω] と X [Ω] の値を求めよ。

ゴロあわせ　▶Y結線の線間電圧
スターの結婚はそう!　熱いぞ!　ルートさん
　Y結線　　相電圧　　　　　　　　√3

解説▶1

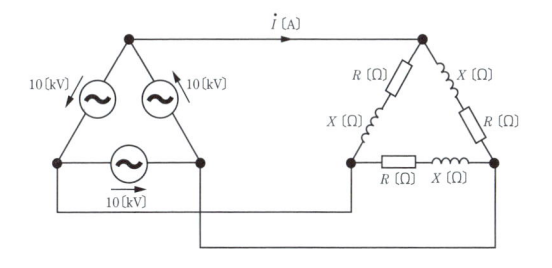

負荷の相電流をI'とすると次式が成り立つ。$I' = \dfrac{I}{\sqrt{3}} = \dfrac{20}{\sqrt{3}}$〔A〕

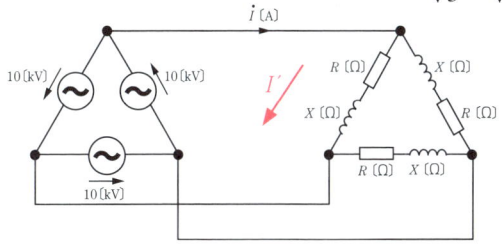

負荷の消費電力より次式が成り立ち、抵抗Rが求まる。

$3I'^2R = 200 \times 10^3$

$R = \dfrac{200 \times 10^3}{3I'^2} = \dfrac{200 \times 10^3}{3 \times (20/\sqrt{3})^2} = 500$〔Ω〕

電源電圧Eと負荷のインピーダンスZの関係式より、リアクタンスXを求める。

$E = I' \times Z = I' \times \sqrt{R^2 + X^2}$

$X^2 = \left(\dfrac{E}{I'}\right)^2 - R^2 \quad X = \sqrt{\left(\dfrac{E}{I'}\right)^2 - R^2}$

上式へE、I'、Rの数値を代入する。

$X = \sqrt{\left(\dfrac{10 \times 10^3}{20/\sqrt{3}}\right)^2 - 500^2} = 500\sqrt{2} \fallingdotseq 707$〔Ω〕

答え $R = 500$〔Ω〕 $X = 707$〔Ω〕

▶△結線の線電流

ゴロあわせ 出た！ 結婚！ そう出るか ルートさん
△結線　　相電流　　$\sqrt{3}$

22 三相交流回路のY↔Δ変換

ここを暗記！

三相交流のY↔Δ変換 下図のように電源側がY結線、負荷側がΔ結線になっている場合は、負荷側を電源側と同じY結線に変換するとインピーダンスが求めやすくなる（電源側がΔ結線、負荷側がY結線の場合は、負荷側をΔ結線に変換する）。

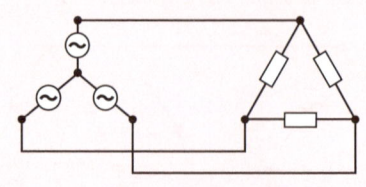

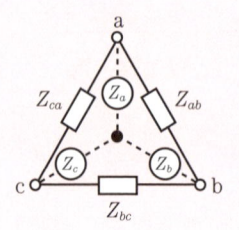

● Δ→Y変換　　　　　● Y→Δ変換

$$Z_a = \frac{Z_{ab}Z_{ca}}{Z_{ab}+Z_{bc}+Z_{ca}}$$

$$Z_b = \frac{Z_{bc}Z_{ab}}{Z_{ab}+Z_{bc}+Z_{ca}}$$

$$Z_c = \frac{Z_{ca}Z_{bc}}{Z_{ab}+Z_{bc}+Z_{ca}}$$

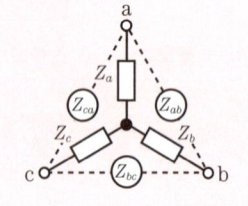

$$Z_{ab} = \frac{Z_aZ_b+Z_bZ_c+Z_cZ_a}{Z_c}$$

$$Z_{bc} = \frac{Z_aZ_b+Z_bZ_c+Z_cZ_a}{Z_a}$$

$$Z_{ca} = \frac{Z_aZ_b+Z_bZ_c+Z_cZ_a}{Z_b}$$

Z_{ab}、Z_{bc}、Z_{ca}：Δ結線のインピーダンス〔Ω〕
Z_a、Z_b、Z_c：Y結線のインピーダンス〔Ω〕

▶インピーダンスが同値の場合のΔ→Y変換

ゴロあわせ
出た！　ダンス、　1回3分でスターに
Δ　　　インピーダンス　1/3　　　Y

➔ インピーダンスが同値の場合の変換後のインピーダンスの求め方

$Z_{ab} = Z_{bc} = Z_{ca} = Z$ の場合、Δ → Y変換すると、

$Z_a = Z_b = Z_c = \dfrac{Z}{3}$ （←Δのインピーダンスの $\dfrac{1}{3}$ 倍）

$Z_a = Z_b = Z_c = Z$ の場合、Y → Δ変換すると、

$Z_{ab} = Z_{bc} = Z_{ca} = 3Z$ （←Yのインピーダンスの **3** 倍）

問題 ▶ 1 平成18年度 理論 問15(b) 改題

●抵抗 $R = 12$〔Ω〕、誘導性リアクタンス $X = 9$〔Ω〕をΔ結線し、図のように相電圧200〔V〕の対称三相電源に接続した。この平衡三相負荷の全消費電力 P〔kW〕の値を求めよ。

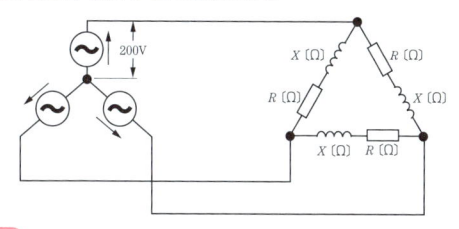

解説 ▶ 1

平衡負荷のΔ結線をY結線に変換し、1相分を描くと次の図の通りとなる。

線電流 I_Y は次式で求められる。

$$I_Y = \dfrac{200}{\sqrt{\left(\dfrac{R}{3}\right)^2 + \left(\dfrac{X}{3}\right)^2}} = \dfrac{200 \times 3}{\sqrt{R^2 + X^2}} = \dfrac{200 \times 3}{15} = 40 \text{〔A〕}$$

したがって、三相負荷の全消費電力 P は次式の通りとなる。

$$P = 3 I_Y^2 \cdot \dfrac{R}{3} = 3 \times 40^2 \times \dfrac{12}{3} = 19\,200 \text{〔W〕} = 19.2 \text{〔kW〕}$$

答え 19.2〔kW〕

▶インピーダンスが同値の場合のY→Δ変換

ゴロあわせ　スターの　ダンス　が　3倍返しで出た！
　　　　　　　 Y　　 インピーダンス　3倍　　 Δ

23 三相交流電力

ここを暗記!

● 三相交流電力の求め方 皮相電力、有効電力、無効電力、三相電力などの求め方を覚える。

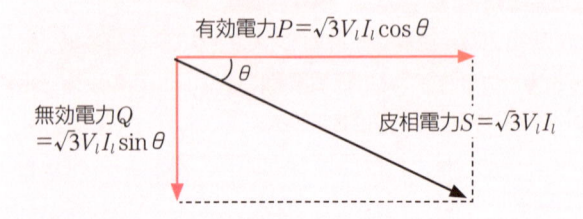

有効電力 $P = \sqrt{3}V_l I_l \cos\theta$

無効電力 $Q = \sqrt{3}V_l I_l \sin\theta$

皮相電力 $S = \sqrt{3}V_l I_l$

● 皮相電力 $S = \sqrt{3}V_l I_l$ 〔V·A〕
● 有効電力 $P = \sqrt{3}V_l I_l \cos\theta$ 〔W〕
● 無効電力 $Q = \sqrt{3}V_l I_l \sin\theta$ 〔var〕
● 三相電力 三相交流回路全体の電力。

三相電力 $P = 3V_p I_p \cos\theta$ 〔W〕

$$P = 3V_R I_R = 3I_R^2 R = 3\frac{V_R^2}{R} \text{〔W〕}$$

V_l：線間電圧〔V〕　I_l：線電流〔A〕　$\cos\theta$：力率　$\sin\theta$：無効率
V_p：相電圧〔V〕　I_p：相電流〔A〕　V_R：抵抗にかかる電圧〔V〕
I_R：抵抗に流れる電流〔A〕　R：抵抗〔Ω〕

問題 ▶ 1　平成25年度 理論 問15(a) 改題

●次図のように、周波数 50〔Hz〕、電圧 200〔V〕の対称三相交流電源に、インダクタンス 7.96〔mH〕のコイルと 6〔Ω〕の抵抗からなる平衡三相負荷を接続した交流回路がある。この回路において、三相負荷が消費する有効電力 P〔W〕の値を求めよ。

▶有効電力と無効電力を求めるときに用いる三角関数
ゴロあわせ　ゆうこは引っ越すし　婿は　サインし
有効電力　$\cos\theta$　無効電力　$\sin\theta$

解説 ▶ 1

対称三相電源のΔ結線をY結線に変換し、1 相分を描くと次の図の通りとなる。

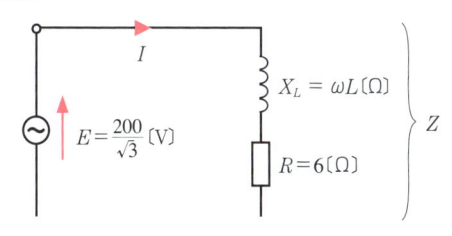

負荷の誘導性リアクタンス X_L を求める。

$X_L = \omega L = 2\pi f L = 2 \times 3.14 \times 50 \times 7.96 \times 10^{-3}$
$= 2.49944 \fallingdotseq 2.50$ 〔Ω〕

負荷の1相分のインピーダンス Z を求める。

$Z = \sqrt{R^2 + X_L^2} = \sqrt{6^2 + 2.50^2} = \sqrt{42.25} = 6.5$ 〔Ω〕

線電流 I を求める。

$I = \dfrac{E}{Z} = \dfrac{\frac{200}{\sqrt{3}}}{6.5}$ 〔A〕

したがって、三相負荷が消費する有効電力 P は次式で求まる。

$P = 3I^2R = 3\left(\dfrac{200}{6.5\sqrt{3}}\right)^2 \times 6 = 5\,680.47 \fallingdotseq 5\,680$ 〔W〕

答え 5 680〔W〕

▶三相電力の求め方
ゴロあわせ　山荘で　3人の　VIP　と越した一夜
　　　　　　三相電力　3　$V_p I_p$　$\cos\theta$

24 三相交流の力率

ここを暗記！

⮕ 三相交流の力率 三相交流の皮相電力に対する有効電力の比。

$$有効電力\ P = \sqrt{3}V_l I_l \cos\theta$$

$$無効電力\ Q = \sqrt{3}V_l I_l \sin\theta$$

$$皮相電力\ S = \sqrt{3}V_l I_l$$

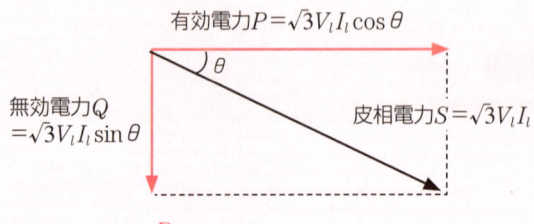

$$力率\ \cos\theta = \frac{P}{S}$$

⮕ 三相交流の無効率 三相交流の皮相電力に対する無効電力の比。

$$無効率\ \sin\theta = \frac{Q}{S}$$

S：皮相電力〔V·A〕　P：有効電力〔W〕　Q：無効電力〔var〕
V_l：線間電圧〔V〕　I_l：線電流〔A〕

⮕ 三相交流電力のベクトル表示

$$皮相電力\ \dot{S} = P \pm jQ$$

　＋：遅れ無効電力
　－：進み無効電力

問題▶1 平成19年度 理論 問15(a) 改題

●次図の抵抗 R とコイル L からなる平衡三相負荷に、線間電圧 200〔V〕、周波数 50〔Hz〕の対称三相交流電源を接続したところ、三相負荷全体の有効電力は $P = 2.4$〔kW〕で、無効電力は $Q = 3.2$〔kvar〕であった。このとき負荷電流 I〔A〕の値を求めよ。

▶三相交流の力率・有効電力・皮相電力
ゴロあわせ
規律越して　　密やかな　　ゆうこ
力率 $\cos\theta$　　皮相電力　　有効電力

解説 ▶ 1

負荷の力率 $\cos\theta$ を有効電力 P と無効電力 Q から求める。

$$\cos\theta = \frac{P}{\sqrt{P^2 + Q^2}} = \frac{2.4}{\sqrt{2.4^2 + 3.2^2}}$$

$$= \frac{2.4}{4} = 0.6$$

三相有効電力 P の式から線電流 I を求める。

$P = \sqrt{3}VI\cos\theta$

$$I = \frac{P}{\sqrt{3}V\cos\theta} = \frac{2.4 \times 10^3}{\sqrt{3} \times 200 \times 0.6} = \frac{20}{\sqrt{3}}$$

$\fallingdotseq 11.5$ 〔A〕

答え 11.5〔A〕

▶三相交流の無効率・無効電力・皮相電力
ゴロあわせ　婿が凍り付くサイン。　密やかに　向こうでね
　　　　　　無効率　　sinθ　　皮相電力　　無効電力

25 倍率器と分流器

ここを暗記!

倍率器 電圧計に直列に抵抗をつなぐと、電圧計に加わる電圧の一部を抵抗に分圧でき、電圧計の測定範囲を広げることができる。このような抵抗を倍率器という。

電圧計の測定範囲を m 倍にするには倍率器の抵抗を電圧計の内部抵抗の $m-1$ 倍にすればよい。

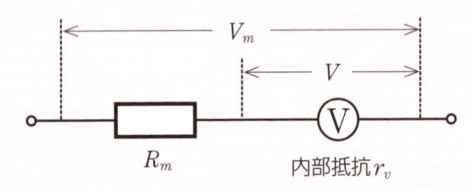

$$R_m = (m-1)\, r_v \text{〔Ω〕}$$

> R_m：倍率器の抵抗〔Ω〕 r_v：電圧計の内部抵抗〔Ω〕 m：倍率

分流器 電流計に並列に抵抗をつなぐと、電流計に流れる電流の一部が抵抗に分流でき、電流計の測定範囲を広げることができる。このような抵抗を分流器という。

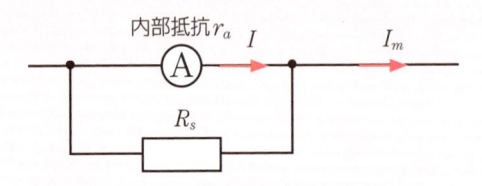

$$R_s = \frac{r_a}{m-1} \text{〔Ω〕}$$

> R_s：分流器の抵抗〔Ω〕 r_a：電流計の抵抗〔Ω〕 m：倍率

合格アドバイス 倍率器の抵抗値を求める公式を覚えていなくても、電圧は抵抗に比例配分されることを応用して解くことができる。

◯ **誤差率** 電圧計や電流計の測定値と実際の値(真値)との差を誤差といい、真値に対する誤差の割合を誤差率という。

誤差率 $\varepsilon = \dfrac{M-T}{T} \times 100$ 〔%〕

◯ **補正率** 電圧計や電流計の測定値に対する誤差のマイナス値(補正)の割合を補正率という。

補正率 $\alpha = \dfrac{T-M}{M} \times 100$ 〔%〕

M:測定値 T:真値

問題▶1　平成24年度 理論 問17(a) 改題

●最大目盛 1〔V〕、内部抵抗 $r_v = 1\,000$〔Ω〕の直流電圧計がある。この電圧計を用いて最大目盛 15〔V〕の電圧計とするための、倍率器の抵抗 R_m〔kΩ〕の値を求めよ。

解説▶1

問題文を図示すると次の通りである。

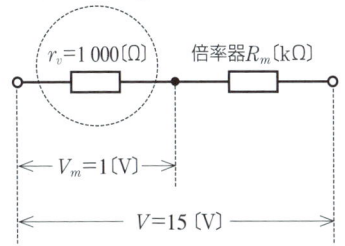

電圧計の最大目盛 $V_m = 1$〔V〕
$r_v = 1\,000$〔Ω〕　倍率器 R_m〔kΩ〕
$V_m = 1$〔V〕
$V = 15$〔V〕

回路図より次式が成り立つ。

R_m〔Ω〕:$1\,000 = (15-1):1$

$R_m = 1\,000 \times (15-1) = 14\,000$〔Ω〕$= 14$〔kΩ〕

答え 14〔kΩ〕

合格アドバイス 分流器の抵抗値を求める公式を覚えていなくても、電流は抵抗に反比例することを応用して解くことができる。

26 直流電力の測定と誤差

ここを暗記!

◯直流電力の測定
直流電力は電圧×電流で求められるので、電圧計と電流計を組み合わせることで測定できる。その場合、負荷に近い計器の内部抵抗による誤差が含まれるので、その計器の消費電力を引く必要がある。

◯電圧計が負荷に近いとき
測定で求めた $V×I$ には、負荷に近い電圧計の計器誤差が含まれる。

電力 $P = VI - \dfrac{V^2}{r}$

↑
電圧計の内部抵抗による誤差

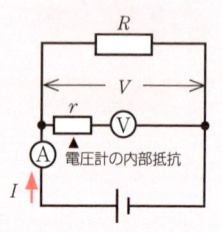

I：電流〔A〕 V：電圧〔V〕 R：抵抗〔Ω〕 r：電圧計の内部抵抗〔Ω〕

◯電流計が負荷に近いとき
測定で求めた $V×I$ には、負荷に近い電流計の計器誤差が含まれる。

電力 $P = VI - I^2 r$

↑
電流計の内部抵抗による誤差

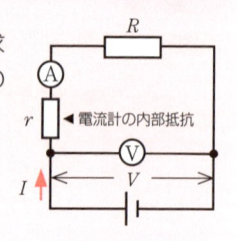

I：電流〔A〕 V：電圧〔V〕 R：抵抗〔Ω〕 r：電流計の内部抵抗〔Ω〕

問題▶1　平成19年度 理論 問14 改題

●次の (ア)～(ウ) に当てはまる語句又は式を選べ。

電源 E〔V〕、負荷抵抗 R〔Ω〕、内部抵抗 R_v〔Ω〕の電圧計及び内部抵抗 R_a〔Ω〕の電流計を、それぞれ図1、図2のように結線した。図1の電圧計及び電流計の指示値はそれぞれ V_1〔V〕、I_1〔A〕、図2の電圧計及び電流計の指示値はそれぞれ V_2〔V〕、I_2〔A〕であった。

合格アドバイス　電圧計は負荷と並列につなぐので、負荷にかかる電圧値と同じ電圧が電圧計にかかることに注目するとよい。

図1の回路では、測定で求めた電力 $V_1 I_1$ 〔W〕には計器の電力損失（ア $\dfrac{V_1^2}{R_v} \cdot I_1^2 R_a \cdot I_1^2 R_a^2$ ）〔W〕が誤差として含まれ、図2の回路では、測定で求めた電力 $V_2 I_2$ 〔W〕には、同様に（イ $I_2^2 R_a \cdot I_2^2 R_a^2 \cdot \dfrac{V_2^2}{R_v}$ ）が誤差として含まれる。

したがって、$R_v = 10$ 〔kΩ〕、$R_a = 2$ 〔Ω〕、$R = 160$ 〔Ω〕であるときは、（ウ　図1・図2）の回路を利用する方が、電力測定の誤差率を小さくできる。

ただし、計器の電力損失に対する補正は行わないものとする。

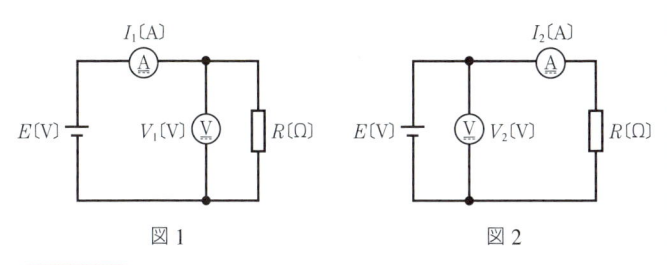

図1

図2

解説▶1

図1は電圧計の方が負荷に近いので、電圧計の消費電力が誤差に含まれる。したがって、（ア）は $\dfrac{V_1^2}{R_v}$

また、図2は電流計の方が負荷に近いので、電流計の消費電力が誤差に含まれる。したがって、（イ）は $I_2^2 R_a$

図1の誤差率 $\left(\dfrac{\text{計器の内部抵抗による消費電力}}{\text{測定したい電力}} \right)$ を ε_1 〔％〕とすると、

$$\varepsilon_1 = \dfrac{\dfrac{V_1^2}{R_v}}{\dfrac{V_1^2}{R}} \times 100 = \dfrac{R}{R_v} \times 100 = \dfrac{160}{10 \times 10^3} \times 100 = 1.6 \text{〔％〕}$$

図2の誤差率を ε_2 〔％〕とすると、

$$\varepsilon_2 = \dfrac{I_2^2 R_a}{I_2^2 R} \times 100 = \dfrac{R_a}{R} \times 100 = \dfrac{2}{160} \times 100 = 1.25 \text{〔％〕}$$

$\varepsilon_2 < \varepsilon_1$ から、図2の回路の誤差率の方が小さい。

答え　（ア）$\dfrac{V_1^2}{R_v}$　（イ）$I_2^2 R_a$　（ウ）図2

合格アドバイス　電流計は負荷と直列につなぐので、負荷に流れる電流値と同じ値の電流が電流計に流れることに注目するとよい。

27 三相電力の測定（二電力計法）

ここを暗記！

●二電力計法による三相電力の測定 平衡三相交流回路の電力を測定するには、下図のW_1、W_2のように2つの電力計を接続し、両方の電力値を合計する。

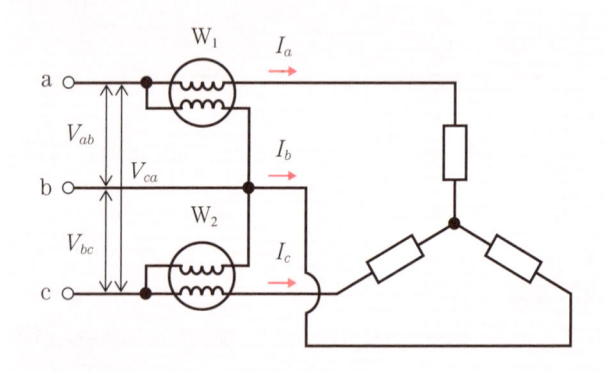

●三相電力の求め方 $P = W_1 + W_2$〔W〕
●三相無効電力の求め方 $Q = \sqrt{3}\,(W_2 - W_1)$〔var〕

> P：有効電力〔W〕 Q：無効電力〔var〕
> W_1、W_2：電力計の指示値〔W〕

問題 ▶ 1 平成23年度 理論 問17(b) 改題

●次の文章は、単相電力計を2個使用し、三相電力を測定する二電力計法の理論に関する記述である。（ア）～（エ）に当てはまる数式を選べ。

図1のように、誘導性負荷$\dot{Z}$を3個接続した平衡三相負荷回路に対称三相交流電源が接続されている。ここで、線間電圧を$\dot{V}_{ab}$〔V〕、

ゴロあわせ ▶二電力計法による三相電力の求め方
山荘では　ツテ利用で　支持　するわ
三相電力　2電力計　　指示値　和

$\dot{V}_{bc}$〔V〕、$\dot{V}_{ca}$〔V〕、負荷の相電圧を$\dot{V}_a$〔V〕、$\dot{V}_b$〔V〕、$\dot{V}_c$〔V〕、線電流を$\dot{I}_a$〔A〕、$\dot{I}_b$〔A〕、$\dot{I}_c$〔A〕で示す。

この回路で、図のように単相電力計W₁とW₂を接続すれば、平衡三相負荷の電力が、2個の単相電力計の指示の和として求めることができる。

単相電力計W₁の電圧コイルに加わる電圧$\dot{V}_{ac}$は、図2のベクトル図から$\dot{V}_{ac} = \dot{V}_a - \dot{V}_c$となる。また、単相電力計W₂の電圧コイルに加わる電圧$\dot{V}_{bc}$は$\dot{V}_{bc}=$（ア $\dot{V}_b - \dot{V}_c \cdot \dot{V}_c - \dot{V}_b$ ）となる。

それぞれの電流コイルに流れる電流$\dot{I}_a$、$\dot{I}_b$と電圧の関係は図2のようになる。図2におけるϕ〔rad〕は相電圧と線電流の位相角である。

線間電圧の大きさを$V_{ab} = V_{bc} = V_{ca} = V$〔V〕、線電流の大きさを$I_a = I_b = I_c = I$〔A〕とおくと、単相電力計W₁及びW₂の指示をそれぞれP_1〔W〕、P_2〔W〕とすれば、

$P_1 = V_{ac} I_a \cos$（イ $\dfrac{\pi}{3} - \phi \cdot \dfrac{\pi}{6} - \phi$ ）〔W〕

$P_2 = V_{bc} I_b \cos$（ウ $\dfrac{\pi}{3} + \phi \cdot \dfrac{\pi}{6} + \phi$ ）〔W〕

したがって、P_1とP_2の和P〔W〕は、

$P = P_1 + P_2 = VI$（エ $2\cos\dfrac{\pi}{6} \cdot 2\cos\dfrac{\pi}{3} \cdot 2\sin\dfrac{\pi}{6}$ ）$\cos\phi$
 $= \sqrt{3} VI \cos\phi$〔W〕

となるので、2個の単相電力計の指示の和は三相電力に等しくなる。

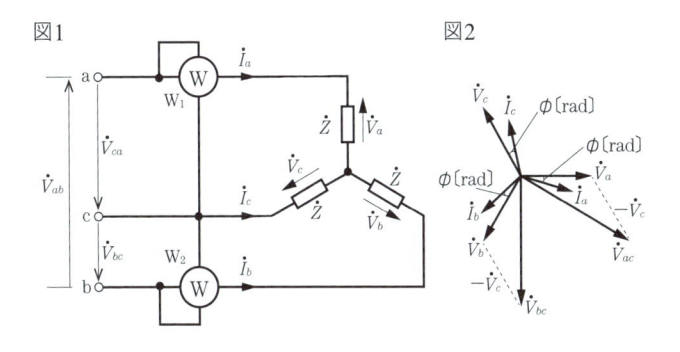

図1

図2

▶二電力計法による三相無効電力Qの求め方
ゴロあわせ 山荘の婿　は　坂道（ルート）で　支持された
三相無効電力　　$\sqrt{3}$　　　指示値の差

解説 ▶ 1

(ア) $\dot{V}_{bc}$ は図 2 のベクトル図より次のように求められる。

$\dot{V}_{bc} = \dot{V}_b + (-\dot{V}_c) = \dot{V}_b - \dot{V}_c$

(イ) P_1 は V_{ac} と I_a の位相差を下図 3 より求め、次式で表される。

$P_1 = V_{ac} I_a \cos\left(\dfrac{\pi}{6} - \phi\right)$ 〔W〕

(ウ) P_2 は V_{bc} と I_b の位相差を下図 3 より求め、次式で表される。

$P_2 = V_{bc} I_b \cos\left(\dfrac{\pi}{6} + \phi\right)$ 〔W〕

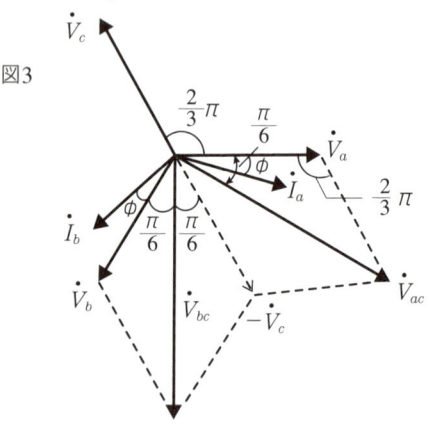

図3

(エ) P_1 と P_2 の和は次式で算出される。

$\begin{aligned}
P_1 + P_2 &= VI\cos\left(\dfrac{\pi}{6} - \phi\right) + VI\cos\left(\dfrac{\pi}{6} + \phi\right) \\
&= VI\left\{\cos\left(\dfrac{\pi}{6} - \phi\right) + \cos\left(\dfrac{\pi}{6} + \phi\right)\right\} \\
&= VI\left(\cos\dfrac{\pi}{6}\cos\phi + \sin\dfrac{\pi}{6}\sin\phi + \cos\dfrac{\pi}{6}\cos\phi \right. \\
&\quad\left. - \sin\dfrac{\pi}{6}\sin\phi\right) \\
&= VI\left(2\cos\dfrac{\pi}{6}\right)\cos\phi \\
&= \sqrt{3}\, VI\cos\phi \;\text{〔W〕}
\end{aligned}$

答え (ア) $\dot{V}_b - \dot{V}_c$　(イ) $\dfrac{\pi}{6} - \phi$　(ウ) $\dfrac{\pi}{6} + \phi$　(エ) $2\cos\dfrac{\pi}{6}$

合格アドバイス 二電力計法にはベクトル図の作図がつきものである。ベクトル図は眺めているだけでは覚えられない。手で描いて覚えよう。

問題 ▶ 2　平成26年度 理論 問14 改題

●図のように 200V の対称三相交流電源に抵抗 R〔Ω〕からなる平衡三相負荷を接続したところ、線電流は 1.73A であった。いま、電力計の電流コイルを c 相に接続し、電圧コイルを c-a 相間に接続したとき、電力計の指示 P〔W〕の値を求めよ。ただし、対称三相交流電源の相回転は a、b、c の順とし、電力計の電力損失は無視できるものとする。

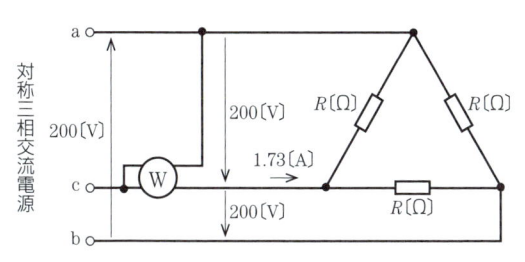

解説 ▶ 2

a、b、c 各相の相電圧を $\dot{E}_a$、$\dot{E}_b$、$\dot{E}_c$、C 相の線電流を $\dot{I}_c$ とする。$\dot{E}_a$ を基準としてベクトル図を描くと次のようになる。

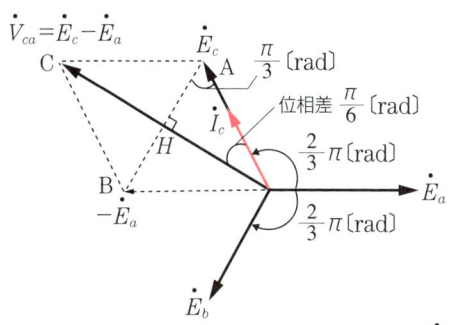

このベクトル図より、電圧コイルに印加される電圧を $|\dot{V}_L|$ とすると、

$$P = |\dot{V}_L||\dot{I}_c|\cos\frac{\pi}{6} = 200 \times 1.73 \times \frac{\sqrt{3}}{2} = 299.6 \text{〔W〕}$$

答え　299.6〔W〕

合格アドバイス　ベクトル図が苦手、という人は、過去問題の解答解説を頼りに、解く過程でていねいに描き写すことから始めてみよう。ベクトル図は「習うより慣れろ」だ。

28 単相電力の測定（三電圧計法と三電流計法）

ここを暗記!

→三電圧計法 電圧計3つと抵抗1つを次のように接続することで電力を求めることができる。

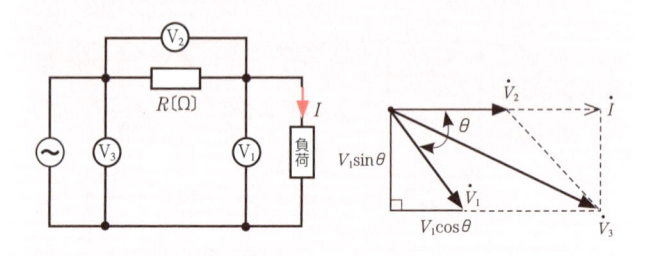

電力 $P = \dfrac{1}{2R}(V_3{}^2 - V_2{}^2 - V_1{}^2)$ 〔W〕

→三電流計法 電流計3つと抵抗1つを次のように接続することで電力を求めることができる。

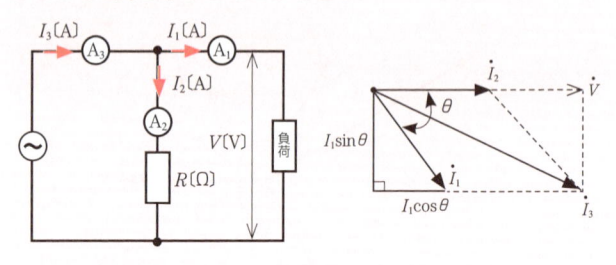

電力 $P = \dfrac{R}{2}(I_3{}^2 - I_2{}^2 - I_1{}^2)$ 〔W〕

P：電力〔W〕　R：抵抗〔Ω〕　θ：負荷の力率角（遅れ力率）
$V_1 \sim V_3$：電圧計の指示値〔V〕　$I_1 \sim I_3$：電流計の指示値〔A〕

▶三電圧計法で求められる電力
ゴロあわせ　厚い刑法　にある文の位置を文意の事情でカウントダウン
三電圧計法　1/2R　　V　2乗　3-2-1

問題 ▶ 1　平成4年度 理論 問5

●図のように抵抗 R 〔Ω〕と3個の電流計及び負荷を接続した回路において、電流計 A_1、電流計 A_2、電流計 A_3 の指示値がそれぞれ I_1 〔A〕、I_2 〔A〕及び I_3 〔A〕であるとき、負荷の消費電力〔W〕として、正しいのは次のうちどれか。

(1) $R(I_3^2 - I_2^2 - I_1^2)$

(2) $2R(I_3^2 - I_2^2 - I_1^2)$

(3) $\dfrac{R}{2}(I_3^2 - I_2^2 - I_1^2)$

(4) $\dfrac{1}{2R}(I_3^2 + I_2^2 - I_1^2)$

(5) $R(I_3^2 - I_2^2 - I_1^2 - 2I_1 I_2)$

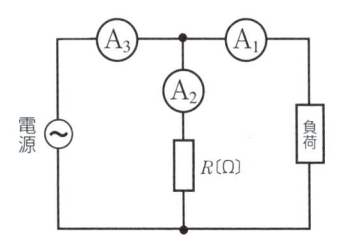

解説 ▶ 1

ベクトル図より、

$I_3^2 = (I_2 + I_1\cos\theta)^2 + (I_1\sin\theta)^2 = I_1^2 + I_2^2 + 2I_1 I_2 \cos\theta$

$\therefore P = VI_1\cos\theta = RI_2 \times \dfrac{I_3^2 - I_2^2 - I_1^2}{2I_2} = \dfrac{R}{2}(I_3^2 - I_2^2 - I_1^2)$

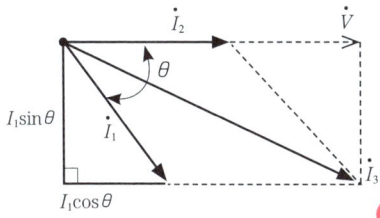

答え (3)

▶三電流計法で求められる電力
ゴロあわせ　さー出る警察、ニブいある　愛人の事情でカウントダウン
三電流計法　　$R/2$　　　I　　2乗　　3-2-1

29 電気計器の種類と特徴

ここを暗記！

指示電気計器の分類

種類	記号	動作原理	使用回路／指示値	適用計器
可動コイル形	(記号)	永久磁石による磁界と可動コイルに流れる電流との間に生じる電磁力を利用	直流／平均値	電圧計 電流計 抵抗計 磁束計
可動鉄片形	(記号)	固定コイルに流れる電流による磁界中に可動及び固定鉄片を置き、両者の吸引力、反発力を利用	交流／実効値	電圧計 電流計
電流力計形	空心 鉄心	固定コイルと可動コイルを流れる電流間に発生する電磁トルクを利用	交直両用／実効値	電圧計 電流計 電力計
整流形	(記号)	整流器と可動コイル形計器の組み合わせ	交流／平均値	電流計 電圧計
熱電形	(記号)	熱電対と可動コイル形計器の組み合わせ	交直両用／実効値	電圧計 電流計 電力計 高周波に適
静電形	(記号)	電極間の静電的吸引力、反発力を利用	交直両用／実効値	高電圧計

合格アドバイス 指示電気計器からは各種計器の動作原理、特徴が出題されることがある。各計器とも電圧計と電流計に用いられるが、直流と交流の違いがあることに注意。

問題 ▶ 1　平成24年度 理論 問14 改題

●電気計測に関する記述として、誤っているものを次の(1)～(4)のうちから一つ選べ。

(1) 可動コイル形計器は、コイルに流れる電流の実効値に比例するトルクを利用している。
(2) 可動鉄片形計器は、磁界中で磁化された鉄片に働く力を応用しており、商用周波数の交流電流計及び交流電圧計として広く普及している。
(3) 整流形計器は感度がよく、交流用として使用されている。
(4) 二電力計法で三相負荷の消費電力を測定するとき、負荷の力率によっては、電力計の指針が逆に振れることがある。

解説 ▶ 1

(1) 可動コイル形は、直流用で電流の平均値に比例したトルクを利用している。したがって、誤り。
(2) 問題文の通り、可動鉄片形は、商用周波数の交流用計器として広く用いられているので、正しい。
(3) 整流形は、交流を直流に整流して可動コイル形計器で測定するもので、感度のよい交流用計器であり、正しい。
(4) 単相電力計の指示値 P_1、P_2 は次式で表される。

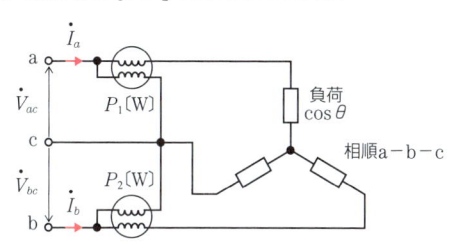

$P_1 = V_{ac} I_a \cos(30° - \theta)$ 〔W〕
$P_2 = V_{bc} I_b \cos(30° + \theta)$ 〔W〕

したがって、負荷の力率角によっては、P_1、P_2 の値が負になり指針が逆振れする。

答え (1)

合格アドバイス　可動コイル形→直流、可動鉄片形・整流形→交流、電流力計形・熱電形・静電形→交直両用。整流形は交流を直流に整流して計測するので、測定対象は交流である。

30 電界の強さとクーロンの法則

ここを暗記！

⊃ クーロンの法則 2電荷間に働く力の大きさは次の式で求めることができる。

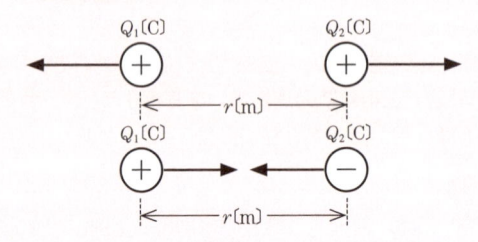

2電荷間の静電力 $F = \dfrac{Q_1 Q_2}{4\pi\varepsilon r^2} = 9 \times 10^9 \dfrac{Q_1 Q_2}{\varepsilon_s r^2}$ 〔N〕

F：2電荷間の静電力〔N〕　Q_1、Q_2：2つの電荷の量〔C〕
r：2電荷間の距離〔m〕　ε：誘電率〔F/m〕　ε_s：比誘電率
ε_0：真空の誘電率〔F/m〕（$\varepsilon_0 = 8.854 \times 10^{-12}$〔F/m〕）
$\varepsilon = \varepsilon_s \varepsilon_0$〔F/m〕

⊃ 電界の強さ 電荷 Q〔C〕から r〔m〕離れた電界の強さは次の式で求められる。

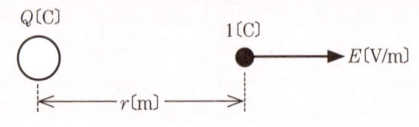

電界の強さ $E = \dfrac{Q}{4\pi\varepsilon r^2} = 9 \times 10^9 \dfrac{Q}{\varepsilon_s r^2}$ 〔V/m〕

E：電荷 Q〔C〕から r〔m〕離れた点の電界の強さ〔V/m〕

⊃ 電界中の電荷に働く力　$F = qE$〔N〕

F：E〔V/m〕の電界中において q〔C〕の電荷に働く力〔N〕

▶2電荷間のクーロン力

ゴロあわせ　苦労をかけた　失敗をしろ。ある事情を救急車で
　　　　　　クーロンの法則　4π　　　ε　　r^2　　$Q_1 Q_2$

問題 ▶ 1　平成17年度 理論 問1

●真空中において、図に示すように一辺の長さが 30〔cm〕の正三角形の各頂点に 2×10^{-8}〔C〕の正の点電荷がある。この場合、各点電荷に働く力の大きさ F〔N〕の値を求めよ。

ただし、真空の誘電率を $\varepsilon_0 = \dfrac{1}{4\pi \times 9 \times 10^9}$〔F/m〕とする。

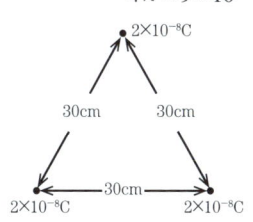

解説 ▶ 1

各点電荷に働く力 F と点電荷間に働く力 f は次の図の通り。

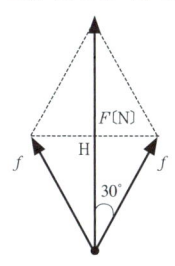

点電荷間に働く力 f はクーロンの法則より次の通り。

$$f = \frac{1}{4\pi\varepsilon_0} \cdot \frac{(2\times 10^{-8})^2}{0.3^2}$$
$$= \frac{9\times 10^9 \times 4 \times 10^{-16}}{9 \times 10^{-2}} = 4 \times 10^{-5} \text{〔N〕}$$

$\because \varepsilon_0 = \dfrac{1}{4\pi \times 9 \times 10^9}$〔F/m〕

各点電荷に働く力 F は図より次式が成り立つ。

$f : F = 1 : \sqrt{3}$

したがって、$F = \sqrt{3}f = \sqrt{3} \times 4 \times 10^{-5} \fallingdotseq 6.928 \times 10^{-5}$〔N〕

答え 6.928×10^{-5}〔N〕

ゴロあわせ
▶電界中の電荷 q に働く力 F の求め方
殿下　は　食えない人だ
電荷に働く力　qE

31 コンデンサの静電容量と静電エネルギー

ここを 暗記!

⮕ **コンデンサの静電容量** そのコンデンサがどのくらい電荷を蓄えられるかを表す値。単位は〔F〕(ファラッド)。

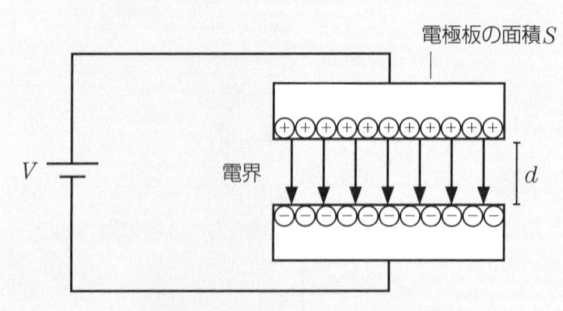

静電容量 $C = \dfrac{\varepsilon S}{d}$ 〔F〕

⮕ **蓄えられる電荷の量**
電荷の量 $Q = CV$ 〔C〕

⮕ **静電エネルギー** 静電容量に蓄えられるエネルギー。

静電エネルギー $W = \dfrac{1}{2}CV^2 = \dfrac{1}{2}QV = \dfrac{Q^2}{2C}$ 〔J〕

⮕ **誘電率** 実際のコンデンサの電極間には絶縁体(誘電体)が挟み込まれている。この絶縁体には物質固有の比誘電率があり、誘電率は次のように計算できる。

物質の誘電率 $\varepsilon = \varepsilon_0 \varepsilon_s$ 〔F/m〕

> W:静電エネルギー〔J〕 C:静電容量〔F〕
> Q:コンデンサに蓄えられる電荷の量〔C〕 d:電極板の間隔〔m〕
> ε:誘電率〔F/m〕 ε_0:真空の誘電率〔F/m〕 ε_s:比誘電率
> S:極板の面積〔m²〕 V:印加電圧〔V〕

ゴロあわせ
▶蓄えられる電荷の量と静電容量・印加電圧の関係
聖殿の　感覚に反して赤面ものの非礼な態度
静電容量　間隔　　　　　　面積に比例

問題 ▶ 1　平成4年度 理論 問5

●直流電圧1 000〔V〕の電源で充電された静電容量8〔μF〕の平行平板コンデンサがある。コンデンサを電源から外した後に電荷を保持したままコンデンサの電極間距離を最初の距離の$\frac{1}{2}$に縮めたとき、静電容量〔μF〕と静電エネルギー〔J〕の値を求めよ。

解説 ▶ 1

平行平板コンデンサの極板面積をS〔m²〕、電極間距離をd〔m〕、静電容量をC〔F〕、充電電圧をV〔V〕、極板間の誘電率をεとすると、

$$C = \frac{\varepsilon S}{d}$$

静電容量Cは電極間距離dに反比例する。したがって、電極間距離を$\frac{1}{2}$に縮めると静電容量は2倍になる。ゆえに、電極間距離を$\frac{1}{2}$に縮めたときの静電容量C'は次の通り、求められる。

$C' = 2 \times 8 \times 10^{-6} = 16 \times 10^{-6}$〔F〕

次に電圧1 000〔V〕で静電容量8×10^{-6}〔F〕のコンデンサに蓄えられる電荷Q〔C〕は次の通りである。

$Q = 8 \times 10^{-6} \times 1 000 = 8 \times 10^{-3}$〔C〕

この電荷Qが静電容量C'のコンデンサに蓄えられたときの静電エネルギーW'は次式で求められる。

$$W' = \frac{1}{2} \times \frac{Q^2}{C'}$$
$$= \frac{1}{2} \times \frac{(8 \times 10^{-3})^2}{16 \times 10^{-6}} = 2 \text{〔J〕}$$

答え　静電容量16〔μF〕　静電エネルギー2〔J〕

ゴロあわせ　▶静電エネルギーと電荷量・静電容量・印加電圧の関係
せいがでんわー。　ニブい私物　は　ニブいキューブ
静電エネルギーW　$1/2\ CV^2$　　　　$1/2\ QV$

32 コンデンサの直並列接続

ここを暗記!

◆コンデンサの直列接続

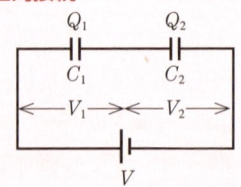

蓄えられる電荷の量 $Q = C_1V_1 = C_2V_2$ 〔C〕

合成静電容量 $C_0 = \dfrac{C_1 C_2}{C_1 + C_2}$ 〔F〕

C_1 にかかる電圧 $V_1 = \dfrac{C_2}{C_1 + C_2} V$ 〔V〕

C_2 にかかる電圧 $V_2 = \dfrac{C_1}{C_1 + C_2} V$ 〔V〕

◆コンデンサの並列接続

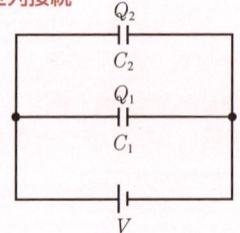

蓄えられる電荷の量 $Q_1 = C_1V$ 〔C〕

蓄えられる電荷の量 $Q_2 = C_2V$ 〔C〕

合成静電容量 $C_0 = C_1 + C_2$ 〔F〕

電圧 $V = \dfrac{Q_1}{C_1} = \dfrac{Q_2}{C_2}$ 〔V〕

> V:電源電圧〔V〕　Q_1、Q_2:蓄電電荷〔C〕　C_1、C_2:静電容量〔F〕
> C_0:合成静電容量〔F〕　V_1、V_2:分担電圧〔V〕

合格アドバイス　コンデンサの合成静電容量を求める式は、並列は「和」、直列は「和分の積」。合成抵抗を求める式とは逆になる。

問題 ▶ 1　平成20年度 理論 問5 改題

●図1に示すように、二つのコンデンサ $C_1 = 4$ 〔μF〕と $C_2 = 2$ 〔μF〕が直列に接続され、直流電圧6〔V〕で充電されている。次に電荷が蓄積されたこの二つのコンデンサを直流電源から切り離し、電荷を保持したまま同じ極性の端子同士を図2に示すように並列に接続する。並列に接続後のコンデンサの端子間電圧の大きさ V〔V〕の値を求めよ。

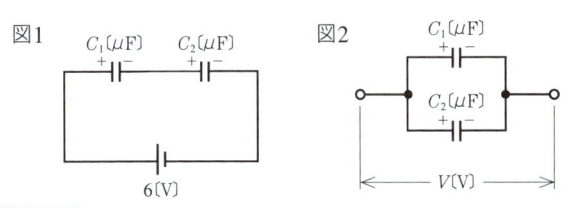

図1

図2

解説 ▶ 1

図1において、C_1、C_2 に蓄えられる電荷をそれぞれ Q_1〔C〕、Q_2〔C〕、C_1、C_2 の印加電圧をそれぞれ V_1〔V〕、V_2〔V〕とすると、次式が成り立つ。

$Q_1 = Q_2$

$Q_1 = C_1 V_1$、$Q_2 = C_2 V_2$

$C_1 V_1 = C_2 V_2$

また、$V_1 + V_2 = 6$〔V〕より $V_2 = 6 - V_1$ であり、上式に代入すると、

$C_1 V_1 = C_2 (6 - V_1)$

$4 V_1 = 2 (6 - V_1)$

$V_1 = 2$〔V〕

$V_2 = 6 - 2 = 4$〔V〕

図2においても、図1の C_1 と C_2 に蓄えられた電荷は不変であるので、図2の電圧 V は並列接続の合成静電容量 C より次式で求められる。

$$V = \frac{Q_1 + Q_2}{C} = \frac{C_1 V_1 + C_2 V_2}{C_1 + C_2} = \frac{4 \times 2 + 2 \times 4}{4 + 2} \fallingdotseq 2.67 \text{〔V〕}$$

答え 2.67〔V〕

▶コンデンサに蓄えられる電荷の量
ゴロあわせ Qちゃん　は　渋い
　　　　　　　Q　　　　　　CV

33 磁界の強さとクーロンの法則

ここを暗記!

◯ 磁極間のクーロンの法則
2磁極間に働く力の大きさは次の式で求められる。

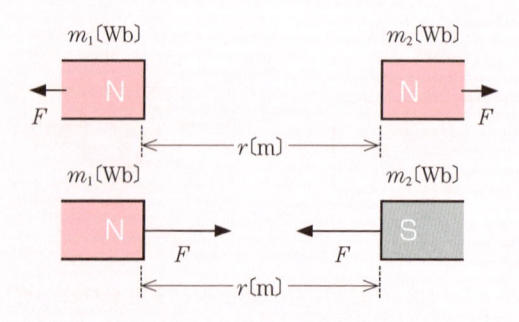

m_1〔Wb〕　　　　　　　m_2〔Wb〕

N　　　　　　　　　　　　N
←F　　　　　　　　　　　F→
　　　　　← r〔m〕 →

m_1〔Wb〕　　　　　　　m_2〔Wb〕

N　　　　　　　　　　　　S
　F→　　　　　　　　←F
　　　　　← r〔m〕 →

2磁極間の磁気力 $F = \dfrac{m_1 m_2}{4\pi \mu r^2}$〔N〕

2磁極間に働く力	磁荷が異符号 → **吸引力**
	磁荷が同符号 → **反発力**

F：2磁極間の磁力〔N〕　r：2磁極間の距離〔m〕
m_1, m_2：2つの磁極の大きさ〔Wb〕(ウェーバー)
μ：透磁率〔H/m〕　μ_s：比透磁率
μ_o：真空の透磁率〔H/m〕(ヘンリー毎メートル)($\mu_o = 4\pi \times 10^{-7}$〔H/m〕)
$\mu = \mu_s \mu_o$

◯ 磁界の強さ
磁荷 m〔Wb〕から r〔m〕離れた磁界の強さは次の式で求められる。

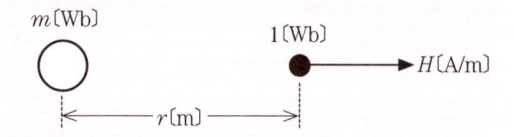

m〔Wb〕　　　　　　　1〔Wb〕
　○　　　　　　　　　　　●　　→ H〔A/m〕
　　　　　← r〔m〕 →

ゴロあわせ ▶ 2磁極間に働く磁気力
時期的に失敗。ミュージシャンのある事情で無理無理
磁気力　4π　　　　μ　　　r^2　　$m_1 m_2$

磁界の強さ $H = \dfrac{m}{4\pi\mu r^2} \fallingdotseq 6.33 \times 10^4 \times \dfrac{m}{\mu_s r^2}$ 〔A/m〕

H：磁荷 m〔Wb〕から r〔m〕離れた磁界の強さ〔A/m〕
μ_s：媒質の比透磁率

➡ 磁界中の磁荷に働く力　$F = mH$〔N〕

F：H〔A/m〕の磁界中において m〔Wb〕の磁荷に働く力〔N〕

問題 ▶ 1　平成元年度 理論 問6 改題

●磁極の強さが 2〔Wb〕の磁極に 3〔N〕の磁気力が作用しているとき、その点の磁界の強さ〔A/m〕の値を求めよ。

解説 ▶ 1

磁界の強さとは、1〔Wb〕の磁極の強さの磁極をおいたとき、1〔N〕の磁気力が働く磁界の強さが 1〔A/m〕となる。したがって、磁界の強さが H〔A/m〕の位置に m〔Wb〕の磁極の強さの磁極をおいたときに、磁極に作用する磁気力 F〔N〕は次式で表される。

$F = mH$〔N〕

したがって、

$H = \dfrac{F}{m} = \dfrac{3}{2} = 1.5$〔A/m〕

答え　1.5〔A/m〕

ゴロあわせ　▶磁界の中の磁荷に働く力
次回は直に　無理かな？　エッチ
磁界　磁荷　　m　　　　H

34 コイルの作る磁界の強さ

ここを暗記!

⊃ 直線電流の磁界の強さ 直線導体＊に電流 I〔A〕を流した場合、直線導体から半径 r〔m〕の位置での磁界の強さ H は、次の式で求まる。＊直線導体…巻数 $N=1$

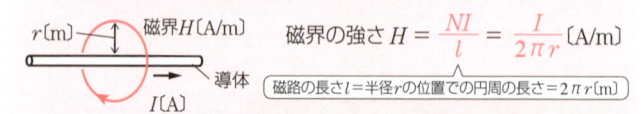

磁界の強さ $H = \dfrac{NI}{l} = \dfrac{I}{2\pi r}$〔A/m〕

磁路の長さ l ＝半径 r の位置での円周の長さ＝ $2\pi r$〔m〕

H：磁界の強さ〔A/m〕　N：コイルの巻数　I：電流〔A〕
l：磁路の長さ〔m〕　r：導体から磁界までの距離〔m〕

⊃ 環状ソレノイドの磁界の強さ 半径 r〔m〕の環状鉄心に巻数 N のコイルを巻いた環状ソレノイドに電流 I〔A〕を流した場合、鉄心の中心の磁界の強さ H は、次の式で求まる。

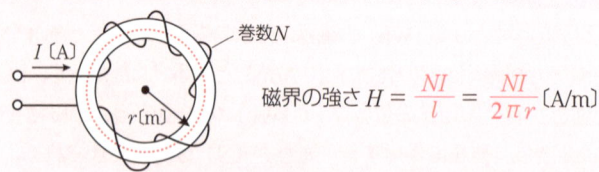

磁界の強さ $H = \dfrac{NI}{l} = \dfrac{NI}{2\pi r}$〔A/m〕

⊃ 円形コイル中心部の磁界の強さ 半径 a〔m〕、巻数 N の円形コイルに電流 I〔A〕を流すと、円形コイル中心の磁界の強さ H は、次の式で求まる。

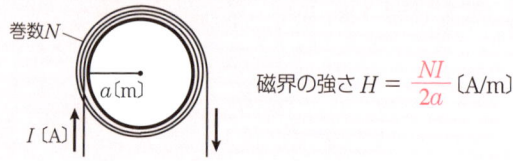

磁界の強さ $H = \dfrac{NI}{2a}$〔A/m〕

問題 ▶ 1　平成23年度 理論 問4 改題

● 図1のように、1辺の長さが a〔m〕の正方形のコイル（巻数：1）に直流電流 I〔A〕が流れているときの中心点 O_1 の磁界の大きさを H_1

ゴロあわせ　▶ 環状ソレノイドの磁界の強さ
それの感情の強さは円周分はな　い
環状ソレノイド　　　　2πr　N　I

〔A/m〕とする。また、図2のように、直径a〔m〕の円形のコイル（巻数：1）に直流電流I〔A〕が流れているときの中心点O_2の磁界の大きさをH_2〔A/m〕とする。このとき、磁界の大きさの比$\frac{H_1}{H_2}$の値を求めよ。ただし、中心点O_1、O_2はそれぞれ正方形のコイル、円形のコイルと同一平面上にあるものとする。

参考までに、図3のように、長さa〔m〕の直線導体に直流電流I〔A〕が流れているとき、導体から距離r〔m〕離れた点Pにおける磁界の大きさH〔A/m〕は、$H = \frac{I}{4\pi r}(\cos\theta_1 + \cos\theta_2)$で求められる（角度$\theta_1$と$\theta_2$の定義は図参照）。

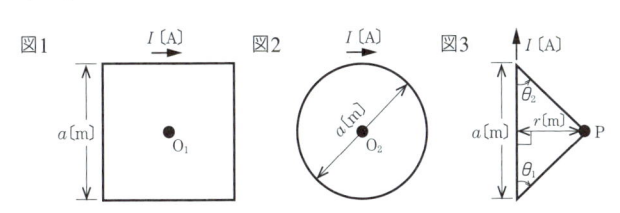

解説 ▶ 1

図1のO_1の磁界の強さH_1は、図3のPの磁界の強さHの4つ分になるので、次式の通りとなる。

$$H = \frac{I}{4\pi r}(\cos\theta_1 + \cos\theta_2) \text{〔A/m〕}$$

$$H_1 = 4H = \frac{I}{\pi r}(\cos\theta_1 + \cos\theta_2)$$
$$= \frac{I}{\pi(a/2)} \times 2\cos\frac{\pi}{4} = \frac{2I}{\pi a} \times 2 \times \frac{1}{\sqrt{2}} = \frac{2\sqrt{2}I}{\pi a} \text{〔A/m〕}$$

図2のO_2の磁界の強さH_2は、巻数1の円形コイルのつくる磁界の強さであるので、次式の通りとなる。

$$H_2 = \frac{1 \times I}{a} = \frac{I}{a} \text{〔A/m〕}$$

したがって、磁界の大きさの比$\frac{H_1}{H_2}$は次の通り。

$$\frac{H_1}{H_2} = \frac{\frac{2\sqrt{2}I}{\pi a}}{I/a} = \frac{2\sqrt{2}}{\pi} = \frac{2 \times 1.414}{3.14} \fallingdotseq 0.90$$

答え　0.90

▶円形コイルの磁界の強さ
ゴロあわせ　縁故入社で自戒の大木くん　煮え　な　い
円形コイルの磁界の大きさ　2a　N　I

35 フレミング左手の法則と電磁力

ここを暗記！

🔸 **フレミング左手の法則** 磁界中の導体に電流を流すと、導体に力（**電磁力**）が働く。左手を下のように曲げて中指を電流の向きに、人差し指を磁界の向きにあわせると親指の向きに電磁力が働く。

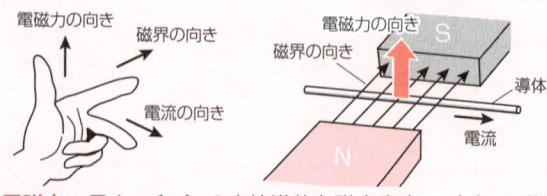

🔸 **電磁力** 長さ l〔m〕の直線導体を磁束密度 B〔T〕の磁界の中に置いて電流 I〔A〕を流したときに導体に働く電磁力の大きさ F〔N〕は次の式で求められる。

＜磁界の向きに対して導体を直角に置いたとき＞

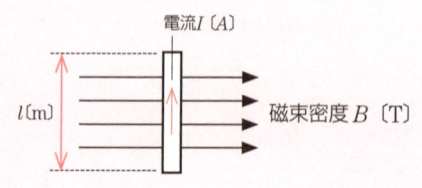

導体に働く電磁力 $F = BIl$ 〔N〕

＜磁界の向きに対して導線を θ の角度に置いたとき＞

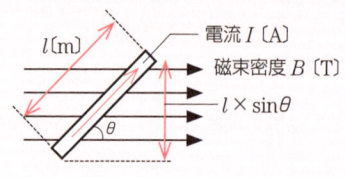

導体に働く電磁力 $F = BIl\sin\theta$ 〔N〕

| F：電磁力〔N〕　B：磁束密度〔T〕　l：導体の長さ〔m〕　I：電流〔A〕 |

▶フレミング左手の法則（左手は力持ち）
ゴロあわせ　次回は 人指す　出る　な　親の力
磁界：人差し指　電流：中指　電磁力：親指

➡ 平行導体の間に働く電磁力

r [m] 離れた2本の導体に I_a, I_b [A] の電流が流れているとき、導体1 [m] に働く力 F [N] は次の式で求められる。

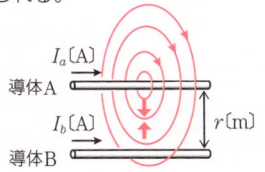

導体A、Bに働く電磁力 $F = \dfrac{\mu_0 I_a I_b}{2\pi r} = \dfrac{2 I_a I_b}{r} \times 10^{-7}$ [N]

2導体間に働く力	電流が同一方向 → **吸引力**
	電流が反対方向 → **反発力**

μ_0：真空の透磁率 [H/m]　I_a, I_b：電流 [A]　r：2導体の間隔 [m]

問題 ▶ 1　平成24年度 理論 問4 改題

●真空中に、2本の無限長直線状導体が 20 [cm] の間隔で平行に置かれている。一方の導体に 10 [A] の直流電流を流しているとき、その導体には 1 [m] 当たり 1×10^{-6} [N] の力が働いた。他方の導体に流れている直流電流 I [A] の大きさを求めよ。ただし、真空の透磁率は $\mu_0 = 4\pi \times 10^{-7}$ [H/m] である。

解説 ▶ 1

間隔 r [m] の I_1, I_2 [A] の電流が流れる2本の平行導体間1 [m] 当たりに働く力 F [N] は次式で表される。

$$F = \frac{\mu_0 I_1 I_2}{2\pi r} = \frac{4\pi \times 10^{-7} \times I_1 I_2}{2\pi r} = \frac{2 I_1 I_2}{r} \times 10^{-7} \text{ [N]}$$

したがって、I_1 を 10 [A] としたときの I_2 は次式で求まる。

$$I_2 = \frac{Fr}{2I_1} \times 10^7 = \frac{1 \times 10^{-6} \times 0.2}{2 \times 10} \times 10^7 = \frac{0.2}{2} = 0.1 \text{ [A]}$$

答え　0.1 [A]

ゴロあわせ　▶電磁力 F・磁束密度 B・導体の長さ l・電流 I の関係

　実力　は　ビリ
　電磁力 F ＝ BIl

36 電磁誘導の法則と起電力

ここを暗記!

電磁誘導 磁束が変化するとコイルなどの導体に起電力が生じる現象。このとき、発生する起電力を**誘導起電力**という。

ファラデーの電磁誘導の法則 誘導起電力はコイルの中を通る磁束の時間的変化の割合に比例する。

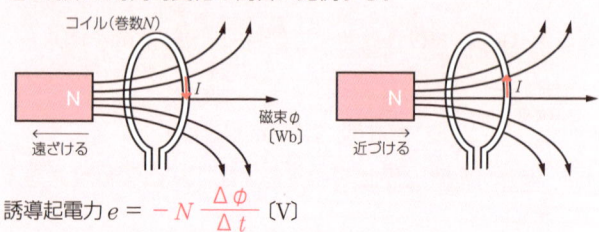

誘導起電力 $e = -N\dfrac{\Delta\phi}{\Delta t}$ 〔V〕

e：誘導起電力〔V〕　N：コイルの巻数　$\Delta\phi/\Delta t$：磁束の時間変化〔Wb/s〕

レンツの法則 電磁誘導による起電力は磁束の変化を妨げる方向に発生する。上図の場合は、次の方向に起電力が発生する。

|遠ざけた場合| 磁束密度が小さくなる→磁束密度が大きくなる方向に起電力が発生 → 矢印の方向に電流が流れる

|近づけた場合| 磁束密度が大きくなる→磁束密度が小さくなる方向に起電力が発生 → 矢印の方向に電流が流れる

フレミング右手の法則 磁界の中で導体を動かすと、起電力が発生する。右手を下のように曲げて親指を導体の移動方向に、人差し指を磁界の向きにあわせると中指の向きに起電力が発生する。

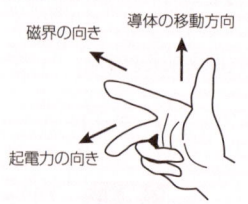

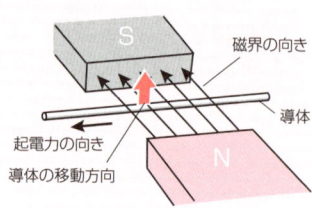

合格アドバイス ファラデーの法則の公式にある符号のマイナスはレンツの法則の磁界の変化を妨げる方向に対応している。

誘導起電力

長さ l [m] の導体を磁束密度 B [T] の磁界中に置いて、磁界と角度 θ をなす方向に速度 v [m/s] で移動させた場合、導体に発生する誘導起電力 e [V] は次の式で求められる。

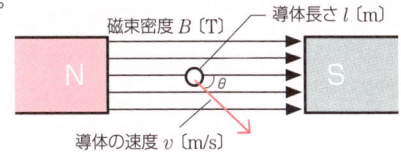

$e = Blv\sin\theta$ [V]

($\theta = 90°$ では $\sin\theta = 1$ であるから $e = Blv$ [V])

問題▶1　平成16年度 理論 問3

●図1のように、磁束密度 $B = 0.02$ [T] の一様な磁界の中に長さ 0.5 [m] の直線状導体が磁界の方向と直角に置かれている。図2のようにこの導体が磁界と直角を維持しつつ磁界に対して 60°の角度で、矢印の方向に 0.5 [m/s] の速さで移動しているとき、導体に生じる誘導起電力 e [mV] の値を求めよ。

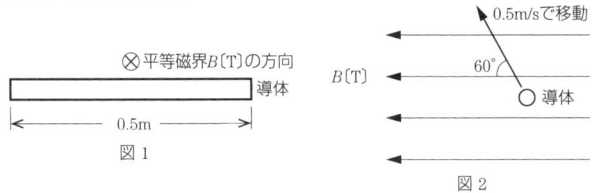

図1

図2

解説▶1

誘導起電力の式より、導体に発生する起電力 e [V] は、
$e = Blv\sin\theta$ [V]
したがって、起電力 e [V] は次式で求まる。

$e = 0.02 \times 0.5 \times 0.5 \times \dfrac{\sqrt{3}}{2}$

$\fallingdotseq 0.0043$ [V] $= 4.3$ [mV]

答え 4.3 [mV]

ゴロあわせ　▶フレミング右手の法則（右手は自家発電）
次回は 人指す　気取る　な　親は　同意
磁界：人差し指　起電力の向き：中指　親指：導体の移動方向

37 磁気回路のオームの法則

ここを 暗記!

→ 磁気回路 環状の鉄心にコイルを巻いて電流を流すと、鉄心に磁束が発生する。磁束の通る回路のことを磁気回路という。

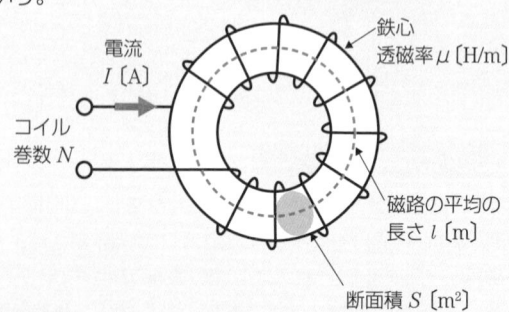

電流 I [A]
コイル 巻数 N
鉄心 透磁率 μ [H/m]
磁路の平均の長さ l [m]
断面積 S [m²]

→ 起磁力 磁気回路に磁束を生じさせる力のことで、鉄心に巻くコイルの巻数 N と電流の大きさ I [A] の積で求められる。単位は [A] (アンペア)。

起磁力 $F = NI = \phi R$ [A]

F:起磁力 [A]　N:コイルの巻数　I:電流 [A]
ϕ:磁束 [Wb]　R:磁気抵抗 [H^{-1}]

→ 磁気抵抗 磁束の伝わりにくさを表す値。単位は H^{-1} (毎ヘンリー)。磁路の長さ(鉄心の長さ)が長いほど、また鉄心の断面積が小さいほど磁気抵抗は大きくなる。

磁気抵抗 $R = \dfrac{l}{\mu S}$ [H^{-1}]

R:磁気抵抗 [H^{-1}]　μ:透磁率 [H/m]　S:磁路の断面積 [m²]
l:磁路の長さ [m]

ゴロあわせ　▶起磁力 F・コイル巻数 N・電流 I・磁束 ϕ・磁気抵抗 R の関係
キジ　は　ない　ファール
起磁力 $F = NI = \phi R$

🔴 磁気回路のオームの法則
起磁力と磁気抵抗と磁束の関係は次のように表される。電気回路のオームの法則に似ていることから<u>磁気回路のオームの法則</u>といわれる。

磁束 $\phi = \dfrac{F}{R}$ 〔Wb〕

> ϕ：磁束〔Wb〕　F：起磁力〔A〕　R：磁気抵抗〔H^{-1}〕

🔴 磁束鎖交数
鎖交とはコイル1巻きを貫通する磁束のことで、磁束鎖交数はコイル全体に鎖交する全磁束のこと。コイルの巻数と磁束の積で求められる。単位は〔Wb〕（ウェーバー）。

磁束鎖交数 $\Phi = N\phi = LI$ 〔Wb〕

> Φ：磁束鎖交数〔Wb〕　N：コイルの巻数　ϕ：磁束〔Wb〕
> L：コイルの自己インダクタンス〔H〕　I：電流〔A〕

🔴 環状ソレノイドの自己インダクタンス
環状鉄心にコイルを巻いたときの自己インダクタンスは次の式で求められる。

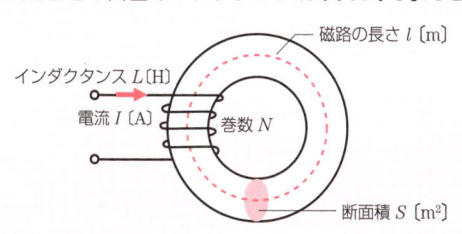

自己インダクタンス $L = \dfrac{N\phi}{I} = \dfrac{N}{I} \times \dfrac{NI}{R} = \dfrac{N^2}{R} = \dfrac{N^2}{\dfrac{l}{\mu S}}$

$= \dfrac{\mu S N^2}{l}$ 〔H〕

> L：自己インダクタンス〔H〕　N：コイルの巻数　ϕ：磁束〔Wb〕
> I：電流〔A〕　R：磁気抵抗〔H^{-1}〕　μ：透磁率〔H/m〕
> S：磁路の断面積〔m^2〕　l：磁路の長さ〔m〕

合格アドバイス　自己インダクタンスは1Aの電流を流したときの磁束鎖交数である。公式だけでなく、定義も覚えておこう。文章問題で問われる可能性もある。

● 相互誘導

環状鉄心に２つのコイルを巻き、一方のコイルに電流を流すと、もう一方のコイル中の磁束が変化して電圧が発生する。このコイル間での電磁誘導のことを相互誘導という。

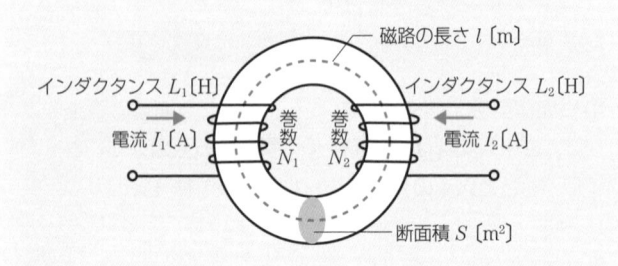

● 相互インダクタンス

相互誘導でのインダクタンスのこと。次の式で求められる。

$$相互インダクタンス\ M = \frac{N_2 \phi}{I_1} = \frac{N_2}{I_1} \times \frac{N_1 I_1}{R} = \frac{N_1 N_2}{R}$$

$$= \frac{\mu S N_1 N_2}{l}\ [H]$$

M：相互インダクタンス〔H〕　ϕ：磁束〔Wb〕　R：磁気抵抗〔H^{-1}〕
N_1：１次側のコイルの巻数　N_2：２次側のコイルの巻数
I_1：１次側に流す電流〔A〕　I_2：２次側に流れる電流〔A〕
μ：透磁率〔H/m〕　S：磁路の断面積〔m^2〕　l：磁路の長さ〔m〕

● 電磁エネルギー（磁気エネルギー）

インダクタンスに蓄えられるエネルギーのこと。単位はJ（ジュール）。

$$電磁エネルギー\ W = \frac{1}{2} L I^2\ [J]$$

W：電磁エネルギー〔J〕　L：自己インダクタンス〔H〕　I：電流〔A〕

▶磁束鎖交数
ゴロあわせ ジーさんファイト！　得る愛！
　　　　　　磁束鎖交数Φ　　　　　LI

問題 ▶ 1 平成20年度 理論 問4

●図のように、環状鉄心に二つのコイルが巻かれている。コイル1の巻数はNであり、その自己インダクタンスはL〔H〕である。コイル2の巻数はnであり、その自己インダクタンスは$4L$〔H〕である。巻数nの値を表す式として、正しいものを次の(1)〜(5)のうちから一つ選べ。

ただし、鉄心は等断面、等質であり、コイル及び鉄心の漏れ磁束はなく、また、鉄心の磁気飽和もないものとする。

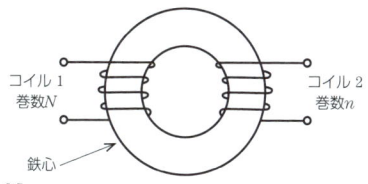

(1) $\dfrac{N}{4}$ (2) $\dfrac{N}{2}$ (3) $2N$ (4) $4N$ (5) $16N$

解説 ▶ 1

透磁率μ〔H/m〕、磁路の断面積S〔m^2〕、巻数N、磁路の長さl〔m〕の環状ソレノイドの自己インダクタンスL〔H〕は、次式で表される。

$$L = \frac{\mu S N^2}{l}$$

上式より、自己インダクタンスLは、μ、S、lが一定ならば、巻数Nの2乗に比例する。したがって、題意より、次式が成り立つ。

$n^2 : N^2 = 4L : L$

$\dfrac{n^2}{N^2} = \dfrac{4L}{L}$

$n^2 = \dfrac{4L}{L} \times N^2$

$n^2 = 4N^2$

$n = 2N$

答え (3)

▶電磁エネルギーW・自己インダクタンスL・電流Iの関係

ゴロあわせ
エネルギー　は　ニブい　得る愛の事情
電磁エネルギー　1/2　　LI^2

38 合成インダクタンス

ここを暗記!

●相互インダクタンス 環状鉄心に2つのコイルを巻いた場合の相互インダクタンスは次の式でも求められる。

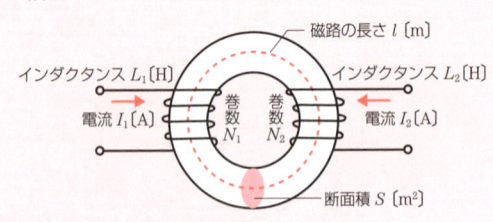

(図：環状鉄心に2つのコイルが巻かれている。磁路の長さ l 〔m〕、インダクタンス L_1〔H〕、巻数 N_1、電流 I_1〔A〕、インダクタンス L_2〔H〕、巻数 N_2、電流 I_2〔A〕、断面積 S〔m²〕)

相互インダクタンス $M = k\sqrt{L_1 L_2}$ 〔H〕

M：相互インダクタンス〔H〕 L_1、L_2：自己インダクタンス〔H〕
k：結合係数(漏れ磁束がない場合 $k=1$)

●合成インダクタンス 2つのコイルを接続する場合の合成インダクタンスは、2つのコイルの磁束の向きが同じ(**和動接続**)、もしくは磁束の向きが反対(**差動接続**)かで求め方が異なる。

<和動接続の場合の合成インダクタンス>

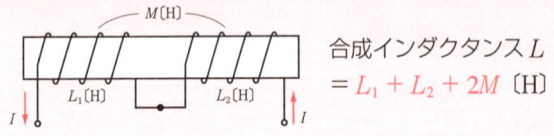

合成インダクタンス L
$= L_1 + L_2 + 2M$ 〔H〕

<差動接続の場合の合成インダクタンス>

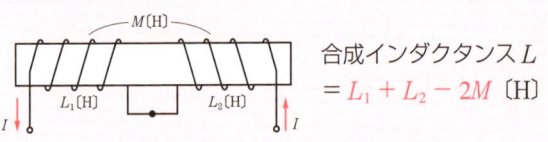

合成インダクタンス L
$= L_1 + L_2 - 2M$ 〔H〕

M：相互インダクタンス〔H〕 L_1、L_2：自己インダクタンス〔H〕

合格アドバイス 合成インダクタンスの公式にある相互インダクタンスの係数は「2」。この2倍を忘れがちなので注意!

問題 ▶ 1　平成24年度 理論 問3 改題

●次の文章は、コイルのインダクタンスに関する記述である。ここで、鉄心の磁気飽和は、無視するものとする。（ア）～（オ）に当てはまる語句と数式を選べ。

　均質で等断面の環状鉄心に被覆電線を巻いてコイルを作製した。このコイルの自己インダクタンスは、巻数の（ア　1乗・2乗）に比例し、磁路の（イ　断面積・長さ）に反比例する。

　同じ鉄心にさらに被覆電線を巻いて別のコイルを作ると、これら二つのコイル間には相互インダクタンスが生じる。相互インダクタンスの大きさは、漏れ磁束が（ウ　少なく・多く）なるほど小さくなる。それぞれのコイルの自己インダクタンスをL_1〔H〕、L_2〔H〕とすると、相互インダクタンスの最大値は（エ　$L_1+L_2 \cdot \sqrt{L_1 L_2}$）〔H〕である。

　これら二つのコイルを（オ　差動接続・和動接続）とすると、合成インダクタンスの値は、それぞれの自己インダクタンスの合計値よりも大きくなる。

解説 ▶ 1

（ア）（イ）透磁率 μ 〔H/m〕、磁路の断面積 S 〔m²〕、巻数N、磁路の長さl〔m〕の環状ソレノイドの自己インダクタンス L 〔H〕は、次式で表される。　$L = \dfrac{\mu S N^2}{l}$

（ウ）漏れ磁束が多くなると、相互インダクタンスは小さくなる。

（エ）相互インダクタンスMは結合係数kを用いて、次式で表される。
$M = k\sqrt{L_1 L_2}$

相互インダクタンスの最大値、すなわち漏れ磁束のない理想的なコイル同士の相互インダクタンスMは、結合係数$k = 1$のときの相互インダクタンスであり、次式で表される。　$M = \sqrt{L_1 L_2}$

（オ）合成インダクタンスの値がそれぞれの自己インダクタンスより大きくなるのは、合成インダクタンスの値が次式で表される和動接続である。　合成インダクタンス$L = L_1 + L_2 + 2M$

答え　（ア）2乗　（イ）長さ　（ウ）多く　（エ）$\sqrt{L_1 L_2}$　（オ）和動接続

ゴロあわせ　▶相互インダクタンスの求め方
そう！いただくタンス　　来ると得る、得る
相互インダクタンス　　　$k\sqrt{}$　$L_1 L_2$

39 ヒステリシス曲線

ここを暗記!

ヒステリシス曲線 磁界の強さ H 〔A/m〕を H_m から $-H_m$ まで変化させた後、再び正の向きに H_m まで変化させると、磁界の強さと磁束密度 B 〔T〕は次のような閉曲線を描く。この曲線のことを**ヒステリシス曲線**という。

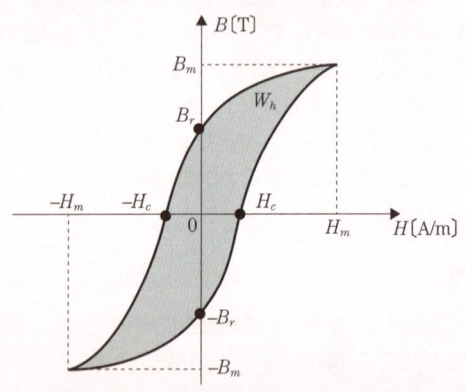

H_m：磁界の強さの最大値〔A/m〕　B_m：磁束密度の最大値〔T〕
H_c：保磁力〔A/m〕　B_r：残留磁気〔T〕　W_h：ヒステリシス損〔J/m³〕

ヒステリシス損 1秒間に f 回このヒステリシス曲線を描かせると、$P = fW_h$ 〔W/m³〕の電力が熱になる。これを**ヒステリシス損**といい、ヒステリシス曲線に囲まれた面積に比例する。

問題 ▶ 1　平成18年度 理論 問3

●次の文章は、強磁性体の磁化現象について述べたものである。（ア）〜（エ）に当てはまる語句と数式を選べ。

ゴロあわせ ▶ヒステリシス曲線
次回は　　　地味な　　　ヘンな曲
磁界の強さ　磁束密度　　閉曲線

図のように磁界の大きさH〔A/m〕をH_mから$-H_m$まで変化させた後、再び正の向きにH_mまで変化させると、磁束密度B〔T〕は一つの閉曲線を描く。

この曲線を（ア　ヒステリシス曲線・励磁曲線）という。この曲線を一周りした後ではB〔T〕とH〔A/m〕は元の値に戻り、磁化の状態も元の状態に戻る。その間に加えられた単位体積当たりのエネルギーW_h〔J/m³〕は、この曲線（イ　の周囲の長さ・に囲まれた面積）に等しい。そのエネルギーW_h〔J/m³〕は強磁性体に与えられるが、最終的には熱の形になって放出される。もし、1秒間にf回この曲線を描かせると$P=$（ウ　fW_h・$f^2 W_h$・$f^{1.6} W_h$）〔W/m³〕の電力が熱となる。これを（エ　鉄損・ヒステリシス損・渦電流損）と名づけている。

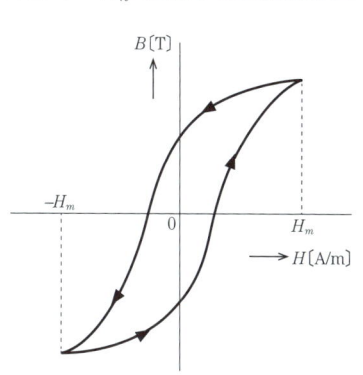

解説▶1

（ア）問題の図はヒステリシス曲線である。

（イ）強磁性体に加えられた単位体積当たりのエネルギーは、ヒステリシス曲線に囲まれた面積に等しい。

（ウ）強磁性体に与えられるエネルギーW_h〔J/m³〕を、1秒当たりf回加えるので、放熱される電力P〔W/m³〕は、次式で求まる。

$$P = \frac{f \times W_h}{1} = fW_h \text{〔W/m}^3\text{〕}$$

（エ）ヒステリシス現象による損失をヒステリシス損という。

答え
（ア）ヒステリシス曲線　（イ）に囲まれた面積
（ウ）fW_h　（エ）ヒステリシス損

合格アドバイス　ヒステリシスとは history、すなわち磁界の強さ、磁束密度の履歴現象である。

40 電子と電流

ここを 暗記!

● 電子と電流の向き 電子の流れる向きと電流の向きは逆。

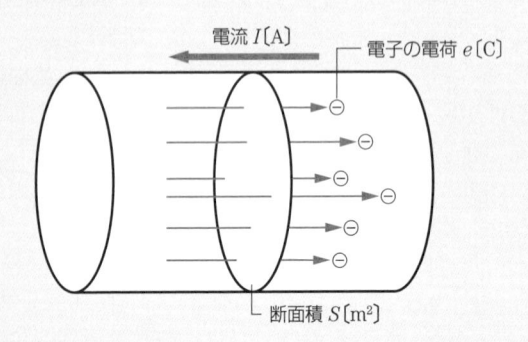

電流 I [A]
電子の電荷 e [C]
断面積 S [m²]

● 電流の大きさ 電流の大きさは単位時間に通過する電荷である。

電流 $I = \dfrac{通過電荷 \Delta Q \text{[C]}}{通過時間 \Delta t \text{[s]}}$ [A]

I:電流 [A]　Q:電子の全電荷量 [C] (クーロン)　t:時間 [s]

● 通過電荷 電子の電荷と電子密度、電子の平均速度、通過時間、断面積の積で求められる。

通過電荷 $\Delta Q = en(v \Delta t \cdot S)$

ΔQ:通過電荷 [C]　e:電子の電荷 [C]　n:電子密度 [個/m³]
v:電子の平均速度 [m/s]　Δt:通過時間 [s]　S:断面積 [m²]

以上の式より、電流は次の式で求められる。

電流 $I = \dfrac{\Delta Q}{\Delta t} = envS$ [A]

▶電流 I の大きさと通過電荷 ΔQ・通過時間 Δt の関係
ゴロあわせ 愛は デート分の電卓
　　　　　　　 I 　Δt 　　ΔQ

問題 ▶ 1 平成19年度 理論 問17(a) 改題

●直径 1.6〔mm〕の銅線中に 10〔A〕の直流電流が一様に流れている。この銅線の長さ 1〔m〕当たりの自由電子の個数を 1.69×10^{23} 個、自由電子 1 個の電気量を -1.60×10^{-19}〔C〕とする。

なお、導体中の直流電流は自由電子の移動によってもたらされているとみなし、その移動の方向は電流の方向と逆である。

また、ある導体の断面を 1 秒間に 1〔C〕の割合で電荷が通過するときの電流の大きさが 1〔A〕と定義される。

10〔A〕の直流電流が流れているこの銅線の中を移動する自由電子の平均移動速度 v〔m/s〕の値を求めよ。

解説 ▶ 1

電流 I〔A〕、電子の電荷 e〔C〕、電子密度 n〔個/m³〕、平均速度 v〔m/s〕、断面積 S〔m²〕とすると、電流 I は次式で表される。

$I = envS$〔A〕

銅線の単位長さ当たりの電子の個数を N〔個/m〕とすると、電子密度 n〔個/m³〕は次式の通りである。

$$n = \frac{N}{S \times 1} = \frac{N}{S} \text{〔個/m³〕}$$

したがって、電流 I〔A〕は次式で表される。

$$I = envS = e \times \frac{N}{S} \times vS = eNv \text{〔A〕}$$

ゆえに平均速度 v〔m/s〕は次式で求められる。

$$v = \frac{I}{eN} = \frac{10}{1.60 \times 10^{-19} \times 1.69 \times 10^{23}} \fallingdotseq 3.70 \times 10^{-4} \text{〔m/s〕}$$

答え 3.70×10^{-4}〔m/s〕

合格アドバイス　電流は単位時間に通過する電荷の量。この定義を覚えておけば、公式は導き出せる。

41 電子の運動

ここを暗記！

◎ **電界中の電子の運動** 下図のように電界 E〔V/m〕の方向と直角に電荷 e〔C〕の電子が進入し、点線のような軌道で運動をしたとする。電子の質量 m〔kg〕、加速度を α〔m/s²〕とすると次の式が成り立つ。

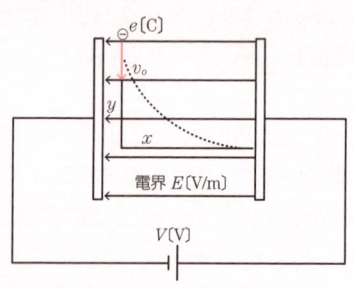

電子に働く電磁力 $F = eE = m\alpha$〔N〕
　　　　　　　　　　　└ニュートンの運動方程式┘

電子の加速度 $\alpha = \dfrac{eE}{m}$〔m/s²〕

t 秒後の電子の速度 $v = v_o + \alpha t$〔m/s〕

t 秒後の y 軸方向の電子の移動距離 $y = v_0 t$〔m〕

t 秒後の x 軸方向の電子の移動距離 $x = \dfrac{1}{2}\alpha t^2 = \dfrac{eEt^2}{2m}$〔m〕

t 秒後の電子の運動エネルギー $E = \dfrac{1}{2}mv^2 = eV$〔J〕

t 秒後の電子の速度 $v = \sqrt{\dfrac{2eV}{m}}$〔m/s〕

> E：電界〔V/m〕　e：電子の電荷〔C〕　m：電子の質量〔kg〕
> α：電子の加速度〔m/s²〕　v_o：電子の初速度〔m/s〕　V：電位〔V〕
> v：電子の速度〔m/s〕

合格アドバイス 電子に働く電磁力 F は P80 にある電界中の電荷に働く力の公式から導き出せる。

磁界中の電子の運動

磁界中の電子は電磁力と遠心力が等しくなるような円運動を行う。

下図のように、磁束密度 B〔T〕の磁界に電荷 e〔C〕の電子が磁界の方向と直角に速度 v〔m/s〕で進入すると、電磁力 F〔N〕が働き（フレミング左手の法則）、その反対方向に電磁力と同じ大きさの遠心力 F_r〔N〕が働く。

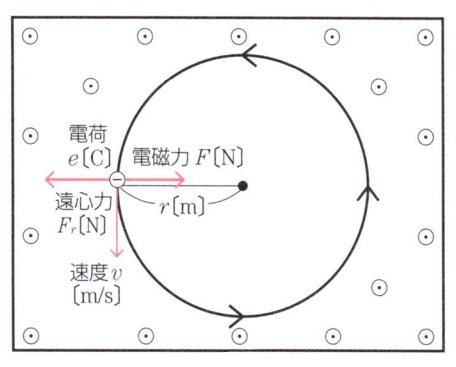

⊙：磁界の向き。紙面の裏側から表側に向かっている。

電磁力 $F = Bev$〔N〕

遠心力 $F_r = \dfrac{mv^2}{r}$〔N〕

電磁力 F = 遠心力 F_r より

$Bev = \dfrac{mv^2}{r}$〔N〕

磁界中の電子の円運動の半径 $r = \dfrac{mv}{Be}$〔m〕

> F：電磁力〔N〕 F_r：遠心力〔N〕 B：磁束密度〔T〕
> e：電子の電荷〔C〕 r：電荷の回転半径〔m〕
> m：電子の質量〔kg〕 v：電子の速度〔m/s〕

ゴロあわせ ▶ t 秒後の電子の運動エネルギー
運動は　　　　2分　　　待って！　　部位の事情
運動エネルギー　1/2　　　m　　　　v^2

問題 ▶ 1　平成19年度　理論　問13

●次の（ア）～（ウ）に当てはまる数式を選べ。

真空中において磁束密度 B〔T〕の平等磁界中に、磁界の方向と直角に初速 v〔m/s〕で入射した電子は、電磁力 $F=$（ア　Bev・$Bmev$）〔N〕によって円運動をする。

その円運動の半径を r〔m〕とすれば、遠心力と電磁力とが釣り合うので、円運動の半径は、$r=$（イ　$\dfrac{mv}{Be}$・$\dfrac{v}{Be}$）〔m〕となる。また、円運動の角速度は $\omega=\dfrac{v}{r}$〔rad/s〕であるから、円運動の周期は $T=$（ウ　$\dfrac{2\pi m}{Be}$・$\dfrac{2\pi}{Be}$）〔s〕となる。

ただし、電子の質量を m〔kg〕、電荷の大きさを e〔C〕とし、重力の影響は無視できるものとする。

解説 ▶ 1

（ア）電磁力 F〔N〕は次式で表される。

$F = Bev$〔N〕

（イ）円運動の半径 r〔m〕は次の通りとなる。

遠心力を F'〔N〕とすると、

$F' = \dfrac{mv^2}{r}$

$F = F'$ より、$Bev = \dfrac{mv^2}{r}$

$r = \dfrac{mv^2}{Bev} = \dfrac{mv}{Be}$〔m〕

（ウ）円運動の周期 T〔s〕は次の通り。

角速度 ω〔rad/s〕は次式で表される。

$\omega = \dfrac{2\pi}{T}$〔rad/s〕

▶磁界中の電荷に働く遠心力の公式

ゴロあわせ	安心は	あるまで待つ	部位の事情で
	遠心力	r　　m	v^2

また題意より、

$\omega = \dfrac{v}{r}$ [rad/s] であるから、

$\omega = \dfrac{2\pi}{T} = \dfrac{v}{r}$

したがって、周期 T [s] は次式で表される。

$T = \dfrac{2\pi r}{v}$

上の式に先ほど求めた半径 r [m] の式を代入すると、周期 T [s] が求められる。

$r = \dfrac{mv}{Be}$ [m] より、

$T = \dfrac{2\pi \times \dfrac{mv}{Be}}{v} = \dfrac{2\pi m}{Be}$ [s]

答え (ア) Bev (イ) $\dfrac{mv}{Be}$ (ウ) $\dfrac{2\pi m}{Be}$

合格アドバイス 磁界中の電子の円運動の半径は「電磁力＝遠心力」によって求められるようにしておく。

42 トランジスタ増幅回路

ここを暗記！

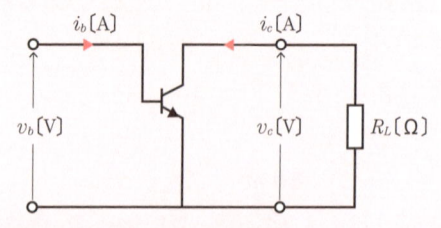

トランジスタ増幅回路 トランジスタを使った次のような回路では、i_b を変化させると、それに応じて i_c の大きさが大きく変化する。元の入力よりも大きな出力を得られる作用のことを<u>増幅</u>という。

i_b：入力信号電流〔A〕 i_c：出力信号電流〔A〕 v_b：入力信号電圧〔V〕
v_c：出力信号電圧〔V〕 R_L：抵抗〔Ω〕

増幅度と利得（ゲイン）

電流増幅度 $A_i = \dfrac{i_c}{i_b}$ 電圧増幅度 $A_v = \dfrac{v_c}{v_b}$

電力増幅度 $A_p = \dfrac{i_c v_c}{i_b v_b} = A_i A_v$

電流利得 $G_i = 20 \log_{10} A_i$ 〔dB〕 電圧利得 $G_v = 20 \log_{10} A_v$ 〔dB〕
電力利得 $G_p = 10 \log_{10} A_p$ 〔dB〕

トランジスタ増幅回路の簡易等価回路 上記の回路を最小限の要素で単純化した回路。

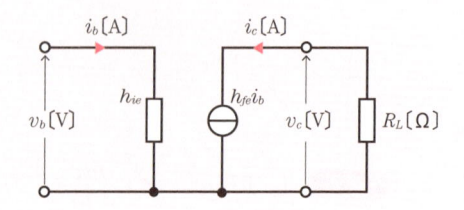

▶電流利得、電圧利得の公式
ゴロあわせ <u>ジー</u>さん、<u>二重</u>にも<u>ーろく</u>、<u>えー</u>かげんにしろ！
　　　　　　　G　　　 20　　　　　 $\log$　　 A

入力信号電圧 $v_b = h_{ie}i_b + h_{re}v_c$〔V〕 ($h_{re}=0, h_{oe}=0$とした場合)
出力信号電流 $i_c = h_{fe}i_b + h_{oe}v_c$〔A〕

入力インピーダンス $h_{ie} = \dfrac{v_b}{i_b}$〔Ω〕　　電圧帰還率 $h_{re} = \dfrac{v_b}{v_c}$

電流増幅率 $h_{fe} = \dfrac{i_c}{i_b}$　　出力アドミタンス $h_{oe} = \dfrac{i_c}{v_c}$〔S〕

h_{ie}：入力インピーダンス〔Ω〕　h_{fe}：電流増幅率

問題 ▶ 1　平成17年度 理論 問12 改題

●図は、エミッタを接地したトランジスタ電圧増幅器の簡易小信号等価回路である。この回路において、電圧増幅度が120となるとき、負荷抵抗R_L〔kΩ〕の値を求めよ。

ただし、v_iを入力電圧、v_oを出力電圧とし、トランジスタの電流増幅率$h_{fe} = 140$、入力インピーダンス$h_{ie} = 2.30$〔kΩ〕とする。

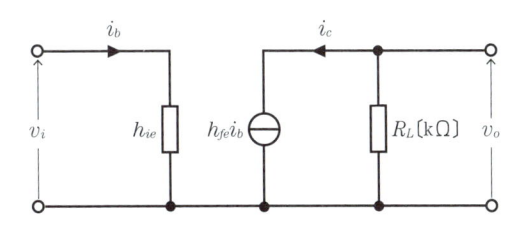

解説 ▶ 1

簡易等価回路図より次式が成り立つ。

$R_L = \dfrac{v_o}{i_c}$

$h_{fe} = \dfrac{i_c}{i_b}$ より $R_L = \dfrac{v_o}{i_c} = \dfrac{v_o}{h_{fe}i_b}$

$h_{ie} = \dfrac{v_i}{i_b}$ より $R_L = \dfrac{v_o}{h_{fe}i_b} = \dfrac{v_o}{h_{fe}} \times \dfrac{h_{ie}}{v_i} = \dfrac{v_o}{v_i} \times \dfrac{h_{ie}}{h_{fe}}$

電圧増幅度 $\dfrac{v_o}{v_i} = 120$、$h_{ie} = 2.30$〔kΩ〕、$h_{fe} = 140$を代入すると、

$R_L = 120 \times \dfrac{2.30}{140} \fallingdotseq 1.971 \rightarrow 1.97$〔kΩ〕

答え 1.97〔kΩ〕

合格アドバイス　電流利得、電圧利得が20倍であるのに対し、電力利得は10倍。間違えやすいので注意！

43 トランジスタの種類

ここを暗記!

⊃ バイポーラトランジスタ 入力電流で出力電流を制御するトランジスタ。npn型とpnp型がある。

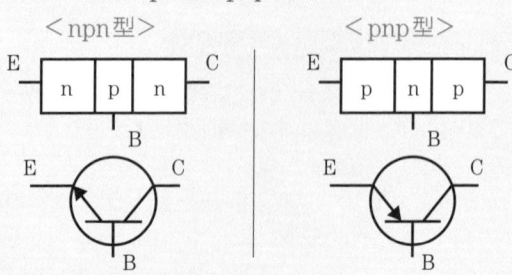

<npn型>

| n | p | n |

E — エミッタ　C — コレクタ　B — ベース

<pnp型>

| p | n | p |

B : ベース　E : エミッタ　C : コレクタ

⊃ 電界効果トランジスタ (FET) 入力電圧で出力電流を制御するトランジスタ。nチャネルFETとpチャネルFETがある。

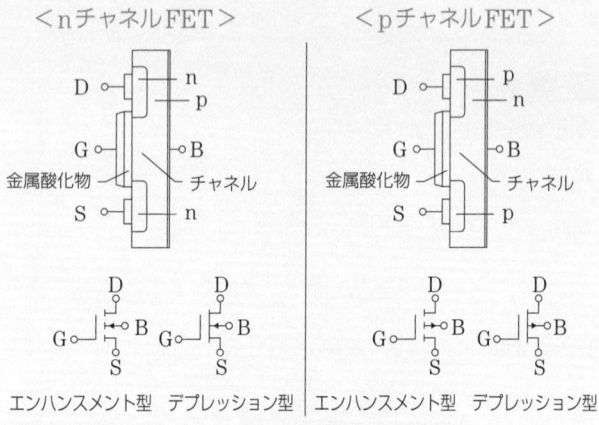

<nチャネルFET>
- D
- n
- p
- G — B
- 金属酸化物 — チャネル
- S
- n

<pチャネルFET>
- D
- p
- n
- G — B
- 金属酸化物 — チャネル
- S
- p

エンハンスメント型　デプレッション型 | エンハンスメント型　デプレッション型

D : ドレーン　S : ソース　G : ゲート　B : 基板

合格アドバイス
バイポーラトランジスタの端子の意味:ベース=基礎、エミッタ=放出、コレクタ=収集。基礎のベースに流す電流(入力電流)で、エミッターコレクタ間に流れる電流(出力電流)を制御する。

問題 ▶ 1　平成23年度 理論 問11 改題

●次の文章は、電界効果トランジスタに関する記述である。(ア)～(エ)に当てはまる語句を選べ。

図に示すMOS電界効果トランジスタ（MOSFET）は、p形基板表面にn形のソースとドレーン領域が形成されている。また、ゲート電極は、ソースとドレーン間のp形基板表面上に薄い酸化膜の絶縁層（ゲート酸化膜）を介して作られている。ソースSとp形基板の電位を接地電位とし、ゲートGにしきい値電圧以上の正の電圧 V_{GS} を加えることで、絶縁層を隔てたp形基板表面近くでは、（ア　正孔・電子）が除去され、チャネルと呼ばれる（イ　正孔・電子）の薄い層ができる。これによりソースSとドレーンDが接続される。この V_{GS} を上昇させるとドレーン電流 I_D は（ウ　増加・減少）する。

また、このFETは（エ　n・p）チャネルMOSFETと呼ばれている。

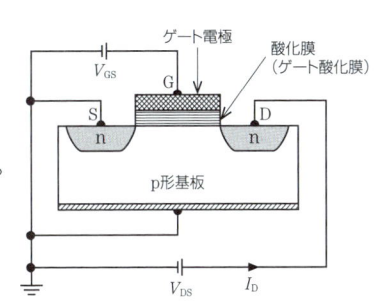

解説 ▶ 1

(ア) ゲートGに正の電圧を印加すると、ゲート電極付近の基板表面では、正電荷である正孔が除去される。

(イ) ゲートGに正の電圧を印加すると、ゲート電極付近の基板表面では、負電荷である電子の層が形成される。この層をチャネルという。

(ウ) ゲートGに印加する正の電圧 V_{GS} を上昇させると、ソースSとドレーンDとの間の電流であるドレーン電流 I_D は増加する。

(エ) 電子の薄い層により、nとnを接続するチャネルをnチャネルといい、この形の電界効果トランジスタをnチャネルMOSFETという。MOSとは金属酸化物のことである。

答え　(ア) 正孔　(イ) 電子　(ウ) 増加　(エ) n

合格アドバイス　電界効果トランジスタの端子の意味：ゲート＝水門、ドレーン＝流出、ソース＝水源。水門であるゲートにかける電圧（入力電圧）で、ドレーン－ソース間に流れる電流（出力電流）を制御する。

44 演算増幅器（オペアンプ）

ここを暗記！

🔴 **演算増幅器** 増幅回路に用いられる電子部品で、反転入力端子（−）と非反転入力端子（＋）の2つの入力端子と、1つの出力端子を持っている。加・減算、微・積分といった演算を行う回路が作れることからこの名が付いた。
入力インピーダンスが極めて大きく（≒∞）、出力インピーダンスが極めて小さい（≒0）ため、増幅度（利得）が非常に大きい（≒∞）という特徴がある。

🔴 **反転増幅回路（入力 V_i がマイナス端子）**

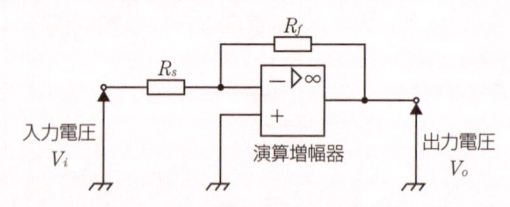

反転増幅回路の電圧増幅度 $A_v = -\dfrac{R_f}{R_s} = \dfrac{V_o}{V_i}$

🔴 **非反転増幅回路（入力 V_i がプラス端子）**

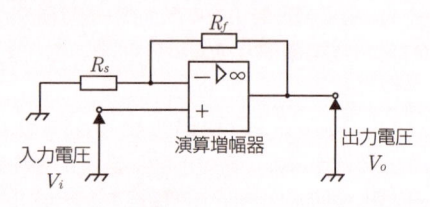

非反転増幅回路の電圧増幅度 $A_v = 1 + \dfrac{R_f}{R_s} = \dfrac{V_o}{V_i}$

V_i：入力電圧〔V〕　V_o：出力電圧〔V〕　R_s, R_f：抵抗〔Ω〕

▶反転増幅回路の電圧増幅度
ゴロあわせ　ハンティング　は　マイナーで　ラフな　ワル　いレスラー
　　　　　　反転増幅回路　　　−　　　　　R_f　　÷　　R_s

問題 ▶ 1　平成26年度 理論 問13 改題

●図のような、演算増幅器を用いた能動回路がある。直流入力電圧 V_{in} 〔V〕が 3 V のとき、出力電圧 V_{out} 〔V〕を求めよ。

ただし、演算増幅器は、理想的なものとする。

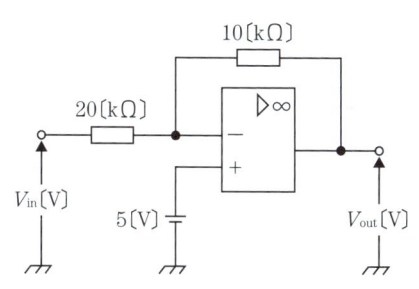

解説 ▶ 1

本問は、反転入力と非反転入力に入力電圧を印加したときの出力電圧を問う問題である。

反転入力による出力電圧を V_{O1} 〔V〕とすると、次式が成り立つ。

$$\frac{V_{O1}}{V_{in}} = -\frac{10〔kΩ〕}{20〔kΩ〕}$$

$$V_{O1} = -\frac{10}{20} \times V_{in} = -\frac{10}{20} \times 3 = -\frac{30}{20} 〔V〕$$

次に、非反転入力による出力電圧を V_{O2} 〔V〕とすると、次式が成り立つ。

$$\frac{V_{O2}}{5} = 1 + \frac{10〔kΩ〕}{20〔kΩ〕}$$

$$V_{O2} = \left(1 + \frac{10}{20}\right) \times 5 = \frac{30}{20} \times 5 = \frac{150}{20} 〔V〕$$

出力電圧 V_{out} 〔V〕は次式で求められる。

$$V_{out} = V_{O1} + V_{O2}$$

$$= -\frac{30}{20} + \frac{150}{20} = \frac{120}{20} = 6 〔V〕$$

答え　6〔V〕

▶非反転増幅回路の電圧増幅度

ゴロあわせ
批判　　　は痛い！　ラフな　ワル　いレスラー
非反転増幅回路　　1＋　　R_f　　÷　　R_s

45 電磁気の各種効果

ここを暗記!

➡ **ゼーベック効果** 2種類の異なる金属の両端を接合して、両接合部に異なる温度を与えると起電力を生じる現象。
(1821年ドイツの物理学者ゼーベックが発見)

➡ **ペルチェ効果** 異なる2種類の金属または半導体(p形とn形)を2つの点で接合したものに電流を流すと、熱が移動して片方の接点は冷やされ、もう一方は温められる現象。
(1834年フランスの物理学者ペルチェが発見)

➡ **ホール効果** 電流の流れている物体に垂直に磁界をかけると、電流と磁界の両方に垂直な方向に電位差が現れる現象。(1879年アメリカの物理学者ホールが発見)

➡ **トムソン効果** 導体の両端を異なる温度に保って電流を流すと、ジュール熱のほかに、熱の吸収または発生を生じる現象。電流の向きを逆にすると、吸収と発生の関係も逆になる。
(1851年イギリスの物理学者トムソンが発見)

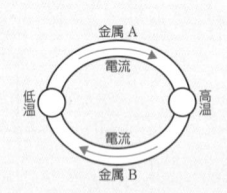

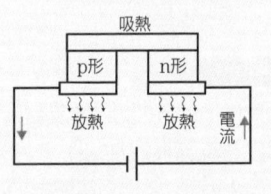

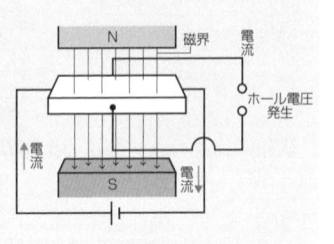

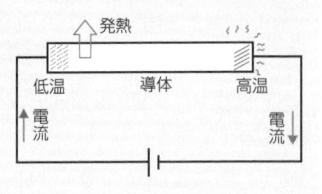

ゴロあわせ
▶ゼーベック効果
<u>2種の異性</u>　が接合すると電流が走る　ゼ！
2種類の異なる金属　接合　　電流　ゼーベック効果

圧電効果（ピエゾ効果）

水晶・ロシェル塩などの結晶に力を加えると、応力に比例して誘電分極が生じ、電圧が発生する現象。逆に、これらの結晶に電場を加えると、ひずみを生じて変形する（逆圧電効果）。
（ピエゾという言葉は圧縮を意味するギリシャ語に由来）

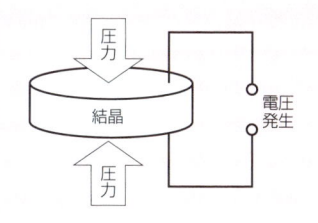

問題 ▶ 1　平成17年度 理論 問11

●図のように、異なる2種類の金属A、Bで1つの閉回路を作り、その2つの接合点を異なる温度に保てば、（ア）。この現象を（イ）効果という。

上記の記述中の空白箇所（ア）及び（イ）に記入する語句として、正しいものを組み合わせたのは次のうちどれか。

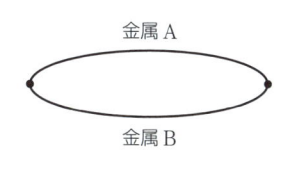

	（ア）	（イ）
(1)	電流が流れる	ホール
(2)	抵抗が変化する	ホール
(3)	金属の長さが変化する	ゼーベック
(4)	電位差が生じる	ペルチェ
(5)	起電力が生じる	ゼーベック

解説 ▶ 1

2種類の異なる金属の両端を接合して、両接合部に異なる温度を与えると起電力を生じ、電流が流れる。この現象をゼーベック効果という。

答え　(5)

ゴロあわせ　▶ピエゾ効果
ピエゾは　化粧に力が入るとアツくなる
ピエゾ効果　結晶　力　　　　電圧発生

46 p形半導体とn形半導体

ここを 暗記!

● **半導体** 電気伝導性が導体と絶縁体との中間である物質。

● **真性半導体** ケイ素（Si）やゲルマニウム（Ge）などの4価の元素は純物質の状態で半導体の性質を持つ。純物質の半導体を**真性半導体**という。

● **p形半導体** 真性半導体に、アクセプタと呼ばれるホウ素（B）、インジウム（In）、ガリウム（Ga）などの3価の不純物を微量添加した半導体。**正孔（ホール）**が多数キャリアとなって電荷を運ぶ。

● **n形半導体** 真性半導体に、ドナーと呼ばれるリン（P）、アンチモン（Sb）、ヒ素（As）などの5価の不純物を微量添加した半導体。**自由電子**が多数キャリアとなって電荷を運ぶ。[P（リン）はp形でなく、n形半導体。]

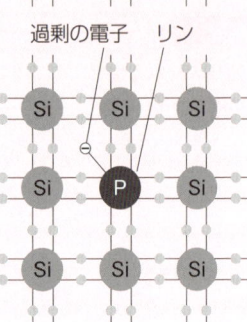

▶真性半導体
ゴロあわせ　先生に反抗した　シゲたちは余暇を部室で
真性半導体　　Si、Ge　　4価　物質

ダイオード

p形半導体とn形半導体を接合したものを**半導体ダイオード**、または単に**ダイオード**という。p形半導体からn形半導体へは電流を流すが、反対方向への電流は阻止する働きがある。これをダイオードの**整流作用**という。

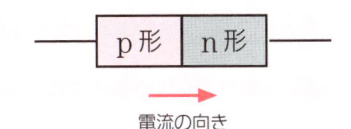

```
─┤ p形 │ n形 ├─
     →
   電流の向き
```

問題▶1　平成25年度 理論 問11 改題

●次の文章は、不純物半導体に関する記述である。(ア)～(ウ)に当てはまる語句又は英数字を選べ。

極めて高い純度に精製されたケイ素（Si）の真性半導体に、微量のリン（P）、ヒ素（As）などの（ア　3・5）価の元素を不純物として加えたものを（イ　p・n）形半導体といい、このとき加えた不純物を（ウ　アクセプタ・ドナー）という。

ただし、Si、P、Asの原子番号は、それぞれ14、15、33である。

解説▶1

(ア) リン（P）、ヒ素（As）の原子価は5価である。失念した場合は、題意よりリン（P）の原子番号が15であり、4価のケイ素（Si）の14より1つ多いから、5価と判断できる。

(イ) 5価の元素を不純物として添加した半導体はn形半導体である。P（リン）を加えるとpではなくn形半導体になる。

(ウ) 添加した5価の元素の不純物をドナーという。

答え　(ア) 5　(イ) n　(ウ) ドナー

ゴロあわせ　▶p形半導体
ピーカン　で参加！　ビン　が　点火
p形半導体　3価　　B,In,Ga　添加

47 オシロスコープとリサジュー図形

ここを暗記!

● **ブラウン管オシロスコープ** オシロスコープとは、波形観測器のことで、静電偏向方式のブラウン管が使用される。垂直入力端子で電子を加速し、垂直偏向電極に観測する波形の信号を加え、水平偏向電極にのこぎり波の信号を加えて、蛍光膜に掃引して波形を出力させる。

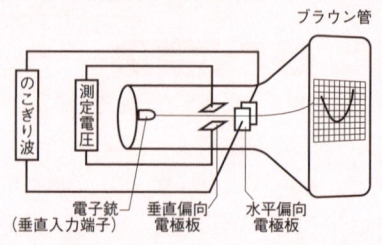

● **リサジュー図形** オシロスコープの垂直偏向電極と水平偏向電極に正弦波交流の信号を与えて描かれる図形のこと。2者の信号の位相差や周波数比により特徴的な図形が描かれる。

周波数比	位相差=0	位相差=$\pi/4$	位相差=$\pi/2$	位相差=$3\pi/4$	位相差=π
1:1					
1:2					
1:3					
2:3					

▶リサジュー図形による位相差の算出
ゴロあわせ サインしたのはワイ無事
$\sin\theta$　　　　Z/Y

🔴 リサジュー図形による位相差の算出
Y軸方向の振幅とY軸との交点の距離を比較することで、信号の位相差を算出する。

$$\sin \theta = \frac{Z}{Y} \qquad \theta = \sin^{-1} \frac{Z}{Y}$$

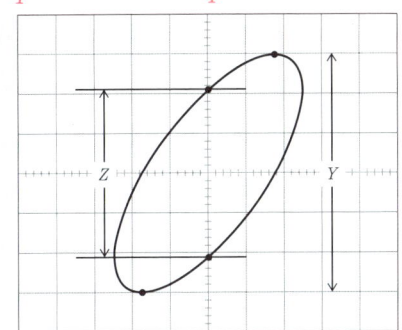

🔴 リサジュー図形による周波数比の算出
リサジュー図形と任意の水平線との交点の数と、リサジュー図形と任意の垂直線との交点の数との比が、信号の周波数比になる。

水平偏向電極の信号の周波数をf_x、垂直偏向電極の信号の周波数をf_yとすると、次の関係がある。

$f_x : f_y =$ 任意の垂直線との交点の数：任意の水平線との交点の数

（例）下の図の周波数比は、次の通りとなる。
$f_x : f_y = 2 : 4 = 1 : 2$

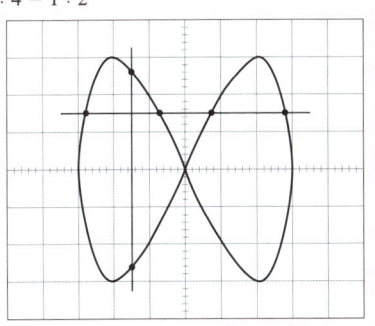

▶リサジュー図形による周波数比の算出

ゴロあわせ	リサ	週は	好天の日	スイ	スイ
	リサジュー	周波数比	交点の比	水平	垂直

問題 ▶ 1　平成20年度 理論 問16 改題

●ブラウン管オシロスコープは、水平・垂直偏向電極を有し、波形観測ができる。次の（ア）～（ウ）に当てはまる語句を選べ。

垂直偏向電極のみに、正弦波交流電圧を加えた場合は、蛍光面に（ア　図2・図3）のような波形が現れる。また、水平偏向電極のみにのこぎり波電圧を加えた場合は、蛍光面に（イ　図4・図5）のような波形が現れる。また、これらの電圧をそれぞれの電極に加えると、蛍光面に（ウ　図1・図6）のような波形が現れる。このとき波形を静止させて見るためには、垂直偏向電極の電圧の周波数と水平偏向電極の電圧の繰り返し周波数との比が整数でなければならない。

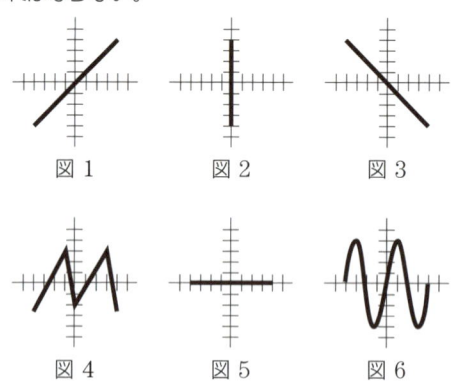

図1　図2　図3

図4　図5　図6

解説 ▶ 1

（ア）垂直偏向電極は垂直方向に偏向するので、図2に示す波形が現れる。

（イ）水平偏向電極は水平方向に偏向するので、図5に示す波形が現れる。

（ウ）両方の信号を加えると、垂直偏向電極に与えた正弦波交流の波形が観測される。

答え　（ア）図2　（イ）図5　（ウ）図6

合格アドバイス　リサジュー図形（P118）は、周波数比 1:1 と 1:2 で、位相差＝0、$\pi/4$、$\pi/2$ の6つの図形を特に覚えておこう。

第 2 章

電力
の超重要ポイント

01 水力発電とエネルギー

ここを暗記!

🔴 **水力発電** 水の位置エネルギーを水車によって機械エネルギーに変換して発電機を回し電気エネルギーを得る発電方式。

🔴 **水力発電の出力** 水力発電の出力は水の位置エネルギーと水車の効率、さらに発電機の効率を掛け合わせて計算する。

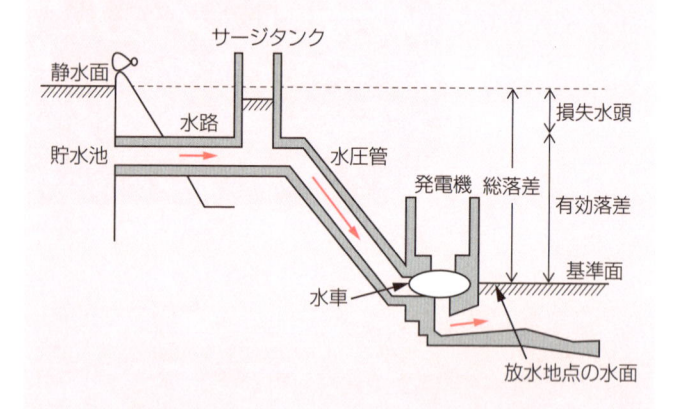

水力発電機の出力 $P_w = 9.8QH\eta_w\eta_g$ 〔kW〕

P_w:水力発電機の出力〔kW〕 9.8:重力加速度〔m/s²〕
Q:単位時間当たりに水車に流れ込む水量〔m³/s〕
H:有効落差〔m〕(=総落差-損失水頭) η_w:水車の効率
η_g:発電機の効率

＊過去問題では、水車の効率と発電機の効率をあわせて、「総合効率」として数値が提示されることがあった。

🔴 **有効落差と損失水頭** 水路の摩擦抵抗などは、それによって失われる水の位置エネルギーに換算して計算する。これを

合格アドバイス 水の位置エネルギーはmgh。mは質量〔kg〕、gは重力加速度(9.8〔m/s²〕)、hは落差〔m〕。これに水車の効率を掛けると水力出力が求まり、さらに発電機の効率を掛けると水力発電機の出力が求まる。

損失水頭という。出力を計算する際に使われる有効落差は次のように計算される。

有効落差 $H = $ 総落差 − 損失水頭〔m〕

● **水力発電の特徴** 火力発電・原子力発電などの汽力発電と比較すると、水車の回転速度は遅い。そのため多極発電機を用いて必要な周波数を得る。

● **揚水発電** 深夜などの余剰電力で水をポンプで上池にくみ上げ（揚水）、必要なときに下池に落として発電する方式。出力の調整が容易であり、また、他の発電所の余剰電力で水車を逆回転させ、電気エネルギーを水の位置エネルギーとして蓄えることができる。

問題 ▶ 1　平成24年度 電力 問1 改題

● 次の文章は、水力発電の理論式に関する記述である。（ア）〜（オ）に当てはまる語句又は数式を選べ。

次ページの図に示すように、放水地点の水面を基準面とすれば、基準面から貯水池の静水面までの高さ H_g〔m〕を一般に（ア　総落差・自然落差・基準落差）という。また、水路や水圧管の壁と水との摩擦によるエネルギー損失に相当する高さ H_l〔m〕を（イ　損失・位置・圧力・速度）水頭という。さらに、H_g と H_l の差 $H = H_g − H_l$ を一般に（ウ　実効・有効）落差という。

いま、Q〔m³/s〕の水が水車に流れ込み、水車の効率を η_w とすれば、水車出力 P_w は（エ　$9.8QH\eta_w$ ・ $\dfrac{9.8QH}{\eta_w}$）〔kW〕になる。

さらに、発電機の効率を η_g とすれば、発電機出力は
（オ　$9.8QH\eta_w\eta_g$ ・ $\dfrac{9.8QH}{\eta_w\eta_g}$）〔kW〕になる。

ただし、重力加速度は9.8〔m/s²〕とする。

合格アドバイス　電力とは、単位時間（1秒間や1時間）当たりの電気エネルギーを表す。電力×時間が電気エネルギーの総量になる。

図中ラベル: 静水面、サージタンク、水路、貯水池、水圧管、発電機、水車、放水地点の水面、基準面、H_l [m]、H_g [m]、H [m]

解説 ▶ 1

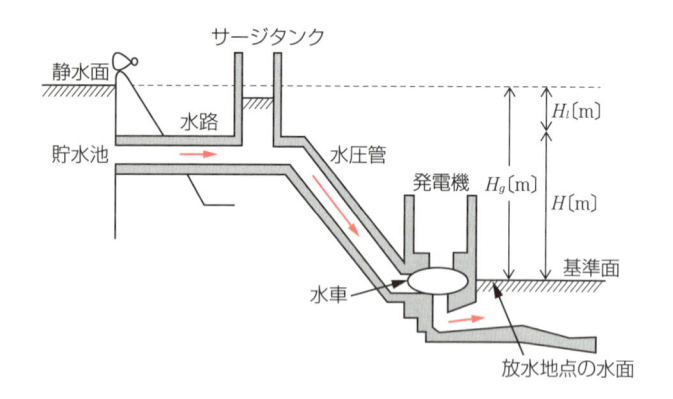

(ア) 水力発電所は、発電機の水車と貯水池（あるいは上流河川等）の水面との落差による位置エネルギーを用いて発電する。このとき、基準面から静水面までの高さを総落差という。

(イ) 水路や水圧管を水が通過するときに生じる摩擦はエネルギー損失になるが、これを水の位置エネルギー差に変換したものを損失水頭と呼んでいる。

(ウ) 総落差と損失水頭の差が水車を回す正味のエネルギーであり、これを有効落差という。

(エ) 水車に流れ込む水が持つエネルギーは mgh で求められ、Q [m³] の水の体積は $Q \times 1\,000$ [kg]、有効落差は H [m]、重力加速度 $g = 9.8$ [m/s²] であるから $9.8QH$ [kJ] となり、これに水車効率 ($0 < \eta_w < 1$) を掛けた $9.8QH\eta_w$ [kW] が水車の機械的出力である。

(オ) さらに発電機の効率 η_g ($0 < \eta_g < 1$) を掛けたものが得られる電気エネルギーであり、$9.8QH\eta_w\eta_g$ [kW] となる。

答え (ア)総落差　(イ)損失　(ウ)有効　(エ)$9.8QH\eta_w$　(オ)$9.8QH\eta_w\eta_g$

合格アドバイス エネルギーは目に見えないし実体もない。しかし、その存在を仮定すると非常に計算が楽になるため仮想の量として定義された。

問題 ▶ 2　平成21年度 電力 問1 改題

●水力発電所において，有効落差 100 [m]、水車効率 92 [%]、発電機効率 94 [%]、定格出力 2 500 [kW] の水車発電機が 80 [%] 負荷で運転している。このときの流量 [m³/s] はいくらか。

解説 ▶ 2

水力発電は、水が持つ位置エネルギーを運動エネルギーに変え、水車を通して発電機を回すことで電気エネルギーを得ている。

有効落差 H [m]、流量 Q [m³/s] の水が 1 秒間に放出するエネルギー P_s は、

$P_s = 9.8QH$ [kW]

で与えられる。

これに水車効率と発電機効率を掛けたものが、1 秒間に得られる電気エネルギー（＝電力）となる。

また、定格出力 2 500 [kW] の水車発電機が 80 [%] 負荷で運転していることから、得られている電力は、

$2\,500 \times 0.8 = 2\,000$ [kW]

である。以上のことより、

$9.8 \times Q \times 100 \times 0.92 \times 0.94 = 2\,500 \times 0.8 = 2\,000$

という式が成り立つから、これより Q を求めると、

$$Q = \frac{2\,000}{9.8 \times 100 \times 0.92 \times 0.94} \fallingdotseq 2.36 \text{ [m}^3\text{/s]}$$

答え 2.36 [m³/s]

合格アドバイス　エネルギーは数式で定義される。位置エネルギー、運動エネルギー、電気エネルギー、熱エネルギーなどが主なものである。

02 水の流量、エネルギーとベルヌーイの定理

ここを暗記！

⇒水力発電のエネルギー エネルギー源である水は、位置エネルギーを運動エネルギーに変えて水車を回転させている。

⇒ベルヌーイの定理 水管を流下する水は、位置エネルギー・運動エネルギー・圧力エネルギーを持ち、水車においてエネルギーを放出しない限り、これらの和は一定である。これを**ベルヌーイの定理**という。

水の位置エネルギー：mgh（m：水の質量　g：9.8　h：高さ）
水の運動エネルギー：$\frac{1}{2}mv^2$（m：水の質量　v：水の流速）
水の圧力エネルギー：$m\frac{P}{\rho}$（m：水の質量　ρ：水の密度　P：圧力）

$$\therefore mgh + \frac{1}{2}mv^2 + m\frac{P}{\rho} = 一定$$

m：水の質量〔kg〕　g：重力加速度9.8〔m/s²〕　h：高さ〔m〕
v：水の流速〔m/s〕　ρ：水の密度〔kg/m³〕　P：圧力〔Pa〕

⇒水の圧力 通常、水は非圧縮性流体であるから、水管の径が変化しても上部と下部で時間当たりの流量は同一である。圧力の単位1〔Pa〕（パスカル）は、1m²の面積に1Nの力が作用する圧力である。水の質量は、1m³（＝1m×1m×1m）当たり1 000kgであり、これに対して発生する重力は$m \cdot g$より9 800Nであるから、水の高さ1mに対して発生する圧力は9.8kPaである。

問題▶1　平成18年度　電力　問12　改題

●図の水管内を水が充満して流れている。点Aでは管の内径 2.5〔m〕で、これより 30〔m〕低い位置にある点Bでは内径 2.0〔m〕である。点Aでは流速 4.0〔m/s〕で圧力は 25〔kPa〕と計測されている。

▶ベルヌーイの法則
ゴロあわせ　ベル鳴らして。1　ド　ア　はいって！
　　　　　　　ベルヌーイ　　位置・運動・圧力　和　一定

このときの点Bにおける流速 v〔m/s〕と圧力 P〔kPa〕を求めよ。

なお、圧力は水面との圧力差とし、水の密度は 1.0×10^3〔kg/m³〕とする。

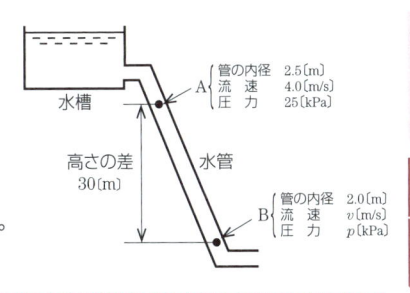

解説 ▶ 1

ベルヌーイの定理を用いる出題を解く場合は、位置エネルギー・運動エネルギー・圧力エネルギーの和を位置水頭として求め、そこから各々のエネルギー値を逆算して計算すると求めやすい。

まず、A点での流量とB点での流量は同一であるから、
（流量）＝（管の断面積）×（流速）という関係より、

$$\pi \cdot \left(\frac{2.5}{2}\right)^2 \cdot 4.0 = \pi \cdot \left(\frac{2}{2}\right)^2 \cdot v \text{ が成立する。これを解くと}$$

$v = 6.25$〔m/s〕

また、A地点での水の総エネルギーを求めると次のようになる。

$$mgh + \frac{1}{2}mv^2 + m\frac{P}{\rho} = m \times 9.8 \times 30 + \frac{1}{2} \times m \times 4^2 + m \cdot \frac{25\,000}{1.0 \times 10^3} = m \times 327$$

次に、B地点での総エネルギーを求めると次のようになる。

$$mgh + \frac{1}{2}mv^2 + m\frac{P}{\rho} = m \times 9.8 \times 0 + \frac{1}{2} \times m \times 6.25^2 + m \cdot \frac{P}{1.0 \times 10^3}$$

A地点でのエネルギーとB地点でのエネルギーは同一であるから、

$$m \times 9.8 \times 0 + \frac{1}{2} \times m \times 6.25^2 + m \cdot \frac{P}{1.0 \times 10^3} = m \times 327$$

という式が成立する。これを解くと、
$P = 307.46875 \times 10^3 \fallingdotseq 307$〔kPa〕

答え　流速 $v = 6.3$〔m/s〕　圧力 $P = 307$〔kPa〕

▶水の圧力（高さ 1 m）

ゴロあわせ

水	1名	食ってや	パクっと
水の高さ	1 m	9.8	kPa

03 水車の方式

ここを暗記!

🔴 水車の種類
水車には衝動水車と反動水車の2種類がある。

水車	特徴	代表的な水車
衝動水車	水の運動エネルギーを利用。	ペルトン水車
反動水車	水の圧力エネルギーを利用。	プロペラ水車,カプラン水車,フランシス水車 など

🔴 ペルトン水車
バケットに水を吹き付けて回転させる。高落差・高圧力・小流量で使用する。水量調節はニードル弁で行う。

🔴 反動水車の特徴
流入管・水車・吸出管が水で満たされているため、吸出管を下方に伸ばすことで吸込圧力を生むことができる。

🔴 プロペラ水車
反動式は右図のように水車全体が水で満たされるという特徴がある。中・低落差で用いられ、流量のエネルギーを主に利用する。水量調節はガイドベーンで行う。プロペラ水車は羽根を固定したもの。

🔴 カプラン水車
プロペラ水車のうち、羽根を可動にしたもの。低落差・大流量に適している。

🔴 フランシス水車
プロペラ水車同様、中・低落差で用いられ、流量のエネルギーを主に利用する。

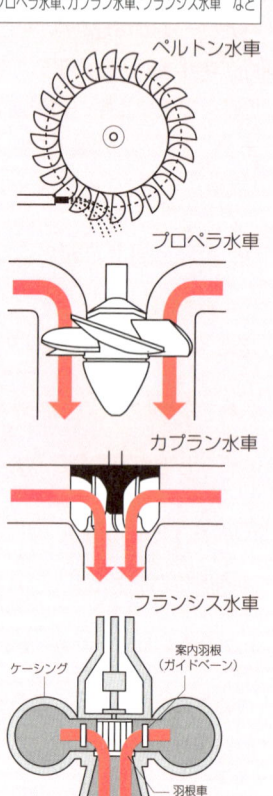

ペルトン水車

プロペラ水車

カプラン水車

フランシス水車
ケーシング / 案内羽根(ガイドベーン) / 羽根車(ランナー)

▶水車の方式の種類
ゴロあわせ ベルトを衝動買い、プロの フラメンコに感動
ベルトン 衝動水車 プロペラ フランシス 反動水車

かご状のランナにある羽根に渦流を作用させることで回転力を得る。水力発電で最も広く使用され、逆回転させることでポンプとなり揚水発電に用いることもできる。

⇒ **クロスフロー水車** 大規模発電所とは別に、分散型電源・再生可能エネルギーとして、農業用水、上下水道などを利用した<u>クロスフロー水車</u>を用いた<u>小水力発電</u>も注目されている。

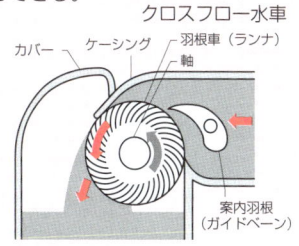

問題▶1 平成25年度 電力 問1 改題

●次の文章は、水力発電に用いる水車に関する記述である。（ア）～（エ）に当てはまる語句を選べ。

水をノズルから噴出させ、水の位置エネルギーを運動エネルギーに変えた流水をランナに作用させる構造の水車を（ア　反動・衝動・斜流）水車と呼び、代表的なものに（イ　ペルトン・フランシス・斜流・カプラン）水車がある。また、水の位置エネルギーを圧力エネルギーとして、流水をランナに作用させる構造の代表的な水車に（ウ　ペルトン・フランシス・スクリュー）水車がある。さらに、流水がランナを軸方向に通過する（エ　フランシス・クロスフロー・ポンプ・プロペラ）水車もある。

解説▶1

（ア）（イ）水をノズルから噴出させ、その勢い（運動エネルギー）によって回転させるものを<u>衝動水車</u>という。代表的なものは<u>ペルトン水車</u>である。
（ウ）（エ）一方、水の流れを圧力エネルギーとしてランナに作用させるものは反動水車といい、<u>プロペラ水車</u>・<u>カプラン水車</u>・<u>フランシス水車</u>などがある。このうち、<u>プロペラ水車</u>や<u>カプラン水車</u>は流水がランナの回転軸方向に通過し、<u>フランシス水車</u>は回転軸に対して横方向に通過する。

答え （ア）衝動　（イ）ペルトン　（ウ）フランシス　（エ）プロペラ

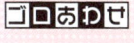

ゴロあわせ
▶クロスフロー水車の特徴
<u>3分</u>で　　　<u>風呂</u>　<u>水</u>
分散型電源のクロスフロー水車

04 汽力発電の熱サイクル

ここを暗記！

⮕ 汽力発電 水蒸気でタービン発電機を回す発電方式の総称。①ボイラで高温・高圧の水蒸気を発生させる→②水蒸気でタービン発電機を回転させて電力へ変換する。一般的には火力発電を指すが、広義では原子力や地熱発電も含まれる。

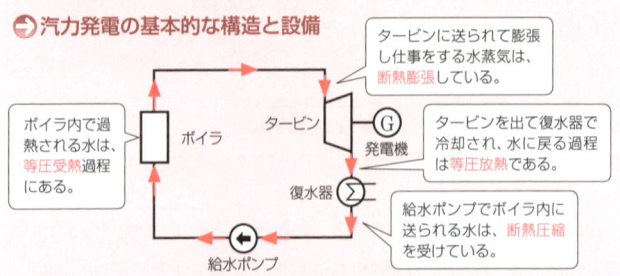

⮕ 汽力発電の基本的な構造と設備

- ボイラ内で過熱される水は、等圧受熱過程にある。
- タービンに送られて膨張し仕事をする水蒸気は、断熱膨張している。
- タービンを出て復水器で冷却され、水に戻る過程は等圧放熱である。
- 給水ポンプでボイラ内に送られる水は、断熱圧縮を受けている。

- ●**給水ポンプ** … 水をボイラに送り込むポンプ。
- ●**ボイラ** … 石油や石炭を燃焼させた熱で水を沸騰させる圧力容器。
- ●**タービン** … 高温高圧の水蒸気が低温低圧に膨張する力を利用して回転力を生む羽根車。
- ●**復水器** … タービンで膨張した水蒸気を水に戻す冷却器。

⮕ ランキンサイクルの P-V 線図 汽力発電における圧力と体積の変化を表したグラフ。下左図のように閉じた線になる。

⮕ エントロピー 熱媒体（水）の状態を示す指標であり、エントロピーと温度の積が大きいほど大きなエネルギーを持っていることを表している。汽力発電の過程でのエントロピーと絶対温度の関係は下右のグラフの通りである（T-S線図）。

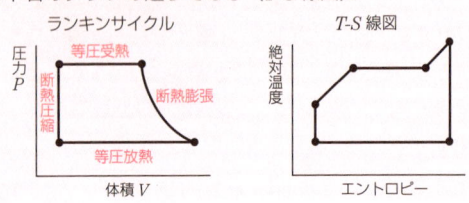

ランキンサイクル（圧力 P / 体積 V）：等圧受熱、断熱膨張、等圧放熱、断熱圧縮

T-S 線図（絶対温度 / エントロピー）

合格アドバイス ボイル＝シャルルの法則より絶対温度 T が一定のもと $P \times V =$ 一定である。これは反比例曲線を意味し、タービンでの断熱膨張部分である。

⮕ **エンタルピー** 熱媒体（水）の持っている熱量の指標のこと。過熱されると大きくなる。また、単位質量（1 kg）当たりのエンタルピーを比エンタルピーという。

問題 ▶ 1　平成26年度 電力 問2

●図に示す汽力発電所の熱サイクルにおいて、各過程に関する記述として誤っているものを次の(1)～(5)のうちから一つ選べ。

(1) A→B：給水が給水ポンプによりボイラ圧力まで高められる断熱膨張の過程である。
(2) B→C：給水がボイラ内で熱を受けて飽和蒸気になる等圧受熱の過程である。
(3) C→D：飽和蒸気がボイラの過熱器により過熱蒸気になる等圧受熱の過程である。
(4) D→E：過熱蒸気が蒸気タービンに入り復水器内の圧力まで断熱膨張する過程である。
(5) E→A：蒸気が復水器内で海水などにより冷やされ凝縮した水となる等圧放熱の過程である。

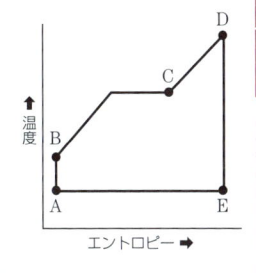

解説 ▶ 1

ボイラと蒸気タービンからなる熱機関において、温度を縦軸、エントロピーを横軸に取る T-S 線図はランキンサイクルの特徴を表すものである。状態変化は、次のようになる。

A→B：給水ポンプでボイラ内に給水する断熱圧縮（等エントロピー圧縮）の過程である。
B→C：給水がボイラ内で熱を受け取り飽和蒸気になる等圧受熱の過程である。
C→D：飽和蒸気が過熱器により過熱蒸気になる等圧受熱の過程である。
D→E：過熱蒸気がタービンに入り、タービンに対して仕事をしながら膨張する断熱膨張（等エントロピー膨張）の過程である。
E→A：低温低圧蒸気を冷却し、高真空度の凝縮水とする等圧放熱の過程である。

以上より、誤りは (1) である。　　**答え** (1)

合格アドバイス　エントロピーの概念は非常にわかりにくいが、電験三種では決まったパターンしか出題されない。過去問を確実に解くのが早道。

05 汽力発電の発電効率

ここを暗記!

●発電効率 発電効率は次の式で求まる。単位はどちらも〔J〕(ジュール)。

$$発電効率 = \frac{発電された電気エネルギー〔J〕}{燃料が発生した熱エネルギー〔J〕}$$

●電力量 電力が行う仕事のこと。1〔W〕の電力が1秒間消費されたときの消費エネルギーを1〔J〕(ジュール)という。
1〔W〕× 1〔s〕= 1〔J〕
通常、1 000倍の〔kJ〕(キロジュール)を単位として用いる。

●発電効率を表す指標

指標	意味
ボイラ効率	ボイラに供給した燃料の発熱量に対する、ボイラでの発生蒸気熱量の比。 ボイラ効率 $\eta_b = \dfrac{Z(i_s - i_w)}{BH}$ η_b:ボイラ効率　Z:蒸気・給水の流量〔kg/h〕 i_s:ボイラ出口蒸気の比エンタルピー〔kJ/kg〕 i_w:ボイラ給水の比エンタルピー〔kJ/kg〕 B:燃料の使用量〔kg/h〕　H:発熱量〔kJ/kg〕
熱サイクル効率	ボイラでの発生蒸気熱量に対する、タービンで消費した熱量の比。 熱サイクル効率 $\eta_c = \dfrac{i_s - i_e}{i_s - i_w}$ η_c:熱サイクル効率 i_s:ボイラ出口蒸気の比エンタルピー〔kJ/kg〕 i_w:ボイラ給水の比エンタルピー〔kJ/kg〕 i_e:タービン排気の比エンタルピー〔kJ/kg〕

ゴロあわせ　▶ボイラ効率
ボイコットは　じーっと　しようね
ボイラ効率　$Z(i_s - i_w)$ /(使用量・発熱量)

タービン効率	タービンによって得られた機械的出力に対する、タービン前後で蒸気が失ったエネルギー差の比。 タービン効率 $\eta_t = \dfrac{3\,600 P_t}{Z(i_s - i_e)}$ η_t：タービン効率　P_t：タービン出力〔kW〕　Z：蒸気・給水の流量〔kg/h〕 i_s：ボイラ出口蒸気の比エンタルピー〔kJ/kg〕 i_e：タービン排気の比エンタルピー〔kJ/kg〕
発電端効率	ボイラに供給した燃料の発熱量に対する、発電機の出力の比。 発電端効率 $\eta_p = \dfrac{3\,600 P_g}{BH}$ η_p：発電端効率　P_g：発電機出力〔kW〕 B：燃料の使用量〔kg/h〕　H：発熱量〔kJ/kg〕
送電端効率	ボイラに供給した燃料の発熱量に対する、発電所から送り出す電力の比。発電所内で必要な電力を差し引くため、発電機出力よりも送り出す電力の方が小さくなる。 送電端効率 $\eta = \dfrac{3\,600 P_g}{BH}(1-L) = \eta_p(1-L)$ η：送電端効率　P_g：発電機出力〔kW〕　L：所内比率 B：燃料の使用量〔kg/h〕　H：発熱量〔kJ/kg〕
熱消費率	発電所で1kWh（＝3 600kJ）の電力を発生するために消費した燃料の発熱量との割合。 熱消費率 $J = \dfrac{BH}{P_g} = \dfrac{3\,600}{\eta_p}$ J：熱消費率　B：燃料の使用量〔kg/h〕　H：発熱量〔kJ/kg〕 P_g：発電機出力〔kW〕　η_p：発電端効率
燃料消費率	発電機が単位電力量（＝1kWh＝3 600kJ）を発生したときの燃料消費量。燃費。 燃料消費率 $f = \dfrac{B}{P_g} = \dfrac{3\,600}{H\eta_p}$〔kg/(kW·h)〕 f：燃料消費率〔kg/(kW·h)〕　B：燃料の使用量〔kg/h〕 P_g：発電機出力〔kW〕　H：発熱量〔kJ/kg〕　η_p：発電端効率

核分裂の発熱量　アインシュタインの特殊相対性理論より次の式で求まる。

核分裂の発熱量 $E = mc^2$〔J〕

E：核分裂の発熱量〔J〕　m：核分裂による質量欠損量〔kg〕
c：真空中の光速〔m/s〕

ゴロあわせ　▶タービン効率
旅したのは　サブロー　じいさん
タービン効率 η_t ＝ $3\,600 P_t / Z(i_s - i_e)$

問題 ▶ 1　平成25年度 電力 問2 改題

●排熱回収方式のコンバインドサイクル発電所において、コンバインドサイクル発電の熱効率が 48 〔%〕、ガスタービン発電の排気が保有する熱量に対する蒸気タービン発電の熱効率が 20 〔%〕であった。

このとき、ガスタービン発電の熱効率〔%〕の値を求めよ。

解説 ▶ 1

発電機に供給される熱量を 1、ガスタービン発電の熱効率を η とする。すると、ガスタービン発電機で作られる電力エネルギーは η、排熱のエネルギーは $1 - \eta$ である。

この排熱に対して蒸気タービンの熱効率を掛けると、
$0.2 \times (1 - \eta)$
題意より $\eta + 0.2(1 - \eta) = 0.48$
この式を展開すると $\eta = 0.35$

答え 35〔%〕

問題 ▶ 2　平成24年度 電力 問4 改題

● 0.01 〔kg〕のウラン 235 が核分裂するときに 0.09 〔%〕の質量欠損が生じるとする。これにより発生するエネルギーと同じだけの熱を得るのに必要な重油の量〔L〕の値を求めよ。ただし、重油発熱量を 43 000 〔kJ/L〕とする。

解説 ▶ 2

核分裂の際に生じるエネルギーは次のように求められる。
$E = mc^2 = m \times 9 \times 10^{16}$ 〔J〕
題意にしたがってこれを計算すると、
$E = 0.01 \times (0.09 \times 0.01) \times 9 \times 10^{16}$ 〔J〕
一方、重油発熱量は 1 リットル当たり 43 000〔kJ〕 = 4.3×10^7〔J〕であるから、核分裂で発生するのに相当する重油量を求めると

$$\frac{0.01 \times (0.09 \times 0.01) \times 9 \times 10^{16}}{4.3 \times 10^7} = 18\ 800 \text{〔L〕}$$

答え 18 800〔L〕

▶熱消費量
ゴロあわせ　ね！ 肥料は　全力の　分　　　量ね
熱消費量 = 発電電力量分の(使用量・発熱量)

問題 ▶ 3　平成24年度 電力 問15 改題

● 定格出力 300〔MW〕の石炭火力発電所について、次の（a）及び（b）の問に答えよ。

（a）定格出力で30日間連続運転したときの送電端電力量〔MW・h〕の値を求めよ。ただし、所内率は5〔%〕とする。

（b）1日の間に右表に示すような運転を行ったとき、発熱量28 000〔kJ/kg〕の石炭を1 700〔t〕消費した。この1日の間の発電端熱効率〔%〕の値を求めよ。

● 1日の運転内容

時刻	発電端出力〔MW〕
0時～ 8時	150
8時～13時	240
13時～20時	300
20時～24時	150

解説 ▶ 3

（a）電力の単位〔W〕に時間を掛けた値が電力量であることに注意して計算すると、

300〔MW〕× 24〔h〕× 30〔日〕= 216 000〔MW・h〕

ここから所内率（発電所内で消費する電力）を引いたものが送電端電力量であるから、

216 000 × 0.95 = 205 200 ≒ 205 000〔MW・h〕

（b）1〔W〕× 1〔s〕= 1〔J〕であるから、

1〔MW〕× 1〔h〕= 3 600〔MJ〕

これをもとにして発電電力の総電力量を求めると、

150 × 8 × 3 600 + 240 × 5 × 3 600 + 300 × 7 × 3 600 + 150 × 4 × 3 600 = 18 360 000〔MJ〕

この値が、発電所が1日に送電した総電力量である。

一方、燃料の総発熱量を求めると、

$28\,000 \times 1\,700 \times 1\,000 = 4.76 \times 10^{10}$〔kJ〕$= 4.76 \times 10^7$〔MJ〕

よって、総電力量と総発熱量の比を計算すると、$\dfrac{1.836 \times 10^7}{4.76 \times 10^7} = 0.386$

約 38.6〔%〕の熱効率であると求められる。

答え （a）205 000〔MW・h〕　（b）38.6〔%〕

合格アドバイス　一見難しそうに見える電力の計算問題は、単なる比例計算がほとんど。ただしkやMなどの補助単位でミスをしないように。

06 火力発電所の付随装置

ここを暗記！

火力発電所のボイラ設備

汽水分離器	蒸気中の水滴を分離するドラム状の装置
過熱器	ボイラで発生した蒸気をさらに加熱する装置
再熱器	高圧タービンから出た蒸気を再加熱する装置。高圧・低圧の多段タービン発電においてのみ設置される。
給水加熱器	タービンの排熱の一部を利用し、蒸気の復水（ボイラ給水）を加熱する装置
節炭器	燃焼の排ガスを利用して給水を加熱する装置。「節炭」とあるが、石炭専用の装置ではない。
空気予熱器	燃焼の排ガスを利用して燃焼用空気を加熱する装置

汽力発電所の蒸気タービンの分類

衝動タービン	蒸気が回転羽根に衝突するときに生じる力によって回転させる方式
反動タービン	タービンの動翼と静翼の間で蒸気が膨張することによる反動で動翼（回転軸）を回す方式
復水タービン	タービンの排気を真空度の高い復水器で復水させて高真空とすることにより、タービンに流入した蒸気をごく低圧まで膨張させる方式
再生タービン	ボイラ給水を加熱するため、タービン中間段から一部の蒸気を取り出して再加熱してタービンの低圧段に戻してさらに仕事をさせる方式
背圧タービン	タービンで仕事をした蒸気を復水器に導かず、工場用蒸気及び必要箇所に送気する方式

問題 ▶ 1　平成23年度 電力 問2

●火力発電所のボイラ設備の説明として、誤っているものを次の(1)～(5)のうちから一つ選べ。

(1) ドラムとは、水分と飽和蒸気を分離するほか、蒸発管への送水などをする装置である。

(2) 過熱器とは、ドラムなどで発生した飽和蒸気を乾燥した蒸気にするものである。

(3) 再熱器とは、熱効率の向上のため、一度高圧タービンで仕事をした蒸気をボイラに戻して加熱するためのものである。

(4) 節炭器とは、ボイラで発生した蒸気を利用して、ボイラ給水を加熱し、

ゴロあわせ ▶火力発電所のボイラ設備（汽水分離器、節炭器）
<u>生粋の</u>　　<u>ドラ息子</u>　　<u>短気</u>　　<u>はイカス</u>
汽水分離器　ドラム状　　節炭器　　排ガス利用

熱回収することによって、ボイラ全体の効率を高めるためのものである。
(5) 空気予熱器とは、火炉に吹き込む燃焼用空気を、煙道を通る燃焼ガスによって加熱し、ボイラ効率を高めるための熱交換器である。

解説▶1

(1)(2)(3)(5)は記述の通り。
(4) ボイラで発生した蒸気を用いて給水を加熱するのは「給水加熱器」である。それとは別に、燃焼の排気ガスの余熱を利用して給水を加熱する装置も存在し、それを節炭器と呼んでいる。命名は、石炭が主燃料だった時代の名残であり、石油を燃料に使うボイラ設備であっても節炭器と呼ばれる。

答え (4)

問題▶2 平成25年度 電力 問3

●汽力発電所における蒸気の作用及び機能や用途による蒸気タービンの分類に関する記述として、誤っているものを次の(1)〜(5)のうちから一つ選べ。
(1) 復水タービンは、タービンの排気を復水器で復水させて高真空とすることにより、タービンに流入した蒸気をごく低圧まで膨張させるタービンである。
(2) 背圧タービンは、タービンで仕事をした蒸気を復水器に導かず、工場用蒸気及び必要箇所に送気するタービンである。
(3) 反動タービンは、固定羽根で蒸気圧力を上昇させ、蒸気が回転羽根に衝突する力と回転羽根から排気するときの力を利用して回転させるタービンである。
(4) 衝動タービンは、蒸気が回転羽根に衝突するときに生じる力によって回転させるタービンである。
(5) 再生タービンは、ボイラ給水を加熱するため、タービン中間段から一部の蒸気を取り出すようにしたタービンである。

解説▶2

(1)(2)(4)(5)は記述の通り。
(3) 反動タービンは、タービンの動翼と静翼の間で蒸気が膨張することによる反動で動翼(回転軸)を回すタービンである。

答え (3)

▶汽力発電所の蒸気タービン
ゴロあわせ 衝動で常軌を逸したわね？　半　同棲中
衝動　蒸気　　回転羽根　反動　動翼と静翼の間

07 火力発電

ここを暗記!

🔴 **火力発電でのエネルギー変換** ❶燃料（化学エネルギー）→ ❷燃焼（熱エネルギー）→ ❸ボイラで水を加熱（水蒸気の熱・圧力エネルギー）→ ❹タービン（運動エネルギー）→ ❺発電機（電気エネルギー）の順で、燃料の持つ化学エネルギーを電気エネルギーに変換している。

🔴 **火力発電の燃料** 主に石炭・石油・天然ガスが利用されている。

石炭・石油	燃料中の硫黄は硫黄酸化物となる。また、燃焼温度が高いと窒素酸化物が発生する。どちらも大気汚染物質であり、燃料の脱硫黄、排煙の脱硫、燃焼温度の制御などが行われている。
天然ガス	石油が自然分解して生成されたもの。大気汚染原因となる硫黄を含まずクリーンである半面、体積エネルギー密度が小さく、液化するため超低温で運搬するなどの手間が掛かる欠点がある。

🔴 **コンバインドサイクル発電** 燃焼ガスでガスタービンを駆動し、その排熱で汽力発電を行う方式。効率が高く、導入が進んでいる。

問題 ▶ 1　平成22年度 電力 問2

● 火力発電所の環境対策に関する記述として、誤っているものはどれか。

(1) 燃料として天然ガス（LNG）を使用することは、硫黄酸化物による大気汚染防止に有効である。

(2) 排煙脱硫装置は、硫黄酸化物を粉状の石灰と水との混合液に吸収させ除去する。

(3) ボイラにおける酸素濃度の低下を図ることは、窒素酸化物低減に有効である。

▶火力発電所でのエネルギー変換
ゴロあわせ
年　　々　　金なしの　　旅で　　派手
燃料 → 燃焼 → 加熱　→ タービン → 発電機

(4) 電気集じん器は、電極に高電圧をかけ、ガス中の粒子をコロナ放電で放電電極から放出される正イオンによって帯電させ、分離・除去する。

(5) 排煙脱硝装置は、窒素酸化物を触媒とアンモニアにより除去する。

解説 ▶ 1

(4) 電気集じん器の構造は正しいが、ガス中の粒子は負イオン(電子)によって帯電され、これを電界によるクーロン力で捕獲する仕組みである。よってこの記述が誤り。他の選択肢は正しい。

答え (4)

問題 ▶ 2　平成26年度　電力　問3　改題

●次の文章は、コンバインドサイクル発電の高効率化に関する記述である。(ア)〜(エ)に当てはまる語句を選べ。

コンバインドサイクル発電の出力増大や熱効率向上を図るためにはガスタービンの高効率化が重要である。高効率化の方法には、ガスタービンの入口ガス温度を(ア 高く・低く)することや空気圧縮機の出口と入口の(イ 温度・圧力)比を増加させることなどがある。このためには、燃焼器やタービン翼などに用いられる(ウ 耐熱・触媒)材料の開発や部品の冷却技術の向上が重要であり、同時に(エ 窒素酸化物・ばいじん)の低減が必要となる。

解説 ▶ 2

(ア) ガスタービンの効率は、入口ガス温度が高くなるほど向上する。

(イ) また、吸い込んだ空気を高圧に圧縮して点火することから、空気圧縮機の圧力比を増加させると効率が上がる。

(ウ) このように、ガスタービンは高温高圧条件下で稼働するため、それに耐える耐熱材料(超耐熱合金)が用いられている。

(エ) 燃料を高温で燃焼させると、空気中の窒素が酸化し有害な窒素酸化物が生成される。その対策も重要となっている。

答え (ア)高く (イ)圧力 (ウ)耐熱 (エ)窒素酸化物

ゴロあわせ ▶コンバインドサイクル発電
正月　　　　旅で　　ハイな　気分
燃焼ガス　タービン　排熱で汽力発電

08 原子力発電

ここを 暗記!

⮕ **原子力発電** ウラン・トリウム・プルトニウムなどが核分裂を起こす際、極めて膨大なエネルギーが発生する。これを熱源として用いる発電方式。

⮕ **軽水炉** 低濃縮ウランを燃料とし、冷却材と減速材に軽水を用いた原子炉で、日本の商用原子炉が採用しているタイプ。沸騰水型原子炉と加圧水型原子炉の2つに分かれる。起動、停止のような出力調整は制御棒の調整によって行われる。

| 制御棒の引き抜き | ➡ 出力上昇 |
| 制御棒の挿入 | ➡ 出力下降 |

⮕ **沸騰水型原子炉（BWR）** 冷却材である水が直接炉心で沸騰し、発生した蒸気でタービンを駆動する。単純な構造であるが、タービン蒸気の放射能レベルが高くなる欠点がある。熱出力の調整は主に再循環流量によって行われる。

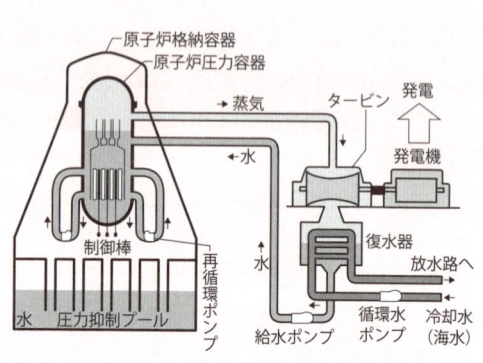

⮕ **加圧水型原子炉（PWR）** 原子炉で発生した熱を取り出す一次冷却材と、一次冷却材から熱を受け取る二次冷却材（水）を用いる。構造が複雑であるが、タービン蒸気が帯びる放射

ゴロあわせ ▶沸騰水型原子炉
冷静な　　人、　上機嫌な　　旅に　　苦労する
冷却水　　沸騰　蒸気で　　タービンを駆動

能は低減される。熱出力の調整は主に炉水中の**ホウ酸濃度**の調整によって行う。

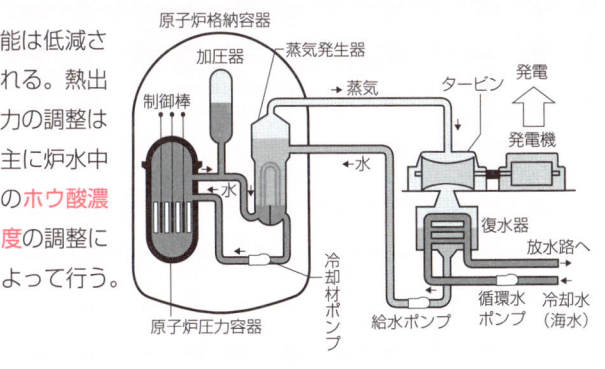

問題 ▶ 1　平成25年度 電力 問4 改題

●原子力発電に用いられる軽水炉には、加圧水型（PWR）と沸騰水型（BWR）がある。この軽水炉に関する記述として、誤っているものを次の(1)〜(4)のうちから一つ選べ。

(1) 軽水炉では、低濃縮ウランを燃料として使用し、冷却材や減速材に軽水を使用する。
(2) 加圧水型では、構造上、一次冷却材を沸騰させない。また、原子炉の反応度を調整するために、ホウ酸を冷却材に溶かして利用する。
(3) 加圧水型では、高温高圧の一次冷却材を炉心から送り出し、蒸気発生器の二次側で蒸気を発生してタービンに導くので、原則的に炉心の冷却材がタービンに直接入ることはない。
(4) 沸騰水型では、炉心で発生した蒸気と蒸気発生器で発生した蒸気を混合して、タービンに送る。

解説 ▶ 1

(1) その通りである。軽水とは普通の水のことをいう。重水炉というものもあるが、日本では商用利用されていない。
(2)(3) この記述の通りである。
(4) 誤り。沸騰水型原子炉では、炉心発生させた蒸気を直接タービンに送って発電する。そのため、蒸気発生器は関係がない。

答え (4)

▶加圧水型原子炉
ゴロあわせ
カァツ！　坊さん、ノド　の　調整
加圧　　　ホウ酸濃度　の　調整

09 自然エネルギー発電

ここを暗記!

太陽光発電　半導体のP-N接合部に光を当てると電圧が生じることを利用した発電方式。材料はシリコンの単結晶・多結晶・アモルファスのほか、有機系材料等があり、発電効率は7～20%程度。導入にはその地域の年間発電電力量を予想すること、設置地域の方位や傾斜の確認が必要。また、太陽電池で発電した直流電力を交流電力に変換するために、パワーコンディショナが用いられる。

風力発電　クリーンなエネルギー源であるが、季節や時刻による変動が大きい。また、羽根からの低周波音、鳥の衝突、落雷や天災による部品落下などの課題も出ている。発生するエネルギーは、羽根の半径の2乗と風力の3乗に比例する。

バイオマス発電　植物等の有機性資源を用いた発電。発電時の二酸化炭素排出量とその植物等に吸収される二酸化炭素量が同程度のため、環境への負荷が少ない。ただし、資源の量的確保の問題や食料をエネルギーとして消費することによる作物価格の影響が課題である。

分散型小規模発電装置　小規模河川や排水を利用した小水力発電、天然ガスや水素ガスから電力を得る燃料電池などの普及が進んでいる。

問題 ▶ 1　平成24年度 電力 問5 改題

●風力発電に関する記述として、誤っているものを次の(1)～(4)のうちから一つ選べ。

(1) 風力発電は、風の力で風力発電機を回転させて電気を発生させる発電方式である。風が得られれば燃焼によらずパワーを得ることができるため、発電するときにCO_2を排出しない再生可能エネルギーである。

(2) 風車で取り出せるパワーは風速に比例するため、発電量は風速に左右される。このため、安定して強い風が吹く場所が好ましい。

▶太陽光発電
ゴロあわせ　太鼓の　中には　パワ　コン　　　　直　行
　　　　　太陽光発電　7～20%　パワーコンディショナで直流→交流

(3) 離島においては、風力発電に適した地域が多く存在する。離島の電力供給にディーゼル発電機を使用している場合、風力発電を導入すれば、そのディーゼル発電機の重油の使用量を減らす可能性がある。

(4) 一般的に、風力発電では同期発電機、永久磁石式発電機、誘導発電機が用いられる。特に、大型の風力発電機には、同期発電機又は誘導発電機が使われている。

解説 ▶ 1

(1)(3)(4) 記述の通りである。

(2) 風力発電で取り出せるパワーは、風力の3乗に比例する。もちろん、安定して強い風が吹く場所が好ましいことは言うまでもない。

答え (2)

問題 ▶ 2 平成25年度 電力 問題5 改題

●太陽光発電に関する次の記述のうち、（ア）～（エ）に当てはまる語句又は数値を選べ。

現在広く用いられている太陽電池の変換効率は太陽電池の種類により異なるが、およそ（ア 7～20・15～40・20～30）〔％〕である。太陽光発電を導入する際には、その地域の年間（イ 平均気温・日照時間・発電電力量）を予想することが必要である。また、太陽電池を設置する（ウ 面積・強度・方位）や傾斜によって（イ）が変わるので、これらを確認する必要がある。さらに、太陽電池で発電した直流電力を交流電力に変換するためには、電気事業者の配電線に連系して悪影響を及ぼさないための保護装置などを内蔵した（エ インバータ・コンバータ・パワーコンディショナ）が必要である。

解説 ▶ 2

（ア）盛んに変換効率向上の研究が行われているが、現在の市販品は、最高 20% 程度。

（イ）太陽光発電所を設置する際は、その地域での電力需給や季節変動等を詳細に検討し、見込まれる発電電力量を予測することが大切。

（ウ）太陽電池と太陽との角度や方位を適切に選ぶことも大切。

（エ）太陽光発電で得られた直流電力を交流に変換し、保護装置等も内蔵したものはパワーコンディショナと呼ばれている。

答え （ア）7～20 （イ）発電電力量
（ウ）方位 （エ）パワーコンディショナ

ゴロあわせ ▶バイオマス発電
倍の　　　勇気で　　　不感症
バイオマス発電　有機資源　環境への負荷少

10 電池

ここを 暗記！

→ 二次電池 充放電可能な電池のこと。外部電力に接続することで放電とは逆の化学反応を起こす。古くは鉛蓄電池、ニッケル・カドミウム電池、ニッケル水素電池などが用いられてきた。近年は、高エネルギー密度の**リチウムイオン電池**のほか、**NAS電池**（ナトリウム・硫黄電池）を用いるメガワット級の電力貯蔵システムも実用化されている。

→ リチウムイオン電池 エネルギー密度が大きく、化学的にも危険性が高いリチウムを用いた充電池。高度な**充放電制御回路**が必要。公称電圧 3.6 〜 3.7〔V〕。

→ ニッケル水素電池 かつてはニッケルカドミウム電池（ニッカド電池）がよく用いられていたが、カドミウムの毒性のためにニッケル水素電池に置き換えられている。また、ニッカド電池より電気容量が数倍上回る（すなわち、体積エネルギー密度が大きい）という特徴もある。**定電流充電**を基本として制御する。公称電圧 1.2〔V〕。

→ 鉛蓄電池 安価で比較的安全、大電流放電可能などの特徴を持つ一方、過放電すると**サルフェーション**が発生し性能が低下する。充電方式は基本的に**定電圧充電**を行う。公称電圧 2〔V〕。

問題 ▶ 1　平成26年度 電力 問5 改題

●二次電池に関する記述として、誤っているものを次の(1)〜(4)のうちから一つ選べ。

(1) 二次電池の充電法として、整流器を介して負荷に電力を常時供給しながら二次電池への充電を行う浮動充電方式がある。

(2) 二次電池を活用した無停電電源システムは、商用電源が停電したとき、瞬時に二次電池から負荷に電力を供給する。

(3) 風力発電や太陽光発電などの出力変動を抑制するために、二次電池

合格アドバイス　分散型電源装置、自然エネルギー発電、停電対策などの目的として電池も重要な要素。二次電池の基礎知識、それぞれの電池の性質などは時々問われる。

が利用されることもある。

(4) 鉛蓄電池の充電方式として、一般的に、整流器の定格電圧で回復充電を行い、その後、定電流で満充電状態になるまで充電する。

解説 ▶ 1

(1)(3) 記述の通りである。

(2) 記述の通りである。このような無停電電源システムは、瞬間的な停電を嫌うコンピュータシステムなどで多数導入されている。

(4) 停電によって鉛蓄電池が放電した場合、速やかに回復充電を行う必要があり、消防法や建築基準法による設備では24時間以内に行うこととされている。回復充電の初期においては、蓄電池の定格電圧以上の電圧値で定電流充電を行い、充電が進行し容量が回復した時点で定電圧で満充電状態になるまで充電する。

答え (4)

問題 ▶ 2　平成18年度 機械 問12 改題

● ニッケル水素蓄電池に関する次の記述のうち、(ア)〜(オ)に当てはまる語句又は数値を選べ。

ニッケル水素蓄電池は、電解液として（ア H_2SO_4・KOH）水溶液を用い、（イ　正極・負極）にオキシ水酸化ニッケル、（ウ　正極・負極）に水素吸蔵合金をそれぞれ活物質として用いている。公称電圧は（エ　1.2・1.5）〔V〕である。

この電池は、形状、電圧特性などはニッケルカドミウム蓄電池に類似し、さらに、ニッケルカドミウム蓄電池に比べ、（オ　耐過放電性能・体積エネルギー密度）が高く、カドミウムの環境問題が回避できる点が優れている。

解説 ▶ 2

(ア)(イ)(ウ)(エ) ニッケル水素蓄電池は、電解液に水酸化カリウム（KOH）、正極にオキシ水酸化ニッケル、負極に水素吸蔵合金を用いたもので、公称電圧 1.2〔V〕。

(オ) ニッカド電池に比べ、体積エネルギー密度が高く、有害な重金属であるカドミウムを含まない特徴がある。

答え (ア) KOH　(イ) 正極　(ウ) 負極
　　　(エ) 1.2　(オ) 体積エネルギー密度

▶二次電池
ゴロあわせ　2時に　　　　リッチな　　　ナスを　　見つける
　　　　　　　二次電池　　リチウムイオン　NAS　　ニッケル水素

11 遮断器・開閉器・断路器

ここを暗記!

○ 開閉装置 電線路の開閉を行う遮断器や断路器。送電線路の切り替えや事故発生時・保守点検時の切り離しのために必須。

○ 開閉器 正常状態の負荷電流を開閉するスイッチ。高圧から低圧に変圧する変圧器の一次側にLBS（高圧交流負荷開閉器）という開閉器がよく使用されている。

○ 断路器 点検時などに電路を開放するために設置される装置。開閉器との違いは、電流が流れている状態で扱ってはならない点で、アーク火花対策をしてあるものが開閉器、していないものが断路器である。通常、断路器は開閉器と必ず直列にして用いる。

○ 遮断器 主に過電流継電器や地絡継電器と組み合わせて使用する。平常状態はもちろん、最も深刻な事態である三相短絡事故時の過電流を遮断できる能力が必要である。ガス遮断器や真空遮断器、気中遮断器などの種類があり、設置状況等により使い分ける。

○ ガス絶縁開閉装置（GIS） 金属製容器に遮断器、断路器、避雷器、変流器、母線、接地装置等の機器を収納し、絶縁ガス（SF_6など）を充塡した装置。コンパクトで変電設備を小型化でき、据え付け作業工期が短くて済む、さらに絶縁ガス中に密閉されているため、塩害や塵埃等の外部の影響を受けにくい、といった長所がある。

問題▶1 平成25年度 電力 問7 改題

●真空遮断器に関する次の記述のうち、（ア）〜（エ）に当てはまる語句を選べ。

真空遮断器の開閉電極は、（ア　真空バルブ・パッファシリンダ）内に密閉され、電極を開閉する操作機構、可動電極が動作しても真空を保つ（イ　ベローズ・ブッシング変流器）、回路と接続する導体などで構成

ゴロあわせ ▶ガス絶縁開閉装置（GIS）
演説が　SFチック　倉庫　　　溶接して　外部を遮断
絶縁ガス　SF_6　装置は小型化　容器を接地　外部影響小

されている。電路を開放した際に発生するアーク生成物は真空中に拡散するが、その後、絶縁筒内部に付着することで、その濃度が下がる。

真空遮断器は、空気遮断器と比べると動作時の騒音が（ウ 小さく・大きく）、機器は小形軽量である。また、真空遮断器は、ガス遮断器と比べると電圧が（エ 高い・低い）系統に広く使われている。

解説 ▶ 1

（ア）（イ）真空遮断器は、開閉電極を真空バルブ内に封入し、電流開閉時に生じるアーク放電の影響を低減したものである。電極は可動であるから、ベローズ（蛇腹状のゴム部品）を使用して内部の真空を保っている。

（ウ）（エ）気中（空気）遮断器と比較すると、動作時の騒音が小さく抑えられる特徴がある。また、高電圧系統では、より遮断性能の高いガス遮断器が用いられ、真空遮断器はそれよりも電圧が低い系統で用いられる。

答え （ア）真空バルブ （イ）ベローズ （ウ）小さく （エ）低い

問題 ▶ 2　平成24年度 電力 問6 改題

●ガス絶縁開閉装置に関する次の記述のうち、（ア）〜（エ）に当てはまる語句を選べ。

ガス絶縁開閉装置（GIS）は、遮断器等の機器を絶縁性の高いガスが充填された金属容器に収めた開閉装置である。この絶縁ガスとしては、（ア SF_6・C_3F_6）ガスが現在広く用いられている。機器の充電部を密閉した金属容器は（イ 絶縁・接地）されるため感電の危険性がほとんどない。また、気中絶縁の設備に比べて装置が（ウ 小型化・大型化）するため、大都市の地下変電所や（エ 塩害・水害）対策の開閉装置として適している。

解説 ▶ 2

ガス絶縁開閉装置は、絶縁ガスとして大変性能の優れたSF_6ガスを用いる。装置を収納した金属容器は接地されるため感電の危険性もなく、また装置も小型化される。これらのことから、安全性・堅牢性が高く、地下変電所や海沿いの塩害被害を受けやすい場所での使用に特に適している。

答え （ア）SF_6 （イ）接地 （ウ）小型化 （エ）塩害

ゴロあわせ ▶開閉器と断路器
階　段　まっすぐ
開閉器と断路器は 直列に

12 雷害・過電圧対策と絶縁協調

ここを暗記！

⇒送電線への落雷対策 架空地線などの保護設備が設けられる。

保護設備	役割
架空地線	架空電線への直撃雷を防止するために、送電線鉄塔の最上部に設けられた接地線であり、雷電流を直接地面に逃がす役割を持つ。架空地線の遮へい角が小さいほど直撃雷から架空送電線を遮へいする効果が大きい。
避雷器	一定以上の電圧に対して急激に抵抗値が下がる非直線素子を内蔵し、雷によるサージ電圧をアースに逃がす役割を持つ。非直線素子として、主に酸化亜鉛が用いられている。
アークホーン	がいし列に沿って設けられ、雷撃によるフラッシオーバ電流ががいしの沿面に流れてがいしが破損するのを防止する装置。

⇒フラッシオーバ 電線路などへの雷撃などによって発生した異常電圧によって、電線路から鉄塔側に放電すること。

⇒逆フラッシオーバ 鉄塔に落雷したとき、鉄塔の電位上昇により鉄塔→がいし→送電線とアーク電流が流れる場合のこと。

⇒過電圧対策 送配電系統の運転中にさまざまな原因で公称電圧ごとに定められている最高電圧を超える異常電圧が現れるときがある。その原因は外部過電圧と内部過電圧に分けられる。

過電圧
- 外部過電圧：自然雷を原因として起こる直撃雷、誘導雷、逆フラッシオーバなどによる過電圧。発生頻度が高いのは誘導雷。
- 内部過電圧：遮断器や断路器の動作に伴って発生する開閉過電圧(サージ性過電圧)、1線地絡事故やフェランチ現象による短時間交流過電圧がある。

⇒絶縁協調 送配電施設の機器類における絶縁強度は、避雷器を基準に決定すると合理的である。これを絶縁協調という。

合格アドバイス このあたりからの出題は知識問題がほとんど。実際の出題は組み合わせ選択であるから、全部わからなくても解けることがある。すぐにあきらめないこと。

問題 ▶ 1　平成23年度 電力 問10 改題

●発変電所用避雷器に関する次の記述のうち、(ア)～(カ)に当てはまる語句を選べ。

避雷器はその特性要素の(ア　非直線・大容量・無誘導)抵抗特性により、過電圧サージに伴う電流のみを大地に放電させ、サージ電流に続いて交流電流が大地に放電するのを阻止する作用を備えている。このため、避雷器は電力系統を地絡状態に陥れることなく過電圧の波高値をある抑制された電圧値に低減することができる。この抑制された電圧を避雷器の(イ　制限・回復・再起)電圧という。一般に発変電所用避雷器で処理の対象となる過電圧サージは、雷過電圧と(ウ　開閉・短時間交流)過電圧である。避雷器で保護される機器の絶縁は、当該避雷器の(エ　制限・回復・再起)電圧に耐えればよいこととなり、機器の絶縁強度設計のほか発変電所構内の機器(オ　配置・寿命)などをも経済的、合理的に決定することができる。このような考え方を(カ　絶縁・保護)協調という。

解説 ▶ 1

(ア)(イ) 避雷器は、その端子電圧が一定以下ではほとんど電流を流さないが、ある一定以上の電圧になると急激に電流が流れるようになる非直線抵抗特性を持っている。この電圧値のことを制限電圧と呼び、これを送電系統電圧より高く設定することで、地絡を起こさずに雷などによるサージ電流を通過させることができる。

(ウ) サージ電圧の発生源は、雷による過電圧のほか、大電流が流れている回路を急激に遮断すると発生する開閉過電圧がある。

(エ)(オ)(カ) 発電所や変電所に設置される各種機器にもこれらのサージ電圧が掛かるが、避雷器の制限電圧を基準として耐電圧を決定することにより、不必要に高い絶縁性能を備えたり広いスペースを取って配置したりする必要がなくなり合理的・経済的である。これを絶縁協調と呼ぶ。

答え　(ア) 非直線　(イ) 制限　(ウ) 開閉
　　　　(エ) 制限　(オ) 配置　(カ) 絶縁

ゴロあわせ　▶外部過電圧
外部か？　激　動　で　フラフラ
外部過電圧　直撃雷　誘導雷　逆フラッシュオーバ

13 架空送電線路

ここを暗記！

🔵 **架空送電線路** 鉄塔や電柱などによって支持し、空中に送電線路を通す方式。鉄塔と電線とは懸垂がいしによって絶縁する。次の要素で構成される。

構成要素	役割
鋼心アルミより線	中心に亜鉛メッキ鋼より線を配置し、その周囲に硬アルミ線を同心円状により合わせた電線。
ダンパ	送電線が受ける風による微風振動を吸収するための装置。電線の金属疲労や損傷を防止できる。トーショナルダンパ、ねじれ防止ダンパともいわれる。
スペーサ	多導体方式において負荷電流による電磁吸引力や強風等による電線相互の接近・衝突を防ぐ。相間スペーサともいわれる。
アーマロッド	クランプ部での電線の振動疲労や溶断を防止するための補強線。
がいし	電線とそれを支持する装置を絶縁するための磁器製、合成樹脂製の絶縁具。電圧階級に応じて複数個を連結して使用する懸垂がいしなどがある。絶縁耐力を示すフラッシオーバ電圧、機械的強度、油中破壊電圧などの指標によって性能が示される。
アークホーン	雷サージによるフラッシオーバの際に生じるアークを電極間に生じさせてがいしの破損を防止する金属電極。がいしの両端に設けられている。

▶架空送電線路

ゴロあわせ
架空の世界で凍ったルミに　会えん。　たどる　宇宙
架空送電線　鋼心アルミ　亜鉛メッキ鋼　多導体方式　スペーサ

問題 ▶ 1　平成25年度 電力 問8 改題

●架空送電線路の構成要素に関する記述として誤っているものはどれか。

(1) 鋼心アルミより線：中心に亜鉛メッキ鋼より線を配置し、その周囲に硬アルミ線を同心円状により合わせた電線。
(2) アーマロッド：クランプ部における電線の振動疲労防止対策及び溶断防止対策として用いられる装置。
(3) ダンパ：微風振動に起因する電線の疲労、損傷を防止する目的で設置される装置。
(4) スペーサ：多導体方式において、負荷電流による電磁吸引力や強風等による電線相互の接近・衝突を防止するための装置。
(5) 懸垂がいし：電圧階級に応じて複数個を連結して使用するもので、棒状の絶縁物の両側に連結用金具を接着した装置。

解説 ▶ 1

(1)(2)(3)(4) 記述の通りである。
(5) 懸垂がいしは、電圧階級に応じて複数個を連結する絶縁装置であるが、棒状ではなく皿状の形である。

答え (5)

問題 ▶ 2　平成18年度 電力 問7 改題

●送配電線路に使用するがいしの性能を表す要素として、特に関係のない事項は次のうちどれか。

(1) 系統短絡電流
(2) フラッシオーバ電圧
(3) 汚損特性
(4) 油中破壊電圧
(5) 機械的強度

解説 ▶ 2

(2)(3)(4)(5) はがいしの性能を表す要素である。油中破壊電圧はがいしの絶縁耐圧を調べる試験で測られる数値である。
(1) 系統短絡電流はがいしの性能には関係ない。

答え (1)

▶架空送電線路
ゴロあわせ　県外の　橋　で　悪本　フラれた大場くん
懸垂がいしの両端　アークホーン　フラッシオーバ時

14 地中送電線路

ここを暗記!

⇒ **地中送電線路** 地中に設けた暗きょ式（人が入れるほどの大きさ）や管路式（人は入れない）、そして溝状のトラフで覆った直接埋設式により送電線を布設するもの。増設や保守点検、事故復旧が容易な暗きょ式と管路式が日本での主流。

> 工期の長さ
> 工事費の高さ　　暗きょ ＞ 管路 ＞ 直接埋設

⇒ **地中送電線路で使用される電線** 安全性の高い高圧ケーブルが使用される。以前はOFケーブルが使用されたが、現在はCVケーブルが一般的。

ケーブル	特徴
OFケーブル	▶紙と油を絶縁体に使用する。 ▶充填された絶縁油を加圧することにより、ボイドの発生を防ぎ絶縁耐力の向上を図る。
CVケーブル	▶架橋ポリエチレンを絶縁体に使用する。 ▶OFケーブルに比べて誘電損や充電電流が小さく、絶縁体の最高許容温度が高いため、電流容量を大きくできる。 ▶トリプレックス形CVケーブルは、熱伸縮の吸収が容易で曲がりやすいため接続箇所のマンホールの設計寸法を縮小化できる。

⇒ **地中電線の損失** 主に次の3つの損失が発生する。

損失	特徴
シース損	ケーブルの金属シースに誘導される電流による発生損失のこと。低減させるにはクロスボンド接地方式が有効。
抵抗損	ケーブルの導体に電流が流れることにより発生する損失。単位長さ当たりの抵抗値が同じ場合、導体電流の2乗に比例して大きくなる。
誘電体損	ケーブルの絶縁体に交流電圧が印加されたとき、その絶縁体に流れる電流のうち、電圧と同相の電流成分によって起こる。絶縁体が劣化している場合は大きくなる傾向がある。

ゴロあわせ
▶地中送電線路　工期の長さ・工事費の高さ
地中では　　あ　　かん！　　直接
地中送電線　暗きょ ＞ 管路 ＞ 直接埋設

問題 ▶ 1　平成26年度 電力 問10 改題

●次の文章は、地中送電線の布設方式に関する記述である。（ア）～（オ）に当てはまる語句を選べ。

地中ケーブルの布設方式は、直接埋設式、（ア　暗きょ式・管路式）、（イ　暗きょ式・管路式）などがある。直接埋設式は（ア）や（イ）と比較すると、工事費が（ウ　高価・安価）である。

　（ア）と（イ）はわが国で現在主流の布設方式であるが、このうち（ア）はケーブルの熱放散が一般に良好であり、（エ　送電電圧・許容電流）を高く取れる特徴がある。（イ）は、ケーブルの接続を一般に（オ　地上開削部・マンホール）で行うことから、布設設計や工事の自由度に制約が生じる場合がある。

解説 ▶ 1

　直接埋設式は、地上の重量物からの保護のために設けるトラフ内に高圧ケーブルを通す工法であり、最も単純かつ安価である。しかし、高電圧・大電流・多数のケーブルを布設することはできず、また、ケーブルの取り換えも容易ではない。

　暗きょ式は、点検のために人が通れるほどの断面積を持つ暗きょ内にケーブルを布設するため、ケーブル電流によるジュール熱の放散が良好であり、許容電流を高く取ることができる。

　管路式は電線を通す管路を地中に埋設するため、ある程度の間隔をおいてマンホールを設け、そこで接続などを行う必要が生じる。

答え　（ア）暗きょ式　（イ）管路式　（ウ）安価
（エ）許容電流　（オ）マンホール

ゴロあわせ
▶地中電線の損失
地中　へ　誘導　し　て
地中電線　誘電体損　シース損　抵抗損

15 調相設備

ここを 暗記！

●調相設備 力率が悪化すると非効率であるため、電力用コンデンサ、分路リアクトル、同期調相機、静止型無効電力補償装置など調相設備を設置して力率改善を行う。交流送配電系統では、負荷が変動しても受電端電圧値をほぼ一定に保つために、変電所等に調相設備を設置している。

●遅れ力率 電圧よりも電流の位相が遅れている状態。電動機はコイルを用いて電流を磁力に変換して力を取り出しているため、遅れ力率となる。コンデンサの静電気力を取り出して利用する機器は少なく、事実上、力率が悪化する場合、ほぼ間違いなく遅れ力率である。

●同期調相機 無負荷の同期電動機であり、界磁電流の調整によって進み・遅れ力率を作り出すことができる。進み力率電流を供給するために設置する場合、ロータリーコンデンサとも呼ばれる。

●進相コンデンサ 力率の状況に応じて複数のコンデンサをスイッチで投入し力率改善を図る。

●直列リアクトル 進相コンデンサと直列に接続し、高調波電流の阻止や進相コンデンサ投入時の突入電流制限のために用いる。

●静止型無効電力補償装置（SVC） パワーエレクトロニクスの技術進歩によって用いられるようになった装置。進相コンデンサと電力用リアクトルをサイリスタでスイッチングし、進み力率から遅れ力率まで制御できるものであり、機械的な接点がないために安全で安定、メンテナンスが省略できて長寿命などの特徴を持っている。

問題 ▶ 1　平成24年度 電力 問8 改題

●次の文章は、調相設備に関する記述である。（ア）〜（オ）に当てはまる語句を選べ。

ゴロあわせ
▶調相設備（電力用コンデンサ、分路リアクトル）
電コン　　　　送　信　　　　風呂の　　　　装　置
電力用コンデンサ　位相→進　分路リアクトル　位相→遅

送電線路の送・受電端電圧の変動が少ないことは、需要家ばかりでなく、機器への影響や電線路にも好都合である。負荷変動に対応して力率を調整し、電圧値を一定に保つため調相設備を負荷と（ア　並列・直列）に接続する。

調相設備には、電流の位相を進めるために使われる（イ　電力用コンデンサ・直列リアクトル・分路リアクトル）、電流の位相を遅らせるために使われる（ウ　分路リアクトル・電力用コンデンサ・直列リアクトル）、また、両方の調整が可能な（エ　同期調相機・界磁調整器）や近年ではリアクトルやコンデンサの容量をパワーエレクトロニクスを用いて制御する（オ　静止型無効電力補償装置・PWM制御装置）もある。

解説 ▶ 1

力率が悪いと、皮相電力が大きくなる。これは送電線路に流れる電流の増加をもたらし、電圧安定度が悪化するほか必要以上に大型の設備を設置しなければならず不経済である。そのため力率改善が行われる。

(ア) 理論的には負荷と直列でも並列でも力率改善は可能であるが、直列に入れた場合、負荷に流れる全電流が設備に流れるため大型の設備が必要となる。一方、負荷と並列に入れれば、調相設備に流れるのは自身に流れる無効電流のみであるから、調相設備は負荷と並列にする。

(イ)(ウ) 電気理論で学んだ通り、電流の位相を進めるのは電力用コンデンサであり、遅らせるのは分路リアクトルである。なお、直列リアクトルとは対象物（電力用コンデンサや負荷）と直列に投入されるものを指す。

(エ)(オ) これらコイルやコンデンサとは別に、無負荷の同期電動機は、界磁電流の調整でコイルやコンデンサの働きをさせることができる。これを同期調相機と呼んでいる。近年は、これら大型で保守の手間が必要な設備に代わり、進相コンデンサや分路リアクトルを半導体制御で切り替える静止型無効電力補償装置が用いられることが多い。

答え
(ア)並列　(イ)電力用コンデンサ　(ウ)分路リアクトル
(エ)同期調相機　(オ)静止型無効電力補償装置

▶静止型無効電力補償装置（SVC）

ゴロあわせ
生死　無効は　　　　　えれーかで　　制御
静止型無効電力補償装置　パワーエレクトロニクス制御

16 直流送電

ここを暗記!

直流送電 一般的に発電・送電共に三相交流が使われているが、直流で送電する方式は次のようなメリットがあり、主に長距離・大容量送電に用いられる。

交流送電と比較した場合の直流送電の長所・短所

長所	短所
▶交流送電のような安定度問題がないため、長距離・大容量送電に有利。	▶交流のように瞬間的にゼロとなる点がないため遮断が難しい。
▶原理的に無効電力が発生せず、誘電体損がないため、電力損失が少ない。	▶商用系統との連系では交直変換設備が必要である。
▶導体本数が少なくて済む。	▶変圧器のような簡単な設備で電圧を変えることができない。
▶同じ電圧の交流に比べて最高電圧が低いため絶縁が容易。	▶送・受電端でそれぞれ交流ー直流電力変換装置が必要で、装置から発生する高調波・高周波による障害への対策が必要。
▶周波数の異なる交流系統の連系が可能。	▶漏れ電流による地中埋設物の電食対策が必要。
▶表皮効果が生じない。	
▶リアクタンスや静電容量の影響を受けない。	

長距離送電に有利な理由 長距離の海底送電ケーブルは大きな静電容量を持つ。これを交流送電に使用すると、コンデンサに流れ込む無効電流(充電電流)が非常に大きくなり、銅損や誘電体損が無視できなくなる。しかし、直流送電においては、ケーブルの静電容量に充電するのは初回通電時と電圧変化時のみであり、このような状況下で直流送電は合理的な方法である。

直流送電の使用例 海底ケーブルの布設距離が長い欧州では、高電圧直流送電網が構築され、長年使用されている。日本の商用電源系統においては、本州~北海道間と和歌山~四国間で利用されている。

問題 ▶ 1　平成24年度 電力 問9 改題

●直流送電に関する記述として、誤っているものはどれか。

(1) 直流送電線は、線路の回路構成をするうえで、交流送電線に比べて導体本数が少なくて済むため、同じ電力を送る場合、送電線路の建

ゴロあわせ ▶直流送電の長所
直送は　　　　長　　　　大
直流送電　長距離　大容量送電

設費が安い。
(2) 直流送電は、交流送電と同様にケーブル系統での充電電流の補償が必要である。
(3) 直流送電は、短絡容量を増大させることなく異なる交流系統の非同期連系を可能とする。

解説 ▶ 1

(1) 記述の通り。交流送電網は、基本的に三相3線式で送電する。一方、直流送電は、導体は2本で済む。
(2) 誤り。直流送電において、ケーブルの静電容量に起因する充電電流は、電圧を印加した場合と電圧を変化させた場合に過渡的に流れるが、電圧が一定であれば充電電流は流れない。
(3) 記述の通り。実際わが国においても、50Hz地域と60Hz地域の電力融通のために設けられた電力変換所において、交流をいったん直流に変換し、それを再度相手の周波数に変換して送り出すことで電力変換を行っている。

答え (2)

問題 ▶ 2　平成21年度 電力 問9 改題

●電力系統における直流送電について交流送電と比較した次の記述のうち、誤っているものはどれか。
(1) 直流送電線の送・受電端でそれぞれ交流−直流電力変換装置が必要であるが、交流送電のような安定度問題がないため、長距離・大容量送電に有利な場合が多い。
(2) 系統の短絡容量を増加させないで交流系統間の連系が可能であり、また、異周波数系統間連系も可能である。
(3) 直流電流では電流零点がないため、大電流の遮断が難しい。また、絶縁については、公称電圧値が同じであれば、一般に交流電圧より大きな絶縁距離が必要となる場合が多い。

解説 ▶ 2

(1)(2) 記述の通りである。
(3) 交流電圧は実効値で表すため、ピーク値は公称電圧値の$\sqrt{2}$倍となる。したがって、同一電圧値であれば直流の方が絶縁距離は短くて済む。

答え (3)

ゴロあわせ　▶直流送電の短所
直送は　掃　除で　硬直
直流送電　送・受電端　交直変換設備

17 送配電線路の電圧降下

ここを 暗記！

🔴 **送配電線路の電圧降下**　送配電線路においては、その抵抗やリアクタンス成分のために電圧降下が発生する。長距離の送電においては、それらの影響が無視できなくなるため、値を計算して求めなければならない。

🔴 **電圧降下を求める公式**　厳密にはコイルや抵抗・コンデンサが分布して存在している分布定数回路として扱う必要があるが、電圧降下を求める場合は簡易的な近似式を用いるのが通例である。

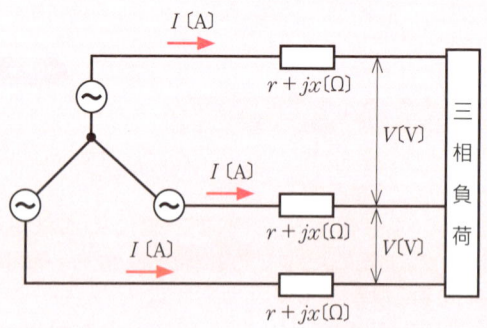

三相3線式配電線の電圧降下 $v=\sqrt{3}\,I(r\cos\theta+x\sin\theta)$ 〔V〕
三相電力 $P=\sqrt{3}VI\cos\theta$ 〔W〕

> P：三相交流負荷の負荷電力〔W〕　v：三相3線式配電線の電圧降下〔V〕
> I：電流〔A〕　V：受電端電圧〔V〕
> $r+jx$：送配電線路のインピーダンス〔Ω〕　θ：力率角

＊一般に、送配電線路の両端における電圧降下は $I(r\cos\theta+x\sin\theta)$ で求められる。送配電線路は暗黙のうちに三相交流であるから、実際には $\sqrt{3}$ が入った式が三相電圧降下となり、これを電圧降下の近似式として通常用いている。

▶三相3線式配電線の電圧降下を求める公式
ゴロあわせ
　　サンサン、　　　サルは　愛ある　越した　苦心した
　三相3線式配電線　$\sqrt{3}$　　$I(r$　$\cos\theta$ ＋ $x\sin\theta)$

問題 ▶ 1　平成26年度 電力 問7 改題

●こう長 2 km の三相 3 線式配電線路が、遅れ力率 85％の平衡三相負荷に電力を供給している。負荷の端子電圧を 6.6kV に保ったまま、線路の電圧降下率が 5.0％を超えないようにするための負荷電力の最大値〔kW〕を求めよ。

ただし、1 km 1 線当たりの抵抗は 0.45Ω、リアクタンスは 0.25Ω とし、その他の条件はないものとする。なお、本問では、送電端電圧と受電端電圧の相差角が小さいとして得られる近似式を用いて解答すること。

解説 ▶ 1

この配電線路のこう長は 2 km であるから、
線路の抵抗 $r = 0.45 \times 2 = 0.9$〔Ω〕
線路のリアクタンス $jx = j\,0.25 \times 2 = j\,0.5$〔Ω〕
線路のインピーダンス $= 0.9 + j\,0.5$〔Ω〕
また、$\cos^2\theta + \sin^2\theta = 1$ という三角関数の関係式より、
$\cos\theta = 0.85$ のとき $\sin\theta = \sqrt{1 - 0.85^2}$ で求めることができる。

これらを電圧降下の近似式に代入すると、配電線路における電圧降下は
$\sqrt{3}\,I\,(0.9 \times 0.85 + 0.5 \times \sqrt{1 - 0.85^2})$

一方、負荷電力 P〔kW〕のときの負荷電流 I〔A〕を求めると、三相電力 P は $P = \sqrt{3} \cdot V \cdot I \cdot \cos\theta$ で求められることより、負荷電圧は 6.6kV、力率 0.85 から

$$I = \frac{P}{6.6} \times \frac{1}{0.85} \times \frac{1}{\sqrt{3}}\,〔A〕$$

ここで電圧降下率が 5.0％ということは、$6\,600 \times 0.05 = 330$〔V〕の電圧降下まで許容できることから、

$$\sqrt{3} \times \frac{P}{6.6} \times \frac{1}{0.85} \times \frac{1}{\sqrt{3}}\,(0.9 \times 0.85 + 0.5 \times \sqrt{1 - 0.85^2}) \leqq 330$$

という条件が成り立てばよい。
これを計算すると、
$P \leqq 1\,800$〔kW〕

答え　1 800〔kW〕

合格アドバイス　三角関数が苦手でも、それ以外の問題だけで十分合格点は取れる。苦手克服も大切だけど、得意分野を伸ばして盤石にしよう。

18 発電所・変電所の変圧器と結線方法

ここを暗記！

→ Δ結線 有害な高調波電流を循環電流として取り除くことができる利点があるが、物理的に三相の中性点を取り出せないので中性点接地ができず、巻線と変圧器鉄心の間に高い電圧が掛かる。線電流が相電流（巻線電流）の$\sqrt{3}$倍になり、低電圧・大電流側に適する。

→ Y結線 電気的中性点を接地することで、巻線・鉄心間の耐圧設計が楽になる。線間電圧が相電圧の$\sqrt{3}$倍になるので、高電圧・小電流側に適する。

→ Y－Δ結線 高圧－低圧変換、Δ－Y結線は低圧－高圧変換に適する。

Y－Δ結線…二次側電圧が一次側電圧より30°遅れる。
Δ－Y結線…二次側電圧が一次側電圧より30°進む。

→ Y－Y－Δ結線 高圧－高圧変換にはY－Y結線が適するが、第3調波の還流回路がないため、ひずみを吸収することができない。よって、Δ結線とした三次巻線を追加したY－Y－Δ結線が用いられる。三次巻線のΔ回路には調相設備を接続し、力率の改善を行っている。

問題 ▶ 1　平成22年度 電力 問7 改題

●次の文章は、発電所の主変圧器結線についての記述である。（ア）～（オ）に当てはまる語句又は数値を選べ。

大容量発電所の主変圧器の結線を一次側三角形、二次側星形とするのは、二次側の線間電圧は相電圧の（ア　$\sqrt{3}\cdot\dfrac{1}{\sqrt{3}}$）倍、線電流は相電流の（イ　$1\cdot\sqrt{3}\cdot\dfrac{1}{\sqrt{3}}$）倍であるため、変圧比を大きくすることができ、（ウ　昇圧・降圧）に適するからである。また、一次側の結線が三角形であるから、（エ　第3調波・零相・高調波）電流は巻線内を環流するので二次側への影響がなくなり、通信障

合格アドバイス　三相変圧器の結線は機械でも出題されるが、電力においては発送電系統においてどのように変圧器が利用されているか、という観点から出題されている。

害を抑制できる。

一次側を三角形、二次側を星形に接続した主変圧器の一次電圧と二次電圧の位相差は、(オ $\frac{\pi}{6}\cdot\frac{\pi}{3}\cdot 0$)〔rad〕である。

解説▶1

発電所の主変圧器は、発電機で発生した電力を一次側に接続し、二次側の高圧まで昇圧する役目を持つ。このときΔ−Y結線を用いるのは、二次側の線間電圧は相電圧の $\sqrt{3}$ 倍、線電流は 1 倍となり、昇圧に適しているからである。また、一次側がΔ結線であることから、高調波の中でも特に有害な第 3 調波を環流させ、低減することができて好都合である。

一次側をΔ、二次側をY結線とした場合、二次側の電圧位相は $\frac{\pi}{6}$〔rad〕の進み位相となる。

答え (ア)$\sqrt{3}$ (イ)1 (ウ)昇圧 (エ)第 3 調波 (オ)$\frac{\pi}{6}$

問題▶2 平成25年度 電力 問6 改題

● Y−Y−Δ結線に関する記述として、誤っているものはどれか。

(1) 一次もしくは二次の巻線の中性点を接地することができない。
(2) 一次−二次間の位相変位がないため、一次−二次間を同位相とする必要がある場合に用いる。
(3) Δ結線がないと、誘導起電力は励磁電流による第 3 調波成分を含むひずみ波形となる。
(4) Δ結線は、三次回路として用いられ、調相設備の接続用、又は、所内電源用として使用することができる。

解説▶2

(2)(4) 記述の通りである。
(1) Y−Y−Δ結線は、Y−Y結線に三次巻線としてΔ結線を追加したものである。よって一次・二次巻線は通常のY結線であるから、中性点を接地することができる。
(3) Δ結線は、実務上生じる高調波成分のうち、特に成分が多く有害な第 3 調波を有効に環流させて消滅させる働きを持っている。よって記述の通り。

答え (1)

▶Y−Δ結線とΔ−Y結線

ゴロあわせ
| スター出る | 校庭に。 | 出るスター | 抵抗にあう |
| Y−Δ結線 | 高圧−低圧変換 | Δ−Y結線 | 低圧−高圧変換 |

19 送配電線路の接地方式

ここを暗記!

送配電線路の中性点接地 送配電線路は雷撃や地絡・短絡事故などが発生した際、異常電圧を抑止したり、地絡保護継電器(地絡を検出して動作し、遮断器を動作させる装置)を作動させたりするために中性点接地が行われる。中性点接地には次の方式がある。

接地方式	特徴
直接接地	▶変圧器の中性点を直接大地に接続する方法。 ▶地絡保護継電器を確実に動作させることが可能で、1線地絡事故時の健全相電位上昇もない。 ▶1線地絡電流や電磁誘導障害が大きい欠点がある。 ▶主に187kV以上の超高圧送電線路で広く採用されている。
抵抗接地	▶変圧器の中性点を100〔Ω〕～1〔kΩ〕程度の抵抗で接地する方式。 ▶直接接地と比べて1線地絡電流・電磁誘導障害はある程度抑制され、地絡保護継電器の作動も確実。 ▶地絡事故時に健全相電圧上昇が起きる。 ▶主に66～154kV系統に採用されている。
非接地	▶1線地絡電流・電磁誘導障害が抑制される。 ▶地絡保護継電器を動作させることが難しい。また、地絡時の健全相電圧上昇も大きい。
消弧リアクトル接地	▶送電線の対地容量と並列共振するリアクトルを通して接地する。1線地絡電流、電磁誘導障害共に最小となるが、共振により1線地絡故障電流はほぼ零であり、送電が継続できる利点がある。 ▶地絡保護継電器を動作させるのは最も難しい。 ▶設備費は高め。 ▶雷が多い地方の66～110kV系統で使用される。

問題▶1 平成22年度 電力 問8 改題

●一般に、三相送配電線に接続される変圧器はΔ−Y又はY−Δ結線されることが多く、Y結線の中性点は接地インピーダンスZ_nで接

ゴロあわせ ▶送配電線路の接地方式
直接　言わない　兆候
直接接地　187kV　超高圧送電線路

地される。この接地インピーダンス Z_n の大きさや種類によって種々の接地方式がある。中性点の接地方式に関する記述として、誤っているものは次のうちどれか。

(1) 中性点接地の主な目的は、1線地絡などの故障に起因する異常電圧（過電圧）の発生を抑制したり、地絡電流を抑制して故障の拡大や被害の軽減を図ることである。中性点接地インピーダンスの選定には、故障点のアーク消弧作用、地絡リレーの確実な動作などを勘案する必要がある。

(2) 非接地方式（$Z_n \to \infty$）では、1線地絡時の健全相電圧上昇倍率は大きいが、地絡電流の抑制効果が大きいのがその特徴である。わが国では、一般の需要家に供給する 6.6〔kV〕配電系統においてこの方式が広く採用されている。

(3) 直接接地方式（$Z_n \to 0$）では、故障時の異常電圧（過電圧）倍率が小さいため、わが国では、187〔kV〕以上の超高圧系統に広く採用されている。一方、この方式は接地が簡単なため、わが国の 77〔kV〕以下の下位系統でもしばしば採用されている。

(4) 抵抗接地方式（$Z_n =$ ある適切な抵抗値 R〔Ω〕）は、わが国では主として 154〔kV〕以下の送電系統に採用されており、中性点抵抗により地絡電流を抑制して、地絡時の通信線への誘導電圧抑制に大きな効果がある。しかし、地絡リレーの検出機能が低下するため、何らかの対応策を必要とする場合もある。

解説 ▶ 1

(1)(2)(4) 記述の通りである。

(3) 直接接地方式は、地絡事故時に流れる電流が大きいため、周囲に電磁誘導障害を与える可能性が高い。そのため、市街地を通る電圧の低い送配電線路には用いられていない。よって 77〔kV〕以下の下位系統では用いられない。

答え (3)

▶抵抗接地と消弧リアクトル接地

ゴロあわせ 歩いて行こ！　引っ越し　証拠　は　いいわ
　　　　　　　抵抗接地　　154kV　消弧リアクトル接地　110kV

20 架空電線の機械的障害とその対策

ここを暗記!

架空電線の機械的障害 架空電線は強風や積雪、着氷などの影響を受け振動する。発生する障害には、微風振動やギャロッピング、スリートジャンプなどがあり、相間短絡事故や断線の原因となる。したがって、ダンパやアーマロッド、相間スペーサの取り付けなどの手段が講じられている（P150参照）。

機械的障害	特徴
微風振動	▶架空電線が電線と直角方向に毎秒数メートル程度の風を受けたとき、電線の後方に渦が生じて電線が上下に振動する現象。 ▶軽い電線ほど、径間が長いほど、張力が大きいほど発生しやすい。 ▶ダンパで振動を抑制し、アーマロッドで支持点近くを補強し断線を防止する。
ギャロッピング	▶電線に翼形に付着した氷雪に風が当たったとき、電線に揚力が働き、複雑な振動が発生する現象。これが激しくなると、相間短絡事故の原因になる。 ▶相間スペーサを取り付けて、短絡が起きないようにする。
スリートジャンプ	▶電線に付着した氷雪が落下したときに発生する振動のこと。相間短絡事故の原因になる。 ▶電線配置にオフセットを設けて防止する。

架空電線の弛みの求め方 架空電線は電線の単位荷重に比例、径間の2乗に比例、張力に反比例する。

架空電線の弛み $D = \dfrac{\omega S^2}{8T}$ 〔m〕

架空電線の実長の求め方 架空電線の実長は径間 S よりわずかに長くなる。

架空電線の実長 $L = S + \dfrac{8D^2}{3S}$ 〔m〕

> L：架空電線の実長〔m〕　D：架空電線の弛み〔m〕
> ω：電線の単位荷重〔N/m〕　S：径間〔m〕　T：張力〔N〕

▶架空電線の弛み
ゴロあわせ 弛んだから貼って！　おめーがS字状に
弛み　　　　8T　　　　ω　　S²

⊙架空電線の線膨張
架空電線の実長は温度上昇後にわずかに長くなる。

温度上昇後の実長 $L = L_1(1+\alpha t)$

L:温度上昇後の実長〔m〕　L_1:温度上昇前の実長〔m〕
α:線膨張係数〔1/℃〕　t:温度差〔℃〕

問題 ▶ 1　平成24年度 電力 問13 改題

●図の架空電線路において、導体温度が30〔℃〕のとき弛みが2〔m〕であった。導体温度が60〔℃〕のときの弛みを求めよ。ただし、電線の線膨張係数は1〔℃〕につき1.5×10^{-5}とする。

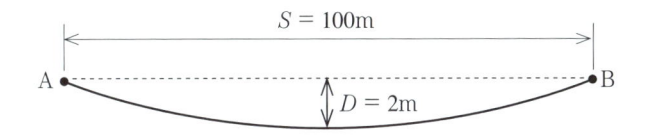

```
    |←――――― S = 100m ―――――→|
A ●------------------------------● B
               ↕ D = 2m
```

解説 ▶ 1

弛みが2〔m〕のときの電線の実長を求めると、

$L = S + \dfrac{8D^2}{3S}$ の式より、$L = 100 + \dfrac{8 \times 2^2}{3 \times 100} \fallingdotseq 100.1067$〔m〕

ここで温度が30〔℃〕上昇したときの全長を求めると、

$100.1067 + 100.1067 \times (30 \times 1.5 \times 10^{-5}) \fallingdotseq 100.1517$〔m〕

この値が導体温度60〔℃〕のときの全長 L〔m〕であるから、

$L = S + \dfrac{8D^2}{3S}$ の式を用いて逆算してDを求めると、

$D = \sqrt{\dfrac{3S(L-S)}{8}} = \sqrt{\dfrac{3 \times 100 \times (100.1517 - 100)}{8}} \fallingdotseq 2.39$〔m〕

答え　2.39〔m〕

▶架空電線の実長
ゴロあわせ　じっちゃん！　さんたさんさんで派手な事情
　　　　　　　　実長　　　　S + $3S$　　　$8D^2$

21 送電線路の電気的障害とその対策

ここを暗記！

⇒送電線路の電気的障害 送電線路は対地静電容量などに起因する異常電圧のほか、高圧ケーブルの絶縁劣化、静電誘導や電磁誘導による通信線路への障害などに配慮する必要がある。

⇒フェランチ現象 軽負荷時、受電端電圧が異常に上昇する現象。絶縁破壊事故等の原因となりうる。これは送電線路が容量性であることに起因するため、地中送電線路において顕著である。進相コンデンサの切り離しや分路リアクトルの挿入などで対応する。

⇒高圧ケーブルの劣化 高圧ケーブルの絶縁部材中に微小な空泡や部材劣化が発生すると、その部分で電界の偏りが生じ、劣化が加速する。OFケーブルは絶縁油を圧力充填することで対策している。

⇒水トリー CVケーブルは、水分が浸入すると樹状に浸透し、劣化（水トリー）の原因となる。このような障害が起こると、放電による電力損失、絶縁のさらなる劣化、そして地絡事故となるため注意が必要である。

⇒誘導障害 架空送電線路が通信線路に接近している場合、通信線路に電圧が誘導されて設備やその取扱者に障害を及ぼす可能性がある。この障害のことを誘導障害という。誘導障害は次の2つがある。

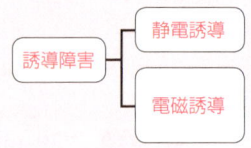

誘導障害		
	静電誘導	架空送電線路の電圧により通信線路に誘導電圧を発生させる障害。
	電磁誘導	架空送電線路の電流が架空送電線路と通信線路間の相互インダクタンスを介して通信線路に誘導電圧を発生させる。

▶フェランチ効果

ゴロあわせ 警部は　じゅうたんで　上昇　中
　　　　　　 軽負荷時　受電端電圧　異常に上昇　地中送電線路

平常時の三相3線式送配電線路では、ねん架を十分に行うことで防止する。

問題 ▶ 1　平成22年度 電力 問14 改題

●次の文章は、送配電機器に用いる絶縁油に関する記述である。(ア)～(エ)に当てはまる語句を選べ。

絶縁油は変圧器やOFケーブルなどに使用されており、一般に絶縁破壊電圧は大気圧の空気と比べて（ア　低く・高く）、誘電正接は空気よりも（イ　小さい・大きい）。電力用機器の絶縁油として古くから（ウ　植物油・鉱物油）が一般的に用いられてきたが、OFケーブルやコンデンサでより優れた低損失性や信頼性が求められる仕様のときには（エ　シリコーン油・重合炭化水素油）が採用される場合もある。

解説 ▶ 1

(ア)(イ) 絶縁油を用いる目的は、その絶縁破壊電圧が空気よりも高く、液体であるため放熱性や取り扱い性に優れるからである。一方、誘電正接は空気よりも大きいため、誘電体として作用したときのエネルギー損失は空気よりも大きくなる。

(ウ)(エ) 絶縁油として、植物油は酸化しやすいため不適であり、古くから鉱物油が用いられてきた。なお、重合炭化水素油は通称「化学合成油」と呼ばれ、鉱物油に比べて性能が高く、低損失性や信頼性、耐久性などが求められる場合に使用されている。

答え　(ア)高く　(イ)大きい
　　　　(ウ)鉱物油　(エ)重合炭化水素油

ゴロあわせ
▶誘導障害の発生
誘導が　　　新鮮　な　発声　　成年　　　男子
誘導障害　通信線路に発生　静電誘導　電磁誘導

22 ケーブルの充電電流

ここを暗記！

⊃ 充電電流 電力ケーブルを通して電力を伝達する場合、ケーブルと大地の間に存在している静電容量を通じて電流（進み位相90°の無効電流）が流れる。これを<u>充電電流</u>という。

⊃ 充電電流の求め方 ケーブルの対地電圧をコンデンサのインピーダンスで割って求める。

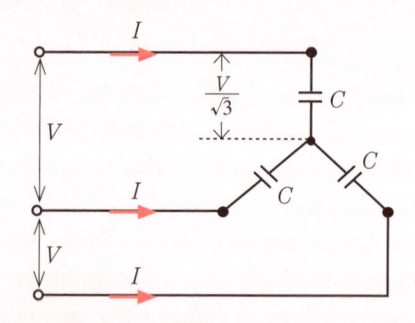

充電電流 $I = \dfrac{\frac{V}{\sqrt{3}}}{\frac{1}{2\pi fC}} = \dfrac{2\pi fCV}{\sqrt{3}}$ 〔A〕

I：充電電流〔A〕　V：線間電圧〔V〕　$2\pi f$：角周波数〔rad/s〕
C：線間静電容量〔F〕

【注意！】三相交流であることが前提であるため、相電圧と線電圧、対地電圧の関係を間違えないように！

問題 ▶ 1　平成26年度　電力　問16(a)　改題

●次図に示すように、中性点をリアクトルLを介して接地している公称電圧66kVの系統がある。送電線の対地静電容量に相当する等価キャパシタCを測定するために、図中のA点で変電所と送電

線を切り離し、A点で送電線の3線を一括して、これと大地間に公称電圧の相電圧相当の電圧を加えて充電すると、一括した線に流れる全充電電流は115Aであった。

このとき、この送電線の1相当たりのアドミタンスの大きさ〔mS〕を求めよ。

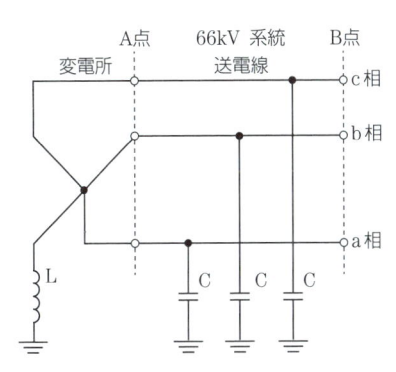

解説 ▶ 1

公称電圧66kVの三相交流において、1相当たりの対地電圧は三相の中性点に対する電圧となるので、

1相当たりの対地電圧 $= \dfrac{66}{\sqrt{3}} \fallingdotseq 38.11$ 〔kV〕

また、三相一括の充電電流が115Aであることから、

三相一括のリアクタンス $= \dfrac{66 \times 1\,000}{\sqrt{3}} \times \dfrac{1}{115}$

これは三相一括の値であるから、1線当たりの値はこの3倍となり、また求めるのはアドミタンスであるから、インピーダンスの逆数になって、

$$\dfrac{1}{\dfrac{66 \times 1\,000}{\sqrt{3}} \times \dfrac{3}{115}} \fallingdotseq 0.001006 \fallingdotseq 1.0 \text{〔mS〕}$$

答え 1.0〔mS〕

▶充電電流の求め方
ゴロあわせ　愛　は　去る　隔週　シブって
　　　　　　I　　$\sqrt{3}$　角周波数・CV

23 配電線系統の保護

ここを 暗記!

⊖配電線系統の保護 配電線系統において短絡事故や地絡事故が発生した場合、即座にそれを検出して遮断器を開放し、送電を停止する必要がある。特に高圧系統で事故が発生すると、電力会社側の配電用変電所の遮断器まで動作させてしまい、周辺地域一帯の停電を引き起こす可能性がある。これを波及事故といい、経産省への報告義務のほか、他需要家への賠償責任も発生する。

⊖保護協調 事故発生時には、確実に・速やかに・安価に、そして被害を最小限にするよう保護機器の配置と設定を行う。具体的には、事故発生時、下位系統ほど速く動作するよう設定する。これを保護協調という。

⊖保護継電器 短絡事故や地絡事故が発生したとき、即座にそれを検出して遮断器を作動させる装置。主に次の2つがある。

地絡方向継電器（DGR）	その設置点から見てどの方向で地絡が発生したかを検出し、遮断器を作動させる装置。
過電流継電器	定格電流を超える大電流が流れると動作し、遮断器を作動させる装置。

⊖時限順送方式による故障区間切り離し 配電線路をいくつかの区間に区分し、事故が起こったとき、故障区間直前の区分用開閉器を動作させて事故区間以降を切り離すこと。

▶保護継電器

ゴロあわせ
保護　　　　　は　　　　ちらっと　　　　家計から　　　　遮断
保護継電器　地絡方向継電器　過電流継電器　遮断器

問題 ▶ 1　平成25年度 電力 問12 改題

●次の文章は、配電線の保護方式に関する記述である。カッコ内の選択肢について、正しいものを選択せよ。

高圧配電線路に短絡故障又は地絡故障が発生すると、配電用変電所に設置された（ア　保護継電器・避雷器）により故障を検出して、遮断器にて送電を停止する。

この際、配電線路に設置された区分用開閉器は（イ　開放・投入）する。その後に配電用変電所からの送電を再開すると、配電線路に設置された区分用開閉器は電源側からの送電を検出し、一定時間後に動作する。その結果、電源側から順番に区分用開閉器は（ウ　開放・投入）される。

また、配電線路の故障が継続している場合は、故障区間直前の区分用開閉器が動作した直後に、配電用変電所に設置された（ア）により故障を検出して、遮断器にて送電を再度停止する。

この送電再開から送電を再度停止するまでの時間を計測することにより、配電線路の故障区間を判別することができ、この方式は（エ　区間順送方式・時限順送方式）と呼ばれている。

例えば、区分用開閉器の動作時限が 7 秒の場合、配電用変電所にて送電を再開した後 22 秒前後に故障検出により送電を再度停止したときは、図の配電線の（オ　c・d）の区間が故障区間であると判断される。

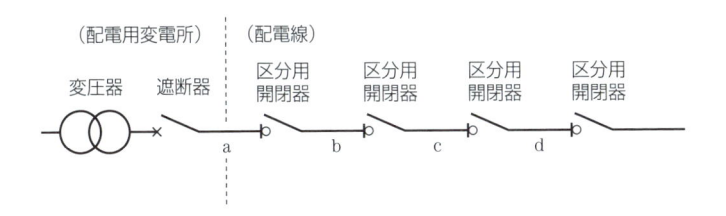

（配電用変電所）　　（配電線）
変圧器　遮断器　区分用開閉器　区分用開閉器　区分用開閉器　区分用開閉器
　　　　　　a　　　　b　　　　c　　　　d

▶区分用開閉器の開放と投入
ゴロあわせ　そう、停止かい？　斉　藤　の子分かい？
　　　　　　　送電　停止→開放　再開→投入　区分用開放器

解説 ▶ 1

（ア）(イ)(ウ)(エ) 高圧配電線路に短絡故障や地絡故障が発生すると、配電用変電所に設置された地絡方向継電器や過電流継電器などの保護継電器が動作し、送電を停止する。このとき、配電線路の区分用開閉器が開放される。

その後、配電用変電所からの送電が再開されると、配電線路の区分用開閉器は電源側から順番に投入されていく。配電線路の事故が継続している場合、事故区間に電源が投入された瞬間に短絡電流や地絡電流が流れるため、保護継電器が動作し送電を再停止するとともに故障区間を特定することができる。これを時限順送方式と呼んでいる。

（オ）本問の場合、7秒ごとに区分用開閉器が動作する状況下で送電開始後22秒で送電再停止が起きた場合、a区間が充電されるのは0～7秒、b区間が充電されるのは7～14秒、c区間が充電されるのは14～21秒、そしてd区間が充電された直後の22秒に事故を検出しているわけであるから、故障区間はdであると判断することができる。

答え （ア）保護継電器 （イ）開放 （ウ）投入 （エ）時限順送方式 （オ）d

第3章

機械
の超重要ポイント

01 直流電動機

ここを暗記!

◯直流電動機 直流電源で駆動する電動機。

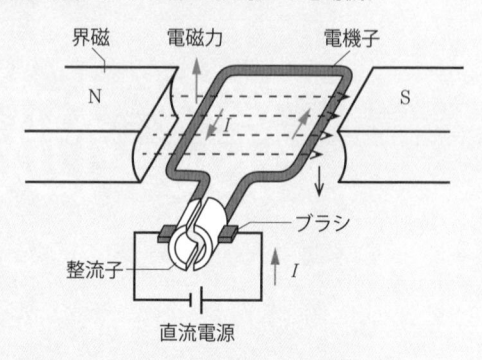

界磁 電機子に与える外部磁界。通常、電磁石を使う。
電機子 磁界中を回転する回転コイル。
ブラシと整流子 半回転ごとに電機子極性を入れ替える。

◯電機子に発生する逆起電力 直流電動機の電機子が回転するとファラデーの電磁誘導の法則により、電機子に回転数・界磁強度・電機子巻数に比例した誘導起電力が発生する。その向きは電機子電流と逆であるため、この起電力のことを逆起電力という。

◯電機子電流 オームの法則より、電源端子電圧と電機子の逆起電力の差を、配線や整流子などの抵抗で割った値が電機子電流となる。

◯界磁巻線の基本的な接続方法 他励式・分巻式・直巻式の3種類。直巻と分巻を組み合わせた複巻式という方式もある。それぞれ逆起電力、界磁電流、電機子電流の求め方を覚えておく。

▶直流電動機のトルク
ゴロあわせ　行け！ ファイトで弟子と　直接　トルコへ
　　　　　　k　 ϕ　電機子電流　直流電動機　トルク

他励式 界磁電流の電源を電機子の電源とは別に取る方式。

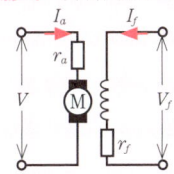

逆起電力　$E = V - r_a I_a$〔V〕

界磁電流　$I_f = \dfrac{V_f}{r_f}$〔A〕

電機子電流　$I_a = I$〔A〕

分巻式 界磁コイルの巻線を電機子と並列に接続する方式。

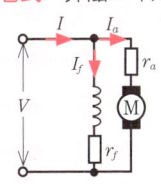

逆起電力　$E = V - r_a I_a$〔V〕

界磁電流　$I_f = \dfrac{V_f}{r_f}$〔A〕

電機子電流　$I_a = I - I_f$〔A〕

直巻式 界磁コイルの巻線を電機子と直列に接続する方式。

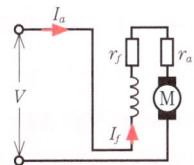

逆起電力　$E = V - (r_a + r_f)I_a$〔V〕

界磁電流　$I_f = I_a$〔A〕

電機子電流　$I_a = I$〔A〕

E：電機子の逆起電力〔V〕　V：電源端子電圧〔V〕
V_f：界磁の巻線電圧〔V〕　I：電流〔A〕　r_a：電機子抵抗〔Ω〕
I_a：電機子電流〔A〕　r_f：界磁抵抗〔Ω〕　I_f：界磁電流〔A〕

➡ 直流電動機のトルク
直流電動機の出力軸の回転力のこと。磁束と電機子電流に比例する。

直流電動機のトルク　$T = k \cdot \phi \cdot I_a$〔N·m〕

T：トルク〔N·m〕　k：比例定数　ϕ：電機子を貫く磁束〔Wb〕
I_a：電機子電流〔A〕

➡ 直流電動機の機械的出力
直流電動機がその回転力によって生じさせる出力のこと。

直流電動機の機械的出力　$P = \omega T = E \cdot I_a$〔W〕

P：機械的出力〔W〕　ω：出力軸の角回転数〔rad/s〕
E：電機子の逆起電力〔V〕　I_a：電機子電流〔A〕　T：トルク〔N·m〕

ゴロあわせ　▶電機子に発生する逆起電力
弟子の　　勇気には　　反対
電機子　　誘導起電力　逆向き

問題 ▶ 1　平成19年度　機械　問1　改題

●直流直巻電動機は、供給電圧が一定の場合、無負荷や非常に小さい負荷では使用することができない。この理由として正しいものは次のうちどれか。

(1) 界磁電流と電機子電流が共に大きくなるので、界磁巻線や電機子巻線を焼損する危険性がある。
(2) 界磁電流が大きくなりトルクが非常に増大するので、駆動軸や電機子巻線を破損する危険性がある。
(3) 電機子電流が小さくなるので回転速度が減少し、回転が停止する。
(4) 界磁磁束が増大して回転速度が減少し、回転が停止する。
(5) 界磁磁束が小さくなって回転速度が非常に上昇するので、電機子巻線を破損する危険性がある。

解説 ▶ 1

ファラデーの電磁誘導の法則より、電機子に発生する逆起電力 E は磁束と回転数に比例し $E = k\phi N$ と表せる。
また、機械的出力 $P = EI$ より、$P = EI = k'NI^2$ となる。

これより回転数 $N = \dfrac{E}{k'I} = \dfrac{V - rI}{k'I}$ と表せる（k、k' は定数）。

題意より $P \to 0$ の場合は、$E \to 0$ か $I \to 0$ になる。

$E \to 0$ ということは、$V - rI \to 0$ となるが、電源電圧 V と回路の直流抵抗 r は一定であるから I が大きくなる必要がある。しかし、直流直巻電動機では、界磁磁束 ϕ は電機子電流 I に比例するから、I を大きくした場合 E も大きくなり、この条件を満たすことはない。

次に $I \to 0$ となる場合を考えると、

$N = \dfrac{V - rI}{k'I} \fallingdotseq \dfrac{V}{k'I}$ と近似化できる。

すると、$I \to 0$ とした場合、$N \to \infty$ となる。よって、無負荷あるいは非常に軽負荷の場合、直流直巻電動機は回転数が異常に上昇してしまい、使用不可能である。

答え　(5)

▶他励式と分巻式
ゴロあわせ
たぶん　　　　　逆　　　　　かい？　どうだ
他励式と分巻式　逆起電力　　界磁電流　同じ

問題 ▶ 2 平成23年度 機械 問16 改題

●負荷に直結された他励直流電動機を、電機子電圧を変化させることによって速度制御する。電機子抵抗が 0.4〔Ω〕、界磁磁束は界磁電流に比例するものとする。また、負荷はトルクが一定で回転速度に対して機械出力が比例して上昇する特性であるとして、磁気飽和、電機子反作用、機械系の損失などは無視できるものとする。

ある界磁電流のもと、電動機が 600〔min^{-1}〕で回転しているときの誘導起電力は 200〔V〕、電機子電流が 20〔A〕であった。回転速度を 1 320〔min^{-1}〕にしたとき、界磁電流を半分にして、電機子電流がある一定の値で負荷と釣り合った状態にするには、電機子電圧を何〔V〕に制御しなければならないか。

解説 ▶ 2

ファラデーの電磁誘導の法則より、電機子に発生する逆起電力 E は磁束と回転数に比例するため、600〔min^{-1}〕から 1 320〔min^{-1}〕にすると回転速度は 2.2 倍、界磁電流を半分にしたので磁束は 0.5 倍であるから、電機子の逆起電力は

$200 \times 2.2 \times 0.5 = 220$〔V〕

また、トルク $T = k\phi I$ であるから、界磁電流を半分にして同一トルクを発生させるためには電流 I が 2 倍になる必要がある。

よって電機子電流は

$2 \times 20 = 40$〔A〕

電機子電圧は

$220 + (40 \times 0.4) = 236$〔V〕

答え 236〔V〕

▶直流電動機の機械的出力
ゴロあわせ 機械出力 おめでとう
機械出力 ω T

02 直流発電機

ここを暗記!

⇒ 直流発電機 構造・原理は直流電動機と同じ。外部から回転力を与え、電機子で発生した起電力を外部に電源として取り出す。

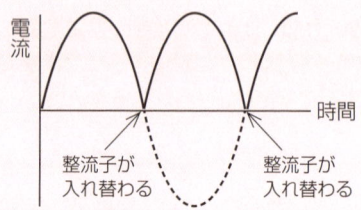

```
電流
 |
 |  ╱╲    ╱╲    ╱╲
 |╱    ╲╱    ╲╱    ╲_____ 時間
          ↑         ↑
       整流子が    整流子が
       入れ替わる  入れ替わる
```

コイルが半回転するごとに整流子が入れ替わり、常に同じ方向の電流(直流)が流れる。

⇒ 電機子巻線 多数のコイルにより構成され、直列巻と重ね巻というつなぎ方がある。

| 直列巻 | コイルを直列に接続する方式 | 高電圧小電流に向く |
| 重ね巻 | コイルを並列に接続する方式 | 低電圧大電流に向く |

⇒ 電機子反作用 発電電流によって巻線に生じる磁界が電機子周辺の磁界に影響を与える現象。ブラシに短絡電流を発生させる原因となるため、補極を設けて磁束分布を補正する。

⇒ 接続方式と出力の特性

励磁を一定に保った他励式と分巻式	負荷電流によってなだらかに電圧が低下する。
直巻式	負荷電流が流れるほど発電電圧が上昇する。
複巻(和動複巻)式	巻線構成・比率を適当に選べば負荷電流を流しても端子電圧をほぼ一定に保つことができる。
差動複巻式	電流を流すと急激に電圧が低下する特性を持たせることができる。

▶電機子巻線
ゴロあわせ 直列は　高小、　並列は　低大
直列巻　高電圧小電流　並列巻　低電圧大電流

問題 ▶ 1　平成22年度 機械 問2 改題

●直流発電機の損失は、固定損、直接負荷損、界磁回路損及び漂遊負荷損に分類される。定格出力 50〔kW〕、定格電圧 200〔V〕の直流分巻発電機がある。この発電機の定格負荷時の効率は 94〔%〕である。このときの発電機の固定損〔kW〕の値を求めよ。ただし、ブラシの電圧降下と漂遊負荷損は無視するものとする。また、電機子回路及び界磁回路の抵抗はそれぞれ 0.03〔Ω〕及び 200〔Ω〕とする。

解説 ▶ 1

まず回路図を描くと図のようになる。

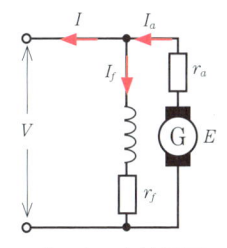

ここで、定格出力 50〔kW〕、定格電圧 200〔V〕であるから、
定格出力電流 = 50 000 ÷ 200 = 250〔A〕

また、界磁回路の抵抗が 200〔Ω〕であるから、ここに流れる電流は 200 ÷ 200 = 1〔A〕であり、電機子電流は 250 + 1 = 251〔A〕であることが求まる。

これより、電機子回路における損失をP_aとすると、
$P_a = I_a^2 R = 251^2 × 0.03 = 1\,890$〔W〕

界磁回路における損失をP_fとすると、
$P_f = I_f^2 R = 1^2 × 200 = 200$〔W〕

また、題意より、50〔kW〕発電時の効率が 94〔%〕であるから、発電機への機械的入力は 50 ÷ 0.94 ≒ 53.19〔kW〕である。よって、53.19 − 50 − 1.89 − 0.2 = 1.10〔kW〕が固定損となる。

答え　**1.10〔kW〕**

▶接続方式と出力の特性

ゴロあわせ		
たぶん	ゆっくり	時価は 上昇
他励・分巻	なだらかに電圧低下	直巻式 上昇

03 単相変圧器

ここを 暗記!

◯ 単相変圧器 鉄心に二組以上のコイルを巻き、一次巻線に流れる電流で発生させた磁束によって二次巻線に電力を伝達するもの。

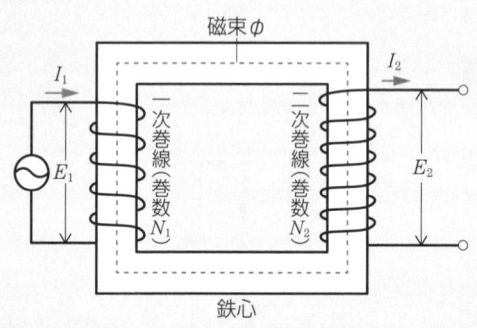

$$巻数比\ a = \frac{N_1}{N_2} = \frac{E_1}{E_2} \qquad 変流比 = \frac{1}{a} = \frac{N_2}{N_1} = \frac{I_1}{I_2}$$

a：巻数比　N_1：一次コイルの巻数　N_2：二次コイルの巻数
E_1：一次巻線の起電力〔V〕　E_2：二次巻線の起電力〔V〕
I_1：一次巻線の電流〔A〕　I_2：二次巻線の電流〔A〕

◯ 鉄損 鉄心中は交番磁界が通過するため、鉄心材料中の微小磁石の極性を変化させるためのエネルギーであるヒステリシス損が発生する。また、磁束変化によって鉄心の電気抵抗に発生する渦電流も損失となる。これらを鉄損と呼び、二次巻線が無負荷であっても発生する。

◯ 銅損 超電導などの特殊な例を除き、巻線には抵抗が存在し、電流によるジュール損が発生する。これを銅損と呼び、基本的には回路電流の 2 乗に比例する。

最も効率が高いのは、鉄損＝銅損の条件で運転したときである。

ゴロあわせ ▶単相変圧器
二次　分の　一次は　巻数比、逆　は　ヘン
二次巻線　分の　一次巻線　巻数比　逆数　は　変流比

○**等価回路** ある回路を電気的な特性を変えずに別の電気回路に置き換えた場合の回路のこと。変圧器の接続された回路は一次側と二次側に分かれているが、変圧器の等価回路は、両者を接続して1つの電気回路としたもので表す。

○**単相変圧器の等価回路** 電気的な等価回路は、下図のL形等価回路を用いる。励磁損などが無視できる条件では簡易等価回路を用いることもある。ここで Y_0 は励磁アドミタンス、r_1 と x_1 は一次側の巻線抵抗とリアクタンス、$a^2 r_2$ と $a^2 x_2$ は二次側の抵抗とリアクタンスを巻数比 a を用いて一次側に変換したものである。励磁アドミタンスは鉄損を表している。

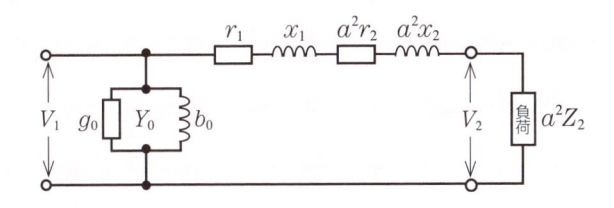

回路図: 一次側電圧 V_1、励磁アドミタンス Y_0(g_0, b_0)、r_1、x_1、$a^2 r_2$、$a^2 x_2$、二次側電圧 V_2、負荷 $a^2 Z_2$

問題 ▶ 1 平成23年度 機械 問6 改題

●次の文章は、交流電気機器の損失に関する記述である。(ア)~(オ)に当てはまる語句を選べ。

a. 磁束が作用して鉄心の電気抵抗に発生する(ア 渦電流損・ヒステリシス損)は、鉄心に電流が流れにくいよう薄い鉄板を積層して低減する。

b. コイルの電気抵抗に電流が作用して発生する(イ 銅損・渦電流損)は、コイルに電流が流れやすいように導体の断面積を大きくして低減する。

c. 磁性材料を通る磁束が変動すると発生する(ウ 鉄損・機械損)及び変圧器には存在しない(エ 機械損・鉄損)は、機器に負荷をかけなくても存在するので無負荷損と称する。

▶鉄損
ゴロあわせ イテッ! 損する ヒステリー で うずくまる
鉄損　　　ヒステリシス損　渦電流

181

d. 最大磁束密度一定の条件で（オ　ヒステリシス損・励磁損）は周波数に比例する。

解説 ▶ 1

（ア）磁束が鉄心の電気抵抗に引き起こすのは渦電流であり、これを渦電流損と称している。
（イ）コイルの電気抵抗に発生するジュール損は、銅損と呼ぶ。
（ウ）磁性材料を通る磁束の変動により発生する損失を鉄損という。
（エ）変圧器には存在せず、変圧器と同等の構造の誘導電動機に存在するものは機械損である。
（オ）ヒステリシス損は、鉄心内の微小磁石の向きを変えるためのエネルギーであるから周波数に比例する。

答え（ア）渦電流損　（イ）銅損　（ウ）鉄損
（エ）機械損　（オ）ヒステリシス損

問題 ▶ 2　平成24年度 機械 問7 改題

●単相変圧器があり、二次側を開放して電流を流さない場合の二次電圧の大きさを 100〔％〕とする。二次側にリアクトルを接続して力率 0 の電流を流した場合、二次電圧は 5〔％〕下がって 95〔％〕であった。二次側に抵抗器を接続して、前述と同じ大きさの力率 1 の電流を流した場合、二次電圧は 2〔％〕下がって 98〔％〕であった。一次巻線抵抗と一次換算した二次巻線抵抗との和は 10〔Ω〕である。鉄損及び励磁電流は小さく、無視できるものとする。ベクトル図を用いた電圧変動率の計算によく用いられる近似計算を利用して、一次漏れリアクタンスと一次換算した二次漏れリアクタンスとの和〔Ω〕の値を求めよ。

解説 ▶ 2

単相変圧器の簡易等価回路は図のようになる。

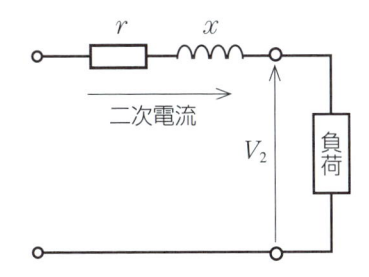

ここで、電圧変動率 ε の近似式は、無負荷時の電圧を V_S、定格負荷時の電圧を V_N として、次のように表される。

$$\varepsilon = \frac{V_s - V_N}{V_N} = \frac{I(r\cos\theta + x\sin\theta)}{V_N}$$

また、電圧降下は $I(r\cos\theta + x\sin\theta)$ という近似式で表される。
ここで、力率 0 の電流を流すと $\cos\theta = 0$、$\sin\theta = 1$ であるから、

電圧降下の式は $\dfrac{Ix}{V_N}$ となる。

同様に力率 1 の場合は $\dfrac{Ir}{V_N}$ である。

題意より、$\dfrac{Ir}{V_N}$ と $\dfrac{Ix}{V_N}$ の比は 2：5 であり、一次巻線抵抗と一次換算した二次巻線抵抗の和 r が 10〔Ω〕であることから、

$$x = \frac{5}{2}\, r = 2.5 \times 10 = 25 \,〔Ω〕$$

答え 25〔Ω〕

合格アドバイス 電圧変動率を求める近似計算式は知っているものとして出題される。したがって、この式は絶対に暗記しておかなければならない。

04 誘導電動機の一般的性質

ここを 暗記!

🔴 **誘導電動機** 回転磁界中に置いたコイル（回転子）は、電磁誘導で電流が流れる。その電流で発生する磁界と回転磁界（固定子）との間で回転力を得る電動機のこと。
固定子に三相交流をかけると電気的な回転磁界が生まれる。

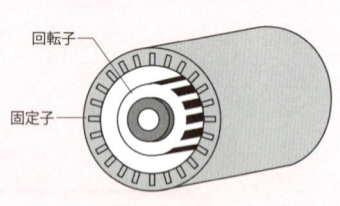

🔴 **回転磁界の同期速度** 1分間に $\dfrac{120f}{p}$（磁極数 p、電源周波数 f）

🔴 **滑り** 同期速度と回転子（コイル）が同一の速度だと、回転子を貫く磁界の時間変化がゼロ＝電流が流れない＝回転力を生まない。よって通常運転時の回転速度は必ず同期速度以下となる。この差のことを滑りという。

$$滑り\, s = \dfrac{N_s - N}{N_s}$$

s：滑り　N_s：同期回転速度〔min⁻¹〕
N：回転子回転速度〔min⁻¹〕

運転中、回転数が低下すると滑りが大きくなる。すると二次回路の電流が増加してトルクが増大し、回転数を元に戻す作用を生じる。

🔴 **発電ブレーキ** 誘導電動機の特殊な使い方として、外部から同期速度以上で回転させようとすると制動トルクが働き、発電ブレーキとして使用することもできる。

🔴 **誘導電動機の始動法** 50/60Hzで用いた場合、始動時（$s=1$）のトルクが小さく力率が非常に悪いため、大型機を用いて**スターデルタ始動**等で電流を低減する方法、巻線形の二次抵抗値を調整する方法、供給電圧・周波数を制御（VVVF）する方法などがある。

問題 ▶ 1　平成23年度　機械　問3　改題

● 次の文章は、巻線形誘導電動機に関する記述である。（ア）～（エ）

▶回転磁界の同期速度
ゴロあわせ
次回　　　どう？　　時局　はインフレ　でしゅ
回転磁界　同期速度　磁極数　　120　　電源周波数

に当てはまる数値を答えよ。

三相巻線形誘導電動機の二次側に外部抵抗を接続して運転することを考える。ただし、誘導電動機内部の鉄損・銅損、二次回路の抵抗値及び一次・二次のインダクタンスなどは無視できるものとする。

回転子を拘束して一次電圧 $V_1 = 200$〔V〕を印加したとき、外部抵抗端子の電圧 V_{2S} は 140〔V〕であった。拘束を外して始動後、回転速度が上昇して同期速度 1 500〔min^{-1}〕に対して 1 200〔min^{-1}〕で負荷と釣り合った。

このとき一次電圧が $V_1 = 200$〔V〕のままだとすると、二次側の端子に現れる電圧 V_2 は (ア) 〔V〕となる。また、機械負荷に P_m〔W〕が伝達されたとすると、一次側から供給する電力 P_1〔W〕、外部抵抗で消費される電力 P_{2C}〔W〕との関係は次式となる。

$P_1 = P_m +$ (イ) $\times P_{2C}$

$P_{2C} =$ (ウ) $\times P_1$

したがって、P_{2C} と P_m の関係は次式となる。

$P_{2C} =$ (エ) $\times P_m$

接続する外部抵抗には、このような運転に使える電圧・容量の抵抗器を選択しなければならない。

解説 ▶ 1

（ア）誘導電動機の性質より、二次回路の起電圧は滑り s に比例する。同期速度 1 500〔min^{-1}〕に対して 1 200〔min^{-1}〕で回転したときの滑りは、

$\dfrac{1\,500 - 1\,200}{1\,500} = 0.2$ であるから、（ア）は $140 \times 0.2 = 28$〔V〕である。

（イ）一次側から供給する電力は、外部抵抗で消費される電力と機械的出力の和であることはエネルギー保存の法則から当然のことであり、$P_1 = P_m + P_{2C}$ より（イ）は 1 である。

（ウ）P_{2C} は $s = 1$ のとき P_1、$s = 0$ のとき 0 となる。そして任意の滑り値 s に対して $P_{2C} = s \times P_1$ であり、題意から（ウ）は 0.2 となる。

（エ）$P_1 = P_m + P_{2C}$ に $P_{2C} = 0.2 \times P_1$ を代入し P_1 を消去すると、$P_{2C} = 0.25 \times P_m$ が求まる。よって（エ）は 0.25 である。

答え (ア) 28 (イ) 1 (ウ) 0.2 (エ) 0.25

05 誘導電動機の等価回路

ここを暗記!

🔴 **誘導電動機の等価回路** 変圧器と同じ「L形等価回路」を用いる。

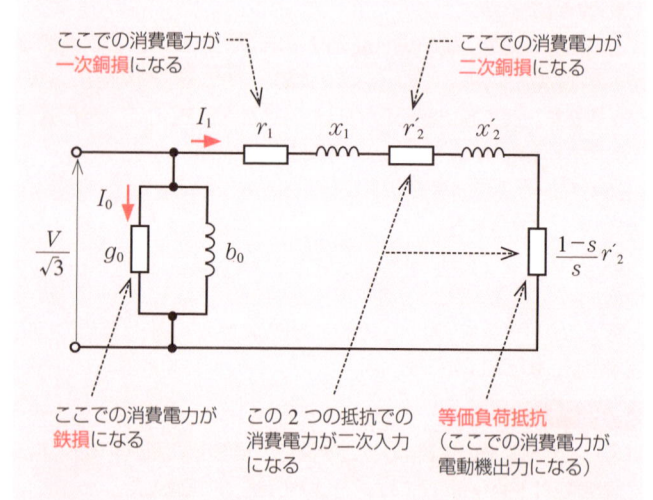

```
ここでの消費電力が           ここでの消費電力が
一次銅損になる              二次銅損になる
         ↓                    ↓
    I₁   r₁   x₁   r₂'   x₂'
───────▭───◠◠◠─▭───◠◠◠───────┐
   I₀↓                         │
V/√3  g₀    b₀              (1-s)/s · r₂'
      ▭     ◠                  ▭
──────┴─────┴──────────────────┘
      ↑          ↑              ↑
ここでの消費電力が  この2つの抵抗での   等価負荷抵抗
鉄損になる      消費電力が二次入力   (ここでの消費電力が
              になる           電動機出力になる)
```

● g_0 が鉄損、b_0 が励磁サセプタンスを表す。計算しやすくするための慣例でコンダクタンスとサセプタンス値を用いている。

● r_1 が一次銅損、x_1 が一次巻線リアクタンスを表す。

● r_2' が二次銅損、x_2' が二次巻線リアクタンス、

$\dfrac{1-s}{s} r_2'$ は機械的出力を表す等価負荷抵抗。

*二次側にダッシュ(')が付くのは、物理的な現実の数値ではなく、滑りsによって変換される一次側から見た等価的な値であるため。

▶誘導電動機の等価回路
ゴロあわせ リーチは 一同、 ルーツは 2時でどう?
　　　　　　　r_1：一次銅損　r_2：二次銅損

問題 ▶ 1　平成24年度 機械 問4 改題

●三相誘導電動機があり、一次巻線抵抗が 15〔Ω〕、一次側に換算した二次巻線抵抗が 9〔Ω〕、滑りが 0.1 のとき、効率は何〔%〕か。ただし、励磁電流は無視できるものとし、一次巻線・二次巻線による銅損以外の損失はないものとする。

解説 ▶ 1

$s = 0.1$ ということは、二次側に発生する電圧は誘導電動機の性質より、$s = 1$（停止状態）のときの $\dfrac{1}{10}$ である。

よって一次側 1 相に換算した全抵抗分は、$\dfrac{9}{0.1} = 90$〔Ω〕に見えるので、入力電流を I とすると、

$P = I^2 R = (15 + 90) I^2$ である。

ここで二次側回路に注目すると、二次側回路に入力される電力は $I^2 R = 90 I^2$ となるが、このうち 9〔Ω〕で消費される電力が銅損、残りが機械的出力となるから、機械的出力は

$90 I^2 - 9 I^2 = 81 I^2$〔W〕

となる。

効率は一次側の全入力と二次側の機械的出力の割合であるから、

$\dfrac{81 I^2}{105 I^2} \fallingdotseq 0.77$ となり、効率は約 77〔%〕となる。

答え　77〔%〕

ゴロあわせ　▶等価負荷抵抗
豆腐買っていこう　　元気に出力
等価負荷抵抗　　　　電動機出力

06 巻線形誘導電動機の構造と性質

ここを暗記!

🔹**巻線形誘導電動機** 通常のコイル状の巻線形回転子を持つ誘導電動機。スリップリングで二次回路を引き出し、巻線直列抵抗値を可変させて特性を調整する。

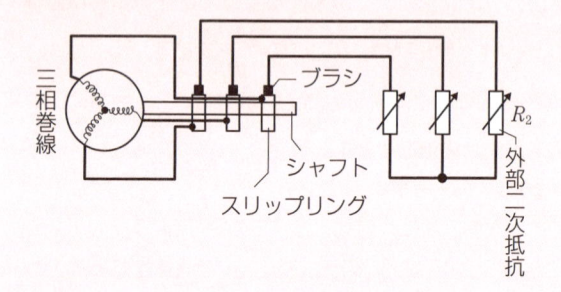

（図：三相巻線、ブラシ、シャフト、スリップリング、外部二次抵抗 R_2）

🔹**比例推移** 二次抵抗値 r_2 を m 倍すると、滑り－トルク特性曲線において同一トルクを発生する滑りの値が m 倍となる。これを比例推移という。比例推移を利用して始動トルクを得たり特性を調整したりする場合、二次抵抗で発生するジュール損が大きくなる欠点がある。

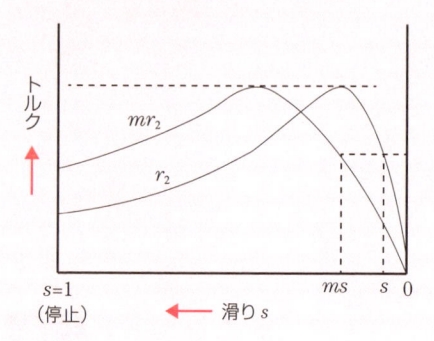

（グラフ：縦軸 トルク、横軸 滑り s、曲線 mr_2 と r_2、$s=1$（停止）、ms、s、0）

▶巻線型誘導電動機
ゴロあわせ
スリップ　　　　２回　　　　　　　で行こうか
スリップリング　二次回路　巻線直列抵抗値を可変

●静止セルビウス方式

二次抵抗の代わりにインバータ回路を挿入し、本来二次抵抗で失われるエネルギーを電源側に返送する方式。

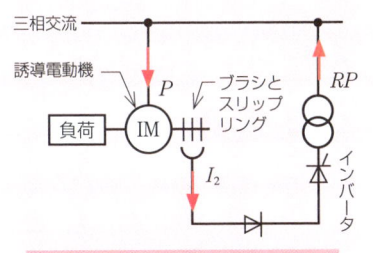

P：電動機入力電力　I_2：二次電流
RP：電源側への返送電力

問題 ▶ 1　平成22年度 機械 問4 改題

●極数4で50〔Hz〕用の巻線形三相誘導電動機があり、全負荷時の滑りは4〔%〕である。全負荷トルクのまま回転速度を1 200〔min^{-1}〕にするために二次回路に挿入する1相当たりの抵抗値はいくらか。ただし二次巻線はY結線であり、各相の抵抗値は0.5〔Ω〕である。

解説 ▶ 1

同期速度は、$\dfrac{120f}{p} = \dfrac{120 \times 50}{4} = 1\,500$〔min^{-1}〕

滑りが4〔%〕のときの回転速度は、
$1\,500 \times (1 - 0.04) = 1\,440$〔min^{-1}〕
このときの二次抵抗値は0.5〔Ω〕である。
回転速度を1 200〔min^{-1}〕にするための滑りは、

$$\dfrac{1\,500 - 1\,200}{1\,500} = 0.2$$

つまり20〔%〕であるから、滑りは $20 \div 4 = 5$ 倍になればよい。
　比例推移より、二次抵抗が $0.5 \times 5 = 2.5$〔Ω〕になればよいので、外部に付加する抵抗は $2.5 - 0.5 = 2.0$〔Ω〕

答え　2.0〔Ω〕

合格アドバイス：比例推移は、ほぼ必ず出題される。抵抗により二次回路の電流の位相が変化し、最大トルクの滑りも変化するイメージを持つこと。

07 かご形誘導電動機の構造と性質

ここを 暗記!

🔴 **かご形誘導電動機** 両端を短絡した金属製のかご状回転子を持つ誘導電動機。原理上、二次回路抵抗を調整できないが、簡単な構造であり堅牢、スリップリングなどの保守も不要という大きな利点があるため多用されている。

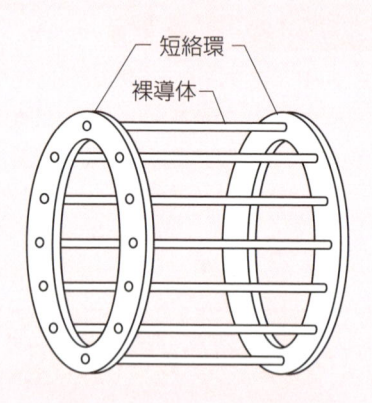

短絡環
裸導体

🔴 **可変電圧可変周波数制御（VVVF）** 商用電源周波数では、始動電流が大きい割に起動トルクが小さい（＝力率が極めて悪い）ため使いにくかったが、半導体技術の進歩により、可変電圧可変周波数制御（VVVF）が急速に普及している。

問題 ▶ 1　平成26年度 機械 問3 改題

● 次の文章は、三相かご形誘導電動機に関する記述である。（ア）～（オ）に当てはまる語句を選べ。

合格アドバイス かご形誘導電動機も頻出。周波数：電圧比を保ちつつ周波数を可変することにより、トルクを保持したまま回転数を制御できる。

定格負荷時の効率を考慮し、二次抵抗値はできるだけ（ア　小さく・大きく）する。滑り周波数が大きい始動時には、かご形回転子の導体電流密度が（イ　不均一・均一）となるような導体構造にして、始動トルクを大きくする。定格負荷時は、無負荷時より（ウ　低速度・高速度）であり、その差は（エ　小さい・大きい）。このことから三相かご形誘導電動機は（オ　定速度・変速度）電動機と称することができる。

解説 ▶ 1

誘導電動機の一次側（固定子である電機子巻線）と二次側は、変圧器と同じ構造であると見なせる。よって、二次抵抗に流れる電流はそのまま電力損失（ジュール損）となるため、二次抵抗値はできるだけ小さい方が好ましい。

しかし、二次抵抗値が小さいと始動時のトルクが小さくなり、力率が非常に悪くなるという欠点がある。これを緩和するため、かご形回転子は起動時に導体内の電流が一部分に集中して不均一に流れる構造とし、磁界と電流の作用で生じるローレンツ力が大きくなるよう工夫している。

定格運転時の回転速度は、原理上無負荷時より若干低下する。

しかし、滑りが大きくなると二次回路に誘導される電流が大きくなり、その結果発生するトルクが大きくなる。したがって同期が外れてしまうほどの重負荷でない限り、通常運転時の滑りの変動は小さい。

以上のような性質から、誘導電動機は多少負荷が重くなってもほぼ一定の回転数を保つため、定速度電動機とも呼ばれている。

答え　（ア）小さく　（イ）不均一　（ウ）低速度
　　　　（エ）小さい　（オ）定速度

ゴロあわせ　▶可変電圧可変周波数制御
反動で　3倍増えた威張った
半導体　VVVF　インバータ

08 同期機の一般的性質

ここを 暗記!

⭕ **同期機** 電源周波数に同期した速度で回転する同期電動機と、回転数に比例した周波数の電力を発生する同期発電機の総称。「直流機」「誘導機」という名称も同様である。

⭕ **同期機の回転・発電の仕組み** 誘導電動機は外部磁界によって回転子に二次的に発生する磁界を利用していたが、同期機は電磁石や永久磁石を回転子として、同期速度で回転・発電するようにしたものである。直流機と同様、電機子反作用を生じる。

固定子	固定された永久磁石又は電磁石。
回転子	回転する永久磁石又は電磁石。
界磁	磁界を発生させる固定子又は回転子。
電機子	界磁と相互作用させて回転力を得るための固定子又は回転子。

⭕ **固定コイルによる回転磁界で永久磁石を回転させる同期機の構造**

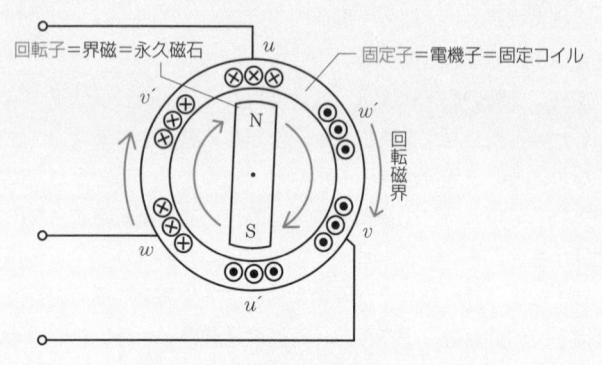

DCブラシレスモーターや小型発電機がこの構成を採っている。発電機として使用する場合は電機子巻線から出力電流を取り出す。

⭕ 最もよく用いられている同期発電機として、自転車のヘッドライト用発電機がある。これは、回転子(界磁)に永久磁石

を用い、電機子である固定コイルから出力電流を取り出している。
◯ 同期電動機はそのままでは始動しないため工夫が必要である。

問題 ▶ 1　平成25年度 機械 問5 改題

●次の文章は、一般的な三相同期電動機の始動方法に関する記述である。(ア)～(オ)に入る適切な語句を選べ。

同期電動機は始動のときに回転子を同期速度付近まで回転させる必要がある。一つの方法として、回転子の磁極面に施した(ア　制動・界磁)巻線を利用して始動トルクを発生させる方法があり、この巻線は誘導電動機のかご形(イ　回転子導体・固定子巻線)と同じ働きをする。この方法を(ウ　自己・Y－Δ)始動法という。

この場合、(エ　固定子巻線・回転子導体)に全電圧を直接加えると大きな始動電流が流れるので、始動補償器、直列リアクトル、始動用変圧器などを用い、低い電圧にして始動する。

他の方法としては、誘導電動機や直流電動機を用い、これに直結した三相同期電動機を回転させ、回転子が同期速度付近になったとき同期電動機の界磁巻線を励磁し電源に接続する方法があり，これを(オ　始動電動機・自己始動)法という。この方法は主に大容量機に採用されている。

解説 ▶ 1

同期電動機は、回転子の界磁コイルの他に制動巻線を持っている。これを利用し、始動時はかご形誘導電動機と同じ原理で始動する方法がある(制動巻線はかご形回転子導体と同じ働きをする)。これを自己始動法という。

誘導電動機の項で学んだ通り、このときに固定子巻線に全電圧を加えると大きな始動電流が流れてしまい、他の機器等に悪影響を与えるおそれがある。そのため、始動時に電圧を下げる減電圧始動を行う。

この他に、別の電動機で回転させて始動する方法もあり、これを始動電動機法という。同期発電機は発電所などの大型発電機として用いられているため、大型機ではこのような方法を採っている。

答え　(ア) 制動　(イ) 回転子導体　(ウ) 自己
　　　　(エ) 固定子巻線　(オ) 始動電動機

ゴロあわせ
▶界磁
次回　発生　　小手調べに書いて
磁界を発生させる固定子　　回転子

09 同期発電機の電機子反作用

ここを暗記！

● **電機子反作用** 電機子に流れる電流（＝負荷電流）によって発生した磁界が、磁極による磁界変化を強めたり弱めたりする作用。

● **同期発電機の力率による作用の違い**

力率		作用
力率1の場合	偏磁作用	電機子の起磁力によって、界磁の磁束は片側が減少、片側が増加する。
遅れ力率の場合	減磁作用	電機子の起磁力によって界磁磁束が減少する。
進み力率の場合	増磁作用	電機子の起磁力によって界磁磁束が増加する。

● **同期電動機の力率による作用の違い** 同期電動機においても電機子反作用は生じる。ただし、増磁作用・減磁作用と電機子電流の進み・遅れの関係は、発電機の場合とは逆になる。これを積極的に利用し、わざと電機子電流に進み・遅れ成分を生じさせるものが同期調相機である。

力率	発電機での作用	電動機での作用
力率1の場合	偏磁作用	偏磁作用
遅れ力率の場合	減磁作用	増磁作用
進み力率の場合	増磁作用	減磁作用

問題 ▶ 1　平成26年度 機械 問5 改題

●次の文章は、三相同期発電機の電機子反作用に関する記述である。（ア）〜（エ）に当てはまる適切な語句を選べ。

三相同期発電機の電機子巻線に電流が流れると、この電流によって電機子反作用が生じる。図1は、力率1の電機子電流が流れている場合の電機子反作用を説明する図である。電機子電流による磁束は、図の各磁極の（ア　右・左）側では界磁電流による磁束

▶同期発電機の力率による作用の違い
ゴロあわせ　発言　ひとつ　返事で源氏は　遅れ、　ゾウは進む
同期発電　力率1＝偏磁　減磁＝遅れ力率　増磁＝進み力率

を減少させ、反対側では増加させる交差磁化作用を起こす。

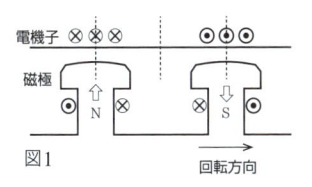

次に遅れ力率 0 の電機子電流が流れた場合を考える。このときの磁極と電機子電流との関係は、図 2（イ　A・B）となる。このとき、N 及び S 両磁極の磁束はいずれも（ウ　減少・増加）する。進み力率 0 の電機子電流のときには逆になる。

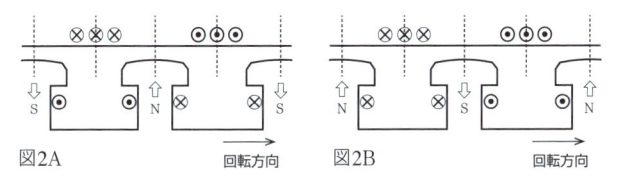

電機子反作用によるこれらの作用は、等価回路において電機子回路に直列に接続された（エ　リアクタンス・抵抗）として扱うことができる。

> 解説 ▶ 1

電流による磁界は右ねじの法則に従い発生する。よって電機子巻線の周囲に発生する磁界は右図のようになり、図の各磁極の右側では減磁、左側では増磁作用を呈する。

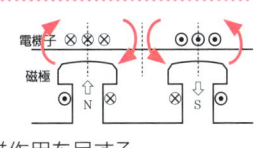

遅れ力率 0（電流角 −90°）の電機子電流が流れた場合、図 1 のときよりも界磁の機械的位置が進んだ状況となり、これは図 2A である。このとき電機子巻線の磁界と界磁磁界は最も弱め合う位置関係となる。

これらの作用は、エネルギー消費は引き起こさないが位相変化として現れるため、等価回路にあっては抵抗ではなく、リアクタンスとして表現することができる。

> 答え　（ア）右　（イ）A　（ウ）減少　（エ）リアクタンス

▶同期電動機の力率による作用の違い

ゴロあわせ	動機	ひとつ	返事	遅れ	そう、	進む	源氏
	同期電動機	力率1＝偏磁		遅れ力率	増磁	進み力率	減磁

10 同期発電機の短絡比と同期インピーダンス

ここを 暗記!

⊖ **短絡比** 出力を短絡したときの短絡電流と定格出力電流の比。実際に出力を短絡させて測定すると発電機を破損する可能性があるので、通常次の式で求める。

短絡比 $K_s = \dfrac{I_{f1}}{I_{f2}} \left(= \dfrac{I_s}{I_n} \right)$

K_s：短絡比　I_s：短絡電流〔A〕　I_n：定格電流〔A〕
I_{f1}：無負荷で定格電圧を発生するのに必要な界磁電流〔A〕
I_{f2}：定格電流に等しい短絡電流を流すのに必要な界磁電流〔A〕

⊖ **鉄機械と銅機械** 短絡比が大きいということは回路の直列インピーダンス（同期インピーダンス）が小さいことを表し、これらを鉄機械という。短絡比が小さいものを銅機械という。

⊖ **同期インピーダンス** 発電機の直列抵抗と直列インダクタンスの合成インピーダンスのこと。負荷電流を流すと端子電圧は低下するが、これは同期インピーダンスによる電圧降下が原因である。

同期インピーダンス $Z_s = \dfrac{V_n}{\sqrt{3}I_s}$ 〔Ω〕

Z_s：同期インピーダンス〔Ω〕　V_n：定格電圧〔V〕　I_s：短絡電流〔A〕

⊖ **百分率（パーセント）同期インピーダンス** 短絡比の逆数のこと。これは複数の発電機や変圧器を並列接続する際、負荷分担を均等にするための目安として用いる。

▶短絡比
ゴロあわせ タライ は タラと イカで
短絡比 ＝ 短絡電流 / 定格電流

$$\text{百分率同期インピーダンス}\%Z_s = \frac{Z_s I_n}{\frac{V_n}{\sqrt{3}}} \times 100 = \frac{I_n}{I_s} \times 100 \,[\%]$$

%Z_s：百分率同期インピーダンス〔%〕　Z_s：同期インピーダンス〔Ω〕
I_n：定格電流〔A〕　V_n：定格電圧〔V〕　I_s：短絡電流〔A〕

問題 ▶ 1　平成21年度 機械 問5 改題

●定格出力5 000〔kVA〕、定格電圧6 600〔V〕の三相同期発電機がある。無負荷時に定格電圧となる励磁電流に対する三相短絡電流（持続短絡電流）は500〔A〕であった。この同期発電機の短絡比の値を求めよ。また、この同期発電機の百分率同期インピーダンスの値を求めよ。

解説 ▶ 1

定格出力・定格電圧より定格電流 I_n を求める。

三相発電機なので相電圧は $\frac{1}{\sqrt{3}}$ であることを考慮すると

$$I_n = \frac{5\,000 \times 10^3}{6.6 \times 10^3} \times \frac{1}{\sqrt{3}} \fallingdotseq 437.4 \,[\text{A}]$$

短絡比の定義より、定格運転時の励磁電流を流した状態で出力を短絡した場合に流れる短絡電流と定格運転時の出力電流の比が短絡比であるから、短絡比 K_s は次のように求まる。

$$K_s = \frac{500}{437.4} \fallingdotseq 1.14$$

また、百分率同期インピーダンス%Z_s は短絡比の逆数を%表示したものであるから、

$$\%Z_s = \frac{1}{K_s} \times 100 = \frac{437.4}{500} \times 100 \fallingdotseq 87.5 \,[\%]$$

答え　短絡比 1.14　百分率同期インピーダンス 87.5〔%〕

合格アドバイス　百分率同期インピーダンスや短絡比は単なる暗記だと間違いやすい。何を目的とした概念の数値であるかという根源を理解しよう。

11 同期電動機の出力とV特性曲線

ここを 暗記！

● 同期電動機 一般的には、三相交流と固定子（電機子巻線）で作られる回転磁界の中に、直流電源で励磁される回転子（界磁巻線）を置いたもの。

● 同期電動機の出力とトルクの関係 同期電動機の出力は1相当たりの逆起電力と供給起電力の積に比例し、同期リアクタンスに反比例する。

同期電動機の出力 $P = \dfrac{3EV}{X_s} \sin \delta$ 〔W〕

> P：同期電動機の出力〔W〕　E：1相当たりの逆起電力〔V〕
> V：1相当たりの供給電圧〔V〕　X_s：1相当たりの同期リアクタンス〔Ω〕
> δ：同期電動機の負荷角（EとVの位相差）〔rad〕

● V特性曲線 負荷一定（有効電力一定）の条件下で界磁電流を調整すると、電機子電流の力率が変化する。つまり、電機子反作用によって生じる無効電流を界磁電流によって可変することができる装置と見なすことができる。この特性を図にしたものをV特性曲線という。

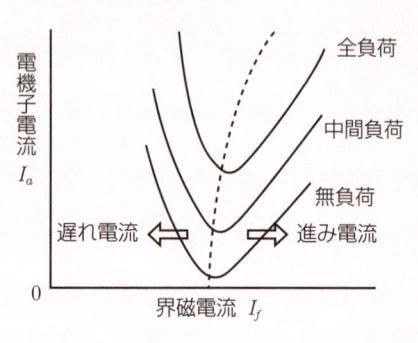

ゴロあわせ
▶同期電動機の出力
出動！　　　　　　動機は？　　　イブさん　　死んでる
同期電動機の出力　同期リアクタンス　$3EV$　　$\sin\delta$

問題 ▶ 1 平成23年度 機械 問5

●交流電動機に関する記述として、誤っているものを次の (1)〜(5) のうちから一つ選べ。

(1) 同期機と誘導機は、どちらも三相電源に接続された固定子巻線 (同期機の場合は電機子巻線、誘導機の場合は一次側巻線) が、同期速度の回転磁界を発生している。発生するトルクが回転磁界と回転子との相対位置の関数であれば同期電動機であり、回転磁界と回転子との相対速度の関数であれば誘導電動機である。

(2) 同期電動機の電機子端子電圧を V 〔V〕(相電圧実効値)、この電圧から電機子電流の影響を除いた電圧 (内部誘導起電力) を E_0 〔V〕(相電圧実効値)、V と E_0 との位相角を δ 〔rad〕、同期リアクタンスを X 〔Ω〕とすれば、三相同期電動機の出力は、

$3 \times \left(E_0 \dfrac{V}{X} \right) \sin \delta$ 〔W〕となる。

(3) 同期電動機では、界磁電流を増減することによって、入力電力の力率を変えることができる。電圧一定の電源に接続した出力一定の同期電動機の界磁電流を減少していくと、V曲線に沿って電機子電流が増大し、力率100〔%〕で電機子電流が最大になる。

(4) 同期調相機は無負荷運転の同期電動機であり、界磁電流が作る磁束に対する電機子反作用による増磁作用や減磁作用を積極的に活用するものである。

(5) 同期電動機では、回転子の磁極面に設けた制動巻線を利用して停止状態からの始動ができる。

解説 ▶ 1

(1) 正しい。同期電動機は、基本的に同期速度の回転磁界中を固定磁石が回転する仕組みであるため、回転磁界と回転子の相対位置によって発生トルクが決定される。

合格アドバイス　同期電動機のV特性曲線に関する空欄補充問題はたびたび出題されているし、今後も出題が予想される。ここで出てくる用語と数式は確実に覚えておこう。

(2) 正しい。同期電動機の出力の式は

$3 \times \left(E_0 \dfrac{V}{X} \right) \sin \delta$ 〔W〕である。

(3) 誤り。V曲線は下図のようになる。出力一定（＝有効電力一定）のもとで力率が変化するので、力率100％時に電機子電流は最小になる。

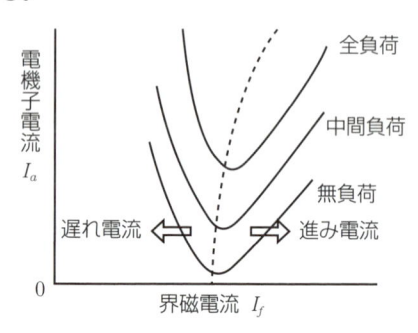

縦軸：電機子電流 I_a
横軸：界磁電流 I_f
全負荷／中間負荷／無負荷
遅れ電流 ⇐　⇒ 進み電流

(4) 正しい。同期調相機は、調相設備の一つとして大正から昭和時代まで力率調整装置として各所で用いられてきたが、経済性や保守性の観点から、近年は静止型無効電力補償装置などを用いることが多い。

(5) 正しい。

答え (3)

問題▶2　平成22年度 機械 問5 改題

●次の文章中、（ア）～（オ）に当てはまる語句を選べ。

　三相同期電動機は、50〔Hz〕又は60〔Hz〕の商用交流電源で駆動されることが一般的であった。電動機としては、極数と商用交流電源の周波数によって決まる一定速度の運転となること、（ア　励磁・電機子）電流を調整することで力率を調整することができ、三相誘導電動機に比べて高い力率の運転ができることなどに特徴

合格アドバイス　同期機と誘導機の違いがよくわからないうちは勉強不足。構造や動作原理を正しく他人に説明できれば、相当理解が進んだといえる。

がある。さらに、誘導電動機に比べて（イ　固定子・空げき）を大きくできるという構造的な特徴などがあることから、回転子に強い衝撃が加わる鉄鋼圧延機などに用いられている。

　しかし、商用交流電源で三相同期電動機を駆動する場合（ウ　過負荷・始動）トルクを確保する必要がある。近年、インバータなどパワーエレクトロニクス装置の利用拡大によって可変電圧可変周波数の電源が容易に得られるようになった。出力の電圧と周波数がほぼ比例するパワーエレクトロニクス装置を使用すれば、（エ　周波数・電圧）を変えると（オ　定格速度・同期速度）が変わり、このときのトルクを確保することができる。

　さらに、回転子の位置を検出して電機子電流と界磁電流をあわせて制御することによって幅広い速度範囲でトルク応答性の優れた運転も可能となり、応用範囲を拡大させている。

解説 ▶ 2

　同期電動機は、直流の励磁電流によって三相交流である電機子電流の力率を可変させることができる特徴を持っている。これを積極的に利用するものが同期調相機である。また、誘導電動機のように固定子からの磁界で回転子に大きな電流を誘起する必要がないため、固定子と回転子の間の空げきを広く取ることができる。

　一方、同期電動機・誘導電動機共に電源周波数によって決まる同期速度から大きく離れた始動時のトルクが小さく、そのままでは始動が困難である。近年、半導体技術の進歩で電源の電圧や周波数を幅広くコントロールすることが可能となり、始動時に周波数を下げることで同期速度が低下し、大きなトルクを得ることができる。

答え （ア）励磁　（イ）空げき　（ウ）始動
（エ）周波数　（オ）同期速度

合格アドバイス　電動機は本質的にコイルなので電源周波数とインピーダンスは比例する。電源周波数と電圧を比例させれば電流は一定になり、一定のトルクが得られる。

12 単相単巻変圧器

ここを 暗記！

🔸 **単相単巻変圧器** 一次側と二次側で一部巻線が共通の変圧器。通常用いられる複巻変圧器は、一次側と二次側の巻線が物理的・電気的に別々である。

🔸 **単相単巻変圧器の長所・短所** 同容量の複巻変圧器と比較し、漏れ磁束が少ない、物理的に小型、電圧変動率が良好であるなどの利点がある半面、一次側と二次側の間で絶縁が必要な用途には使えない。

🔸 **単相単巻変圧器の用途** 誘導電動機の減電圧始動の一つである始動補償器、自動電圧調整器、超高圧送電線路の電圧調整器等として用いられている。

🔸 一次側と二次側の共通巻線（下図 b−c 間）を分路巻線、共通でない部分を直列巻線（下図 a−b 間）という。

🔸 **単巻変圧器の容量** 下図において、$E_1 \times I_1 \fallingdotseq E_2 \times I_2$ であり、これを通過容量、$(E_2 - E_1) \times I_2$ を自己容量という。

（図：単巻変圧器の回路図。端子 a から下へ直列巻線（$E_2 - E_1$）、b 点、分路巻線（$I_1 - I_2$）、端子 c。一次側 E_1（b-c間）、電流 I_1。二次側 E_2（a-c間）、電流 I_2。）

ゴロあわせ ▶単巻変圧器の通過容量

<u>大変！</u>　<u>一次よ</u>　<u>二次よ</u>　<u>同じようよ</u>
単巻変圧器　一次容量　二次容量　同じ容量

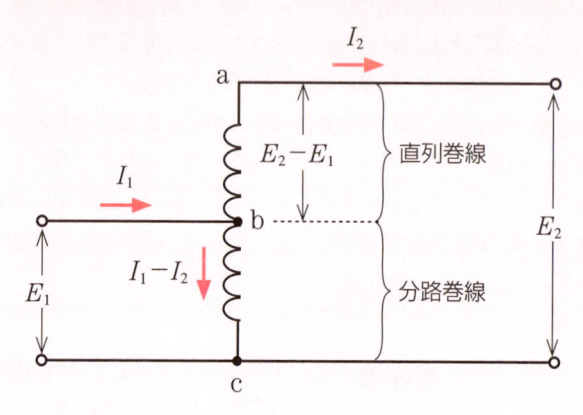

問題 ▶ 1　平成19年度 機械 問6 改題

●図に示すように、定格一次電圧 6 000〔V〕、定格二次電圧 6 600〔V〕の単相単巻変圧器がある。消費電力 100〔kW〕、遅れ力率 75〔%〕の単相負荷に定格電圧で電力を供給するために必要な単巻変圧器の自己容量〔kV·A〕を求めよ。ただし、巻線の抵抗、漏れリアクタンス及び鉄損は無視できるものとする。

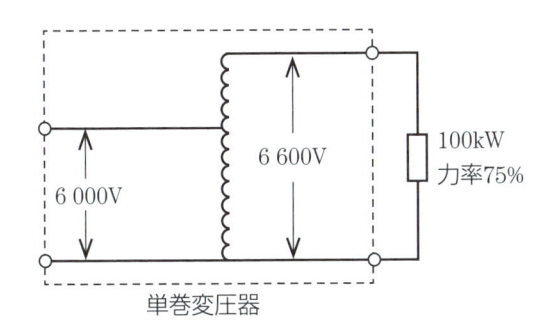

単巻変圧器

解説 ▶ 1

負荷に流れる電流を求めると、

$$\frac{100 \times 10^3}{6\ 600} \div 0.75 \fallingdotseq 20.2 \text{〔A〕}$$

単巻変圧器の自己容量は、一次側と二次側の電圧差と二次電流の積であるから、

$(6\ 600 - 6\ 000) \times 20.2 \fallingdotseq 12.1$ 〔kV·A〕

答え 12.1〔kV·A〕

▶単巻変圧器の自己容量
ゴロあわせ　大変！　事故よ！　暑さ　2時に　かけて
　　　　　単巻変圧器　自己容量　電圧差　二次電流　×

13 三相交流の変圧方法

ここを暗記！

→三相交流の変圧方法 三相交流を変圧する際、単相変圧器を三相3線に対してどのように挿入するかにより、Y-Y結線、Y-Δ結線、Δ-Y結線、Δ-Δ結線の4種類がある。その他に単相変圧器2台で変圧するV-V結線などがある。

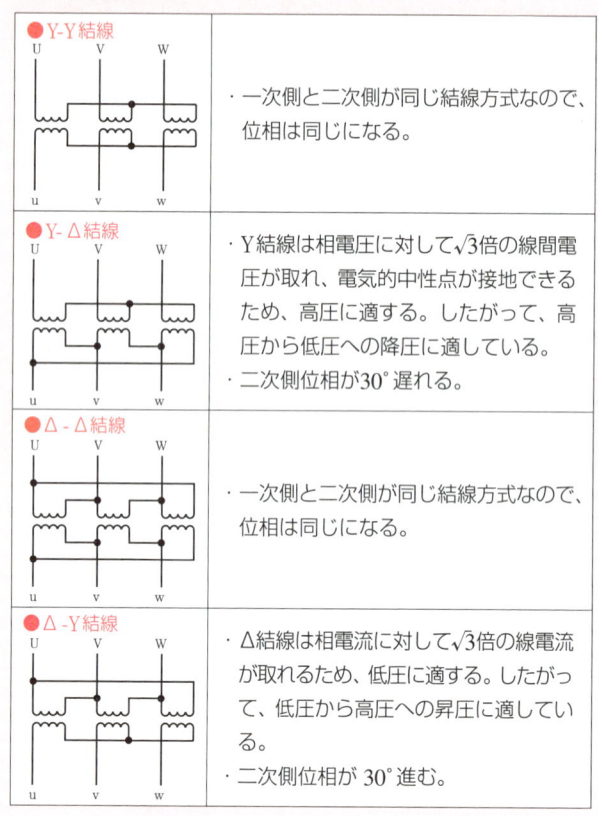

●Y-Y結線	・一次側と二次側が同じ結線方式なので、位相は同じになる。
●Y-Δ結線	・Y結線は相電圧に対して√3倍の線間電圧が取れ、電気的中性点が接地できるため、高圧に適する。したがって、高圧から低圧への降圧に適している。 ・二次側位相が30°遅れる。
●Δ-Δ結線	・一次側と二次側が同じ結線方式なので、位相は同じになる。
●Δ-Y結線	・Δ結線は相電流に対して√3倍の線電流が取れるため、低圧に適する。したがって、低圧から高圧への昇圧に適している。 ・二次側位相が30°進む。

▶二次側位相の進みと遅れ
ゴロあわせ スター出る　30万おくれ！　出るスター　三塁進め
　　　　　　Y－Δ結線　30°　遅れ　　Δ－Y結線　30°　進み

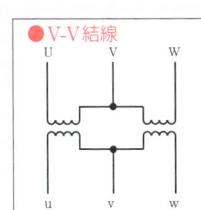

● V-V結線
- Δ-Δ結線から変圧器を1つ除去したもの。
- 高価な変圧器の台数を減らせる反面、変圧器の利用率が $\frac{\sqrt{3}}{2}=86.6\%$ となってしまう。
(例：1kVAの変圧器2台で2kVAではなく1.732kVAしか供給できないということ)

問題 ▶ 1　平成23年度 機械 問8

● 下図は、三相変圧器の結線図である。一次電圧に対して二次電圧の位相が 30°遅れとなる結線を次の (1)～(5) のうちから一つ選べ。ただし、各一次・二次巻線間の極性は減極性であり、一次電圧の相順はU、V、Wとする。

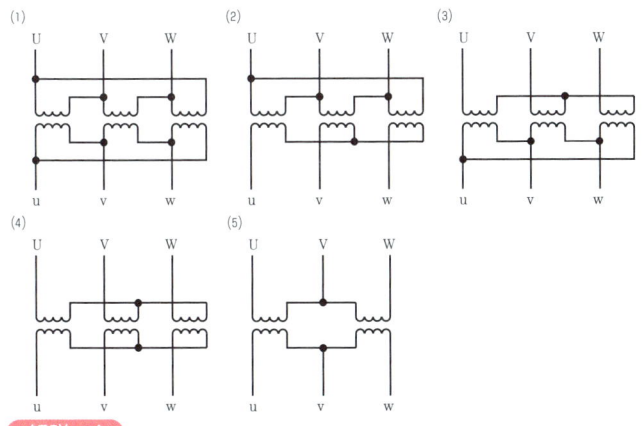

解説 ▶ 1

(1) はΔ-Δ結線、(4) はY-Y結線、(5) はV-V結線であり、これらは一次側と二次側が対称であるから、位相は同一である。(2) は一次側がΔ、二次側がYのΔ-Y結線である。これは一次側に対して二次側の電圧位相が 30°進む。(3) はY-Δ結線であり、これは二次側が 30°遅れる。

答え　(3)

合格アドバイス　上記の問題は、結線がY形かΔ形かそのままではわかりにくい。自分で回路図を描き直してみると理解しやすいだろう。

14 ダイオード整流回路

ここを暗記!

→ ダイオード p形半導体とn形半導体を接合したもの。p→n方向に電流が流れ、逆方向には電流が流れない性質を持つ。

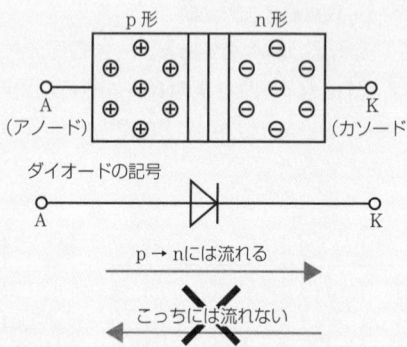

```
     p形        n形
   ⊕ ⊕ ⊕ │ ⊖ ⊖ ⊖
   ⊕ ⊕ ⊕ │ ⊖ ⊖ ⊖
 A           K
(アノード)    (カソード)
```

ダイオードの記号

```
A ──▷|── K
```

p → nには流れる →

← こっちには流れない ✕

→ 整流回路 ダイオードに交流電圧をかけると、p→nのときは電流が流れ、n→pでは電流が流れないので、電流の波形は次のようになる。ダイオードのこの作用のことを整流という。

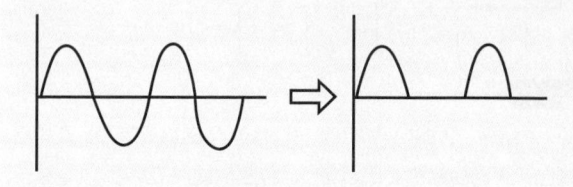

→ 平滑回路 交流波形をダイオードで整流するだけでは直流にならない。そのため、コイルやコンデンサを挿入した平滑回路を使うことで直流を得る。平滑回路において、コイル

▶ダイオードの電流の流れ
<u>大</u>　<u>ピンチに</u>　<u>出る</u>
ダイオード　p→n　電流

は直流出力に直列に挿入し、脈動する交流成分を阻止する。また、コンデンサは直流出力に並列に挿入し、脈動成分をバイパスするとともに負荷電流の一部を充放電して平滑化する。

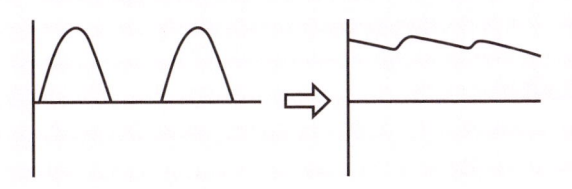

○**ブリッジ整流回路** 実際に使われる整流回路は、ダイオードを4本使ったブリッジ整流回路が主流である。

問題▶1 平成25年度 機械 問9 改題

●次の文章は、下図に示すような平滑コンデンサをもつ単相ダイオードブリッジ整流回路に関する記述である。(ア)〜(エ)に当てはまる正しい語句を選べ。

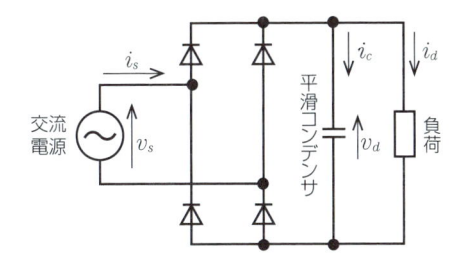

図の回路において、平滑コンデンサの電流 i_c は、交流電流 i_s を整流した電流と負荷に供給する電流 i_d との差となり、電圧 v_d は(ア 脈動する・正負に反転する)波形となる。この平滑コンデンサをもつ整流回路は、負荷側からみると直流の(イ 電圧源・電流源)として動作する。

交流電源は、負荷インピーダンスに比べ電源インピーダンスが

合格アドバイス ダイオード整流回路の動作がわかりにくいのであれば、回路の各部に+や−を書き込んで各部にかかる電圧の向きを確かめてみるとよい。

非常に小さいことが一般的であるので、通常の用途では交流の（ウ　電圧源・電流源）として扱われる。この回路の交流電流 i_s は、正負の（エ　パルス状の・ほぼ方形波の）波形となる。これに対して、図には示していないが、リアクトルを交流電源と整流回路との間に挿入するなどして、波形を改善することが多い。

解説▶1

回路において、交流電源の正弦波を整流した電流を i とすると、コンデンサに流れる電流 i_c は $i_c = i - i_d$ となる。ここで、v_d は交流波形を整流したピーク電圧の部分でコンデンサに充電され、次のピークまでの間はコンデンサからの放電によって電圧が徐々に低下する特性を持つから、v_d は脈動する波形である。負荷側から見ると、コンデンサに蓄えられた電荷からの放電は、コンデンサの静電容量が十分に大きければ電圧源と見なすことができる。

交流電源は、負荷による電圧変動を低減するために、通常電源インピーダンスを小さくし電圧変動を小さくする。よって、これも電圧源である。ダイオードブリッジの出力からコンデンサに流れ込む電流は、整流波形のピーク電圧付近で一気に電流が流れる特性となるので、パルス状の波形となる。

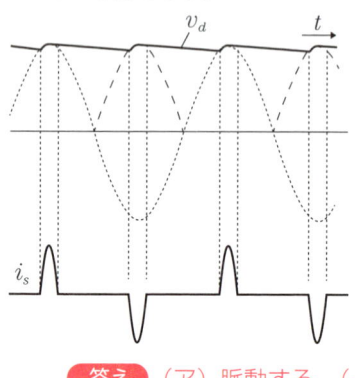

答え　（ア）脈動する　（イ）電圧源
　　　　（ウ）電圧源　（エ）パルス状の

合格アドバイス　二次側にコンデンサを入れた場合、コンデンサの保持電圧と入力電圧の差がダイオードに掛かることになる。よって電流は短い時間しか流れない。

問題 ▶ 2　平成16年度　機械　問9　改題

●次の文章は、ダイオードを用いた単相整流回路に関する記述である。(ア)～(ウ)に当てはまる数字と語句を選べ。

単相整流回路の出力電圧に含まれる主な脈動成分（脈流）の周波数は、半波整流回路では入力周波数と同じであるが、全波整流回路では入力周波数の（ア　$\frac{1}{2}$・2）倍である。

単相整流回路に抵抗負荷を接続したとき、負荷端子間の脈動成分を減らすために、平滑コンデンサを整流回路の出力端子間に挿入する。この場合、その静電容量が（イ　大きく・小さく）、抵抗負荷電流が（ウ　小さい・大きい）ほど、コンデンサからの放電が緩やかになり、脈動成分は小さくなる。

解説 ▶ 2

ダイオードは一方向のみに電流を流す性質があり、交流から直流を生成するために広く使われている。半波整流回路は、交流波形のプラスかマイナスどちらかのみを取り出すものであり、出力に含まれる交流成分は元の周波数と同じである。しかし、交流波形の上下両方を取り出す全波整流回路（回路図は問題1参照）では、出力に含まれる交流成分は入力周波数の 2 倍 となる。

ダイオード整流回路単体では、出力にこのような大きな交流成分が含まれるため、平滑コンデンサを負荷と並列に挿入し電圧を平滑化する。よって、静電容量が 大きく、そして負荷電流が 小さい ほど出力に含まれる交流成分は低減される。なお、実際の機器では、さらにトランジスタなどの能動素子を用いて交流成分を低減させ、良質の直流電力を得ている。

答え　(ア) 2　(イ) 大きく　(ウ) 小さく

合格アドバイス　パルス状に流れる電流には高い周波数の成分が含まれる。増幅発振回路が無くとも高調波が発生するということは、実務上重要な事柄である。

15 サイリスタ

ここを暗記！

○サイリスタ ゲート電流によって導通タイミングを調整できるダイオード。一度ONすると、逆電圧が掛かるなどで電流がゼロにならない限り普通のダイオードと同じ特性を示す。

○双方向サイリスタ サイリスタ素子を互いに逆方向に並列接続したもの。交流波形の導通角度をゲート電流で制御できるため、交流回路の電力制御素子として広く使われている。

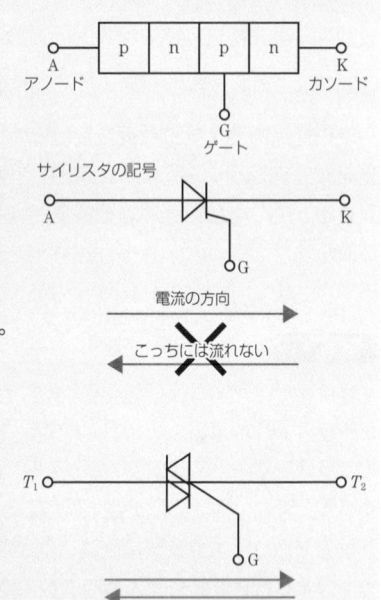

問題 ▶ 1 平成24年度 機械 問10 改題

●交流電圧 v_a 〔V〕の実効値 V_a 〔V〕が 100〔V〕で、抵抗負荷が接続された図1に示す半導体電力変換装置において、図2に示すようにラジアンで表した制御遅れ角 α〔rad〕を変えて出力直流電圧 v_d〔V〕の平均値 V_d〔V〕を制御する。度数で表した制御遅れ角 α〔°〕に対する V_d〔V〕の関係として、適切なものを次の(1)〜(4)のうちから一つ選べ。

▶サイリスタ
ゴロあわせ サイリスタは　芸　大
サイリスタ　ゲート電流で調整　ダイオード

ただし、サイリスタの電圧降下は無視する。

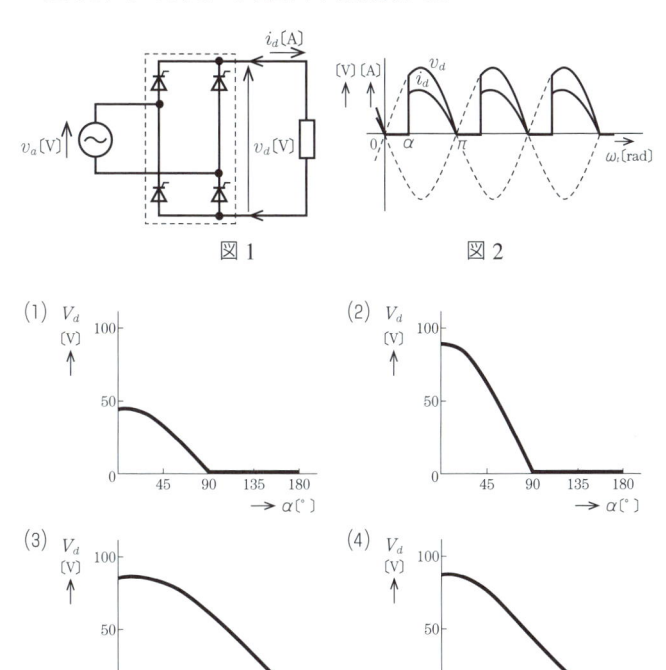

図1

図2

(1), (2), (3), (4) それぞれのグラフ: V_d [V] 対 α [°]

解説 ▶ 1

サイリスタは、点弧後は普通のダイオードと同じ挙動を示す。したがって $\alpha = 0°$ の場合、$v_d \fallingdotseq 100$ [V] となり、(1) は誤りである。

$\alpha = 180°$ になると負荷電流は流れなくなり、その半分の $90°$ では交流波形のちょうど半分が負荷に流れる。よって $\alpha = 90°$ で平均出力電圧が 0 になってしまう (1)(2) は誤りであり、$\alpha = 90°$ での v_d が明らかに 50 [V] を超えている (3) も誤りである。答えは (4) となる。

答え (4)

合格アドバイス　「サイリスタは導通タイミングを調整できるダイオード」。この概念を理解していれば、サイリスタの問題は簡単に解けるだろう。

16 インバータ

ここを 暗記！

⊖インバータ invertとは反転させるという意味。転じて、直流電源からの電流を交互に反転させ、交流電力を得る装置のことをいう。

⊖直流→交流の変換原理 下のインバータの回路図のように、直流電力をパワートランジスタなどのスイッチングデバイス（バルブデバイスともいう）により、$S_1 \cdot S_4$と$S_2 \cdot S_3$を交互にON-OFFすると、負荷を流れる電流の向きが逆になる。これを利用して交流電力を得ている。

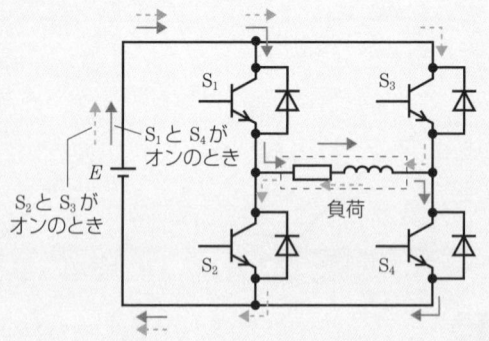

⊖インバータの用途 太陽光発電などの余剰電力を売電する際、電圧・周波数・位相などを調整するために用いられるほか、誘導電動機の制御用としても広く用いられている。

問題 ▶ 1　平成24年度　機械　問15(a)　改題

●図1は、単相インバータで誘導性負荷に給電する基本回路を示す。負荷電流 i_0 と直流電流 i_d は図示する矢印の向きを正の方向として、次の文章のカッコ内の選択肢のうち正しいものを選べ。

▶直流→交流の変換原理
ゴロあわせ　トランジットの　スイスで　乗り換え
　　　　　　　パワートランジスタ　スイッチングデバイス　交互にON-OFF

図1

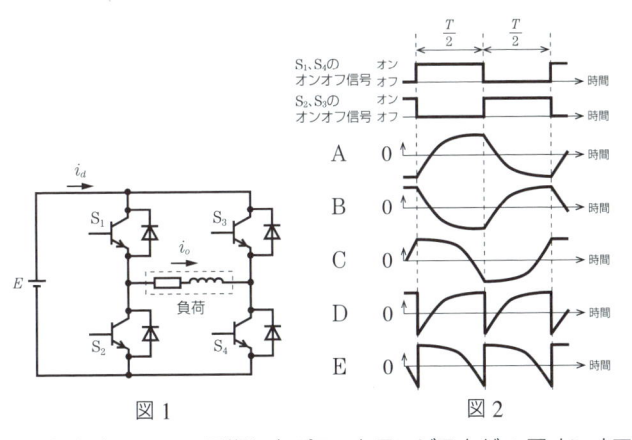

図2

出力交流電圧の1周期に各パワートランジスタが1回オンオフする運転において、図2に示すようなパワートランジスタS_1～S_4のオンオフ信号波形に対し、負荷電流i_0の波形は（ア　A・B・C）であり、直流電流i_dの波形は（イ　D・E）である。

解説 ▶ 1

この回路は、パワートランジスタS_1とS_4、S_2とS_3がペアで制御されている。S_1とS_4がONのとき、直流電源からの電流はS_1→負荷→S_4と流れ、S_2とS_3がONのときはS_2→負荷→S_3と電流が流れる。

このとき、仮にスイッチング周期Tが非常に長かったとすると、流れる電流は、負荷であるコイルと抵抗に直流電源を接続した場合の過渡特性に他ならない。理論の過渡現象で学んでいる通り、LR直列回路の過渡電流特性はAかBであり、S_1とS_4がONのときi_0はプラスの値と定義されているから、答えはAとなる。

このとき直流電源から流れ込む電流は、当然のことながら負荷に流れる電流と同じ波形となる。S_2とS_3がONの場合は、負荷に流れる電流が逆方向になるが、電源から流れ込む電流波形自体はやはり負荷に流れる電流と同じ波形であり、これに合致するのはDである。

答え（ア）A　（イ）D

▶インバータ

ゴロあわせ	いいバター	にいさん、	いーよ、	交互に	交流
	インバータ	S_2S_3	S_1S_4	交互にONOFF	交流

17 パワーコンディショナ

ここを暗記!

⇒パワーコンディショナ 太陽光発電などの自然エネルギー発電装置の普及に伴い、余った電力を送電系統に向けて売電する例が増えている。その際、交直流変換や系統連系保護などの各種調整を行うための装置。内部は**インバータ回路**と**系統連系用保護装置**などからなる。

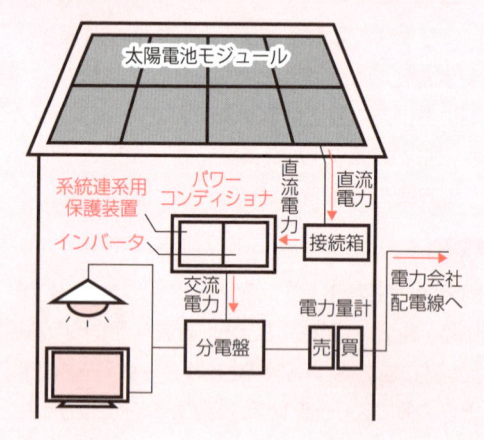

⇒系統連系用保護装置 次の2つの機能を備えている。
①送電系統が何らかの事故で停電中である場合、**単独運転**で系統側に電力を供給するようなことのないように保護する機能。
②ただし、落雷や事故系統切り替えなどにより瞬間的に停電する**瞬時電圧低下**のときには過敏に反応しないような機能。

問題▶1　平成24年度 機械 問9 改題

●次の文章は、太陽光発電設備におけるパワーコンディショナに関する記述である。（ア）〜（エ）に当てはまる語句を選べ。

▶パワーコンディショナの構成
ゴロあわせ
パワコンは　　　　委員会と　　　　けいれん保護なり
パワーコンディショナ　インバータ回路　系統連系用保護装置

近年、住宅に太陽光発電設備が設置され、低圧配電線に連系されることが増えてきた。連系のためには、太陽電池と配電線との間にパワーコンディショナが設置される。パワーコンディショナは、(ア 逆変換装置・整流装置)と系統連系用保護装置とが一体になった装置である。この装置は、連系中の配電線で事故が生じた場合に、太陽光発電設備が(イ 単独運転・自立運転)状態を継続しないよう、電圧位相や(ウ 周波数・発電電力)の急変などを常時監視することで検出し、太陽光発電設備を系統から切り離す機能を持っている。

ただし、配電線側で発生する(エ 瞬時電圧低下・停電)に対しては、系統からの不要な切り離しをしないよう対策が採られている。

解説 ▶ 1

パワーコンディショナは、太陽光発電によって生み出された直流電力を交流に変換するインバータを備えている。これを日本語では逆変換装置という。電力系統と連系するためには、発電電力の電圧や位相などを制御する必要があり、これを行うものが系統連系用保護装置である。系統連系用保護装置は、事故によって系統側が停電状態になった場合、装置が単独運転を継続することのないよう、系統側の電圧位相や周波数の急変を監視している。なお、電力系統は、多数の発電所が並列運転されるため、送電する電力の周波数は厳密に管理されている。そのため、通常運転時は周波数が急変することはない。

ただし、通常運転状態であっても、落雷や事故系統切り替えなどにより瞬間的に停電することがある。これを瞬時電圧低下といい、このようなときに過敏に反応しないよう、特性が調整されている。

答え (ア)逆変換装置 (イ)単独運転
(ウ)周波数 (エ)瞬時電圧低下

合格アドバイス 自然エネルギー発電に関しては進歩が速い分野であり、法的な整備も含めて最新の動向を調べておくことが望ましい。

18 電気照明

ここを暗記！

⊃ 蛍光灯 蛍光灯、水銀灯、ナトリウムランプ、メタルハライドランプなどの放電灯は、水銀などの蒸気が封入された管内に電流を流し（放電）、それらの原子と電子が衝突した際に放出される光を利用している。蛍光灯の予熱始動方式の構造は右図の通り。

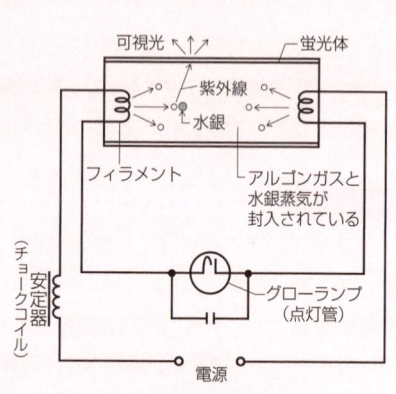

＜点灯のしくみ＞

①アルゴンガスと水銀蒸気を封入したガラス管の両端にあるフィラメントに電流が流れる。

②フィラメントから飛び出した電子が水銀原子と衝突し紫外線が発生。

③紫外線が蛍光体にぶつかって可視光が発生する。

⊃ 照明用LED 半導体のpn接合領域で電子が再結合するときに、電子が持っていたエネルギーの一部が余剰になって光に変換されて放出されることを利用している。

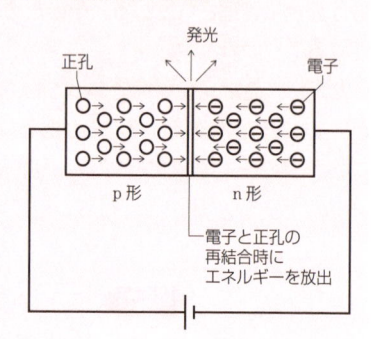

ゴロあわせ ▶蛍光灯点灯のしくみ

苦労する	ある	水上	ラーメンを	市街で
グロー放電	アルゴン	水銀蒸気	フィラメント	紫外線

LEDからの光は基本的に単光色なので、LEDによって照明用の白光色を作るには、黄色を発光する蛍光体に青色LEDからの青色光を照射して疑似白色光を発生させるといった方法が採られている。

→ **可視光線** 人間の眼で見ることができる次の範囲の波長の光のこと。

[短波長側] 360 ～ 400〔nm〕（ナノメートル）
[長波長側] 760 ～ 830〔nm〕（ナノメートル）

短波長側より波長が短い光線を紫外線、長波長側よりも波長が長い光線を赤外線といい、どちらも人間の眼では光として感じることはできない。

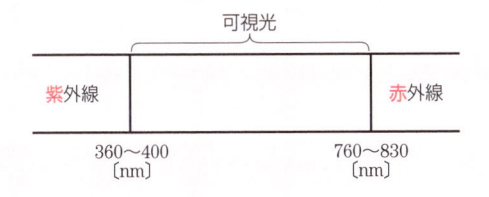

```
            可視光
紫外線                        赤外線
       360～400      760～830
        〔nm〕        〔nm〕
```

問題 ▶ 1 平成17年度 機械 問11 改題

●以下の文章は、蛍光灯の始動方式に関するものである。(ア)～(ウ)の選択肢のうち、正しいものを選択せよ。

蛍光灯の始動方式の一つである予熱始動方式には、電流安定用のチョークコイルと点灯管より構成されているものがある。点灯管には管内にバイメタルスイッチと（ア　アルゴン・ナトリウム・窒素）を封入した放電管式のものが広く利用されている。点灯管は蛍光灯のフィラメントを通してランプと並列に接続され、回路に電源を投入すると、点灯管内で（イ　グロー・アーク・火花）放電が起こり、その熱によってスイッチが閉じ、蛍光灯のフィラメントを予熱する。スイッチが閉じて放電が停止すると、バイメタルが冷却し開こ

ゴロあわせ ▶可視光線
短パン姿　　　　見るよ。　　蝶に　　なろう婆さん
短波長側　360～400nm　　長波長側　760～830nm

うとする。このとき、チョークコイルのインダクタンスの作用によって（ウ　振動・インパルス・スパイク）電圧が発生し、これによってランプが点灯する。

　この方式は、単純な回路で動作する特徴を持つが、電源投入から点灯までに多少の時間を要すること、電源電圧や周囲温度が低下すると始動し難い欠点がある。

解説 ▶ 1

　予熱始動方式の蛍光灯器具は、蛍光灯・安定器・点灯管で構成されている。点灯管は、通常は開いているバイメタルスイッチとアルゴンガスが封入してあり、数十ボルトの端子電圧でグロー放電すると、その熱でバイメタルが伸び、スイッチを閉じる仕組みとなっている。

　スイッチが閉じると、電源からの電流は安定器を通して蛍光管のフィラメントを加熱し、十分に熱電子が放出できるようにする。点灯管が冷えることでバイメタル電極間が開くと、電流は急激に遮断され、その瞬間にチョークコイルである安定器にスパイク状の高電圧が発生し、その高電圧で蛍光灯は放電を開始する。いったん放電を始めた蛍光灯の電圧降下は小さくなり、再度点灯管が点灯することはなく、かつ安定器の直列インピーダンス成分により、蛍光管は安定して点灯を続ける。

答え　（ア）アルゴン　（イ）グロー　（ウ）スパイク

問題 ▶ 2　平成21年度　機械　問11　改題

●次の文章は、ハロゲン電球に関するものである。（ア）〜（オ）に当てはまる語句を選べ。

　ハロゲン電球では、（ア　石英ガラス・鉛ガラス）バルブ内に不活性ガスと共に微量のハロゲンガスを封入してある。点灯中に高温のフィラメントから蒸発したタングステンは、対流によって管壁付近に移動するが、管壁付近の低温部でハロゲン元素と化合してハ

合格アドバイス　蛍光灯はインバータ点灯装置について出題される可能性もある。これは電子的に電圧・電流を制御して管球を制御するものである。

ロゲン化物となる。管壁温度をある値以上に保っておくと、このハロゲン化物は管壁に付着することなく、対流などによってフィラメント近傍の高温部に戻り、そこでハロゲンと解離してタングステンはフィラメント表面に析出する。このように、蒸発したタングステンを低温部の管壁付近に析出することなく高温部のフィラメントへ移す循環反応を（イ　タングステン・ハロゲン）サイクルと呼んでいる。このような化学反応を利用して管壁の（ウ　白濁・黒化）を防止し、電球の寿命や光束維持率を改善している。

また、バルブ外表面に可視放射を透過し、（エ　紫外放射・赤外放射）を（オ　反射・吸収）するような膜（多層干渉膜）を設け、これによって電球から放出される（エ）を低減し、小形化・高効率化を図ったハロゲン電球は、店舗や博物館などのスポット照明用や自動車前照灯用などに広く利用されている。

解説 ▶ 2

ハロゲン電球は、従来の白熱電球を高効率化・長寿命化したものである。フィラメント温度を高くすることによって高効率化を図っているため、バルブは高温に耐える石英ガラスを使用している。高温になったフィラメントは蒸発するが、管内に封入されたハロゲンガスの作用により、蒸発したフィラメントは再度フィラメント部分に還元され、長寿命化することができる。これをハロゲンサイクルと呼び、蒸発したフィラメントが管壁に付着する黒化現象を防ぐ作用をも持っている。なお、このため、ハロゲン電球は調光用途には向いていない。

バルブを高温化するために、外表面には赤外放射を反射し管球内部に戻す膜が蒸着されているが、これはバルブ外に放出される熱線（赤外線）を低減させる効果も持っている。

答え　（ア）石英ガラス　（イ）ハロゲン　（ウ）黒化
（エ）赤外放射　（オ）反射

合格アドバイス　省エネの観点から、今後LED照明に関する出題が多くなると予想される。基本的な原理や構造、特徴などは必ず理解しておこう。

19 照度計算

ここを暗記！

○**光束** 光源から出る光の総量。単位〔lm〕（ルーメン）。

○**光度** 単位面積を通る光の強度。**立体角**という量を用いて求められる。単位〔cd〕（カンデラ）。

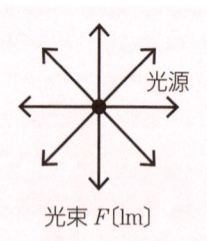

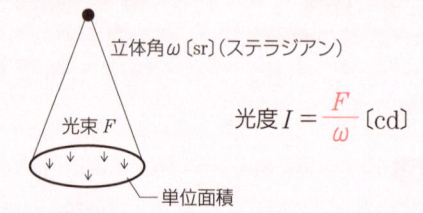

光度 $I = \dfrac{F}{\omega}$ 〔cd〕

立体角：錐体の空間的な広がりの度合いを表す量。光源を中心とする半径 r 〔m〕の球に光が照射し、その光が切り取る球の表面積を A 〔m^2〕とした場合、立体角は次のように表される。

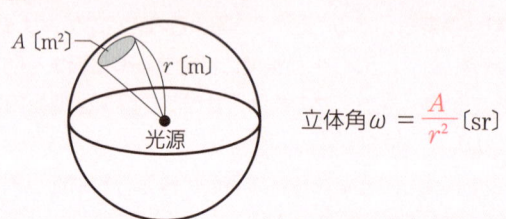

立体角 $\omega = \dfrac{A}{r^2}$ 〔sr〕

○**照度** 照明で照らされる面の明るさ。光束 F を面の表面積で割って求められる。光源から1mの場所では光度（I）と等しく、距離（r）の2乗に反比例して低下する。単位〔lx〕（ルクス）。

▶光束

ゴロあわせ
香　草　ラーメン
光束　光の総量　ルーメン〔lm〕

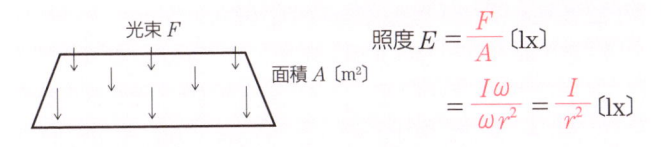

$$照度 E = \frac{F}{A} \text{ [lx]}$$
$$= \frac{I\omega}{\omega r^2} = \frac{I}{r^2} \text{ [lx]}$$

● 光束発散度 面から発散する光の量。

$$光束発散度 M = \rho \frac{F}{A} \text{ [lm/m}^2\text{]}$$

ρ：反射率又は透過率
F：光束〔lm〕　A：面積〔m²〕

● 法線照度と水平面照度 下図のように光が水平面に対して斜めに入ってきた場合、入射光に直角な面の受ける照度を法線照度といい、水平面の照度のことを水平面照度という。

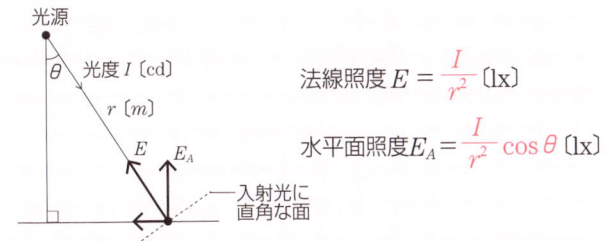

$$法線照度 E = \frac{I}{r^2} \text{ [lx]}$$

$$水平面照度 E_A = \frac{I}{r^2} \cos\theta \text{ [lx]}$$

● 室内の平均照度 床面積 A〔m²〕の室内に 1 台当たりの光束 F〔lm〕の照明器具 N 台を設置した場合の室内の平均照度は次の式で求められる。

$$室内の平均照度 E = \frac{F \times N \times 保守率 \times 照明率}{A} \text{ [lx]}$$

照明率：照明器具の光源からの光束のうち、作業面に到達する光束の割合。
保守率：保守作業（電球交換など）直前、最も照度が低下したときの、新設時の照度に対する比。

● 室指数 壁面積に対する床面積の比。この値が大きいほど照明効率が高くなる。部屋の縦 L〔m〕、横 W〔m〕、高さ H〔m〕の値より、次の式で求められる。

$$室指数 = \frac{L \times W}{H(L+W)}$$

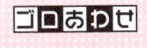

▶光度

ゴロあわせ
度　　胸は　　勘で
光度　光の強度　カンデラ〔cd〕

問題 ▶ 1　平成22年度　機械　問17　改題

●図に示すように、床面上の直線距離 3 [m] 離れた点 O 及び点 Q それぞれの真上 2 [m] のところに、配光特性の異なる 2 個の光源 A、B をそれぞれ取り付けたとき、$\overline{OQ}$ 線上の中点 P の水平面照度に関して、次の (a) 及び (b) に答えよ。

ただし、光源 A は床面に対し平行な方向に最大光度 I_0 [cd] で、この I_0 の方向と角 θ をなす方向に $I_A(\theta) = 1\,000\cos\theta$ [cd] の配光をもつ。光源 B は全光束 5 000 [lm] で、どの方向にも光度が等しい均等放射光源である。

(a) まず、光源 A だけを点灯したとき、点 P の水平面照度 [lx] の値を求めよ。

(b) 次に、光源 A と光源 B の両方を点灯したとき、点 P の水平面照度 [lx] の値を求めよ。

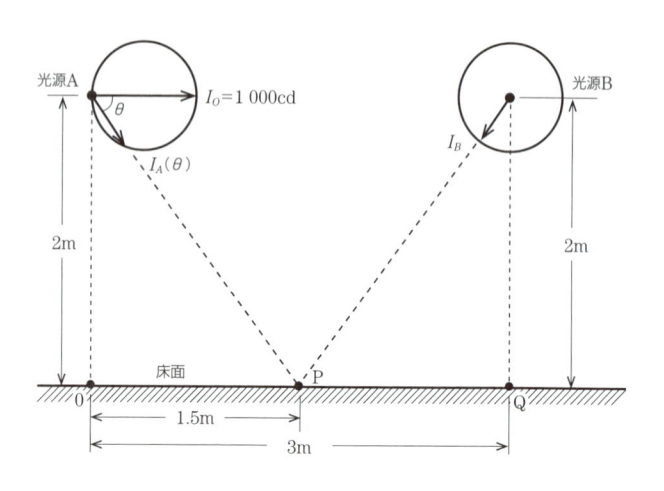

解説 ▶ 1

(a) 三角形APOは直角三角形であるから、三平方の定理よりAPの距離＝ 2.5 〔m〕

これより、$\cos\theta = \dfrac{1.5}{2.5} = 0.6$、$\sin\theta = \dfrac{2}{2.5} = 0.8$

光源AからP方向への光度は$1\,000\cos\theta$であるから、

$1\,000 \times 0.6 = 600$ 〔cd〕

点Pでの照度は光源との距離の2乗に反比例し、

$\dfrac{600}{2.5^2} = 96$ 〔lx〕

ただし、これは点Pから光源Aの方向を向いたときの照度（法線照度）であり、地面に対して点Pを垂直上方から見たときの照度は$\sin\theta$を掛けた値となる。

よって $96 \times 0.8 = 76.8$ 〔lx〕

(b) 複数の照明による照度は重ね合わせの原理が適用されるので、光源Bが点Pにもたらす照度を求めて(a)の答えと足し合わせればよい。

光源Bは全光束5 000〔lm〕であるから、これを囲む半径1〔m〕での光度は

$\dfrac{5\,000}{4\pi} \fallingdotseq 397.9$ 〔cd〕

点Pでの照度は光源との距離の2乗に反比例し、

$\dfrac{397.9}{2.5^2} \fallingdotseq 63.66$ 〔lx〕

これに$\sin\theta$を掛けたものが点Pを垂直上方から見たときの照度となる。

光源Bによる照度＝ $63.66 \times 0.8 \fallingdotseq 50.93$ 〔lx〕

光源Aと光源Bの照度を足し合わせると、

$76.8 + 50.93 \fallingdotseq 127.7$ 〔lx〕

答え (a) 76.8〔lx〕 (b) 127.7〔lx〕

ゴロあわせ ▶室内の平均照度

えー！　高速　代　保　証　だわ！　ユカ姉！
$E =$　光束×台数×保守率×照明率　÷　床面積

20 電気加熱

ここを暗記！

⮕ **電気加熱** 電力を熱エネルギーに変換して加熱すること。次のようなものがある。

抵抗加熱	電気抵抗で発生するジュール熱を利用する。クリーンでコントロールが容易である利点を持つ。
赤外線加熱	電球のフィラメントで発生する赤外線光を利用する。クリーンでコントロールが容易であるが、表面しか加熱されない。
誘導加熱	導電性の被加熱物に交番磁界を与え、発生する渦電流によるジュール熱で加熱する（抵抗率の低い被加熱物ほど加熱されにくい）。 交番磁界は表皮効果によって被加熱物の表面近くに集まり、渦電流も表面付近に集中する。電流の表面集中度は交番磁束の周波数が低いほど小さくなる。
誘電加熱	誘電体（＝絶縁体）である被加熱物に高周波電界を与えると、誘電分極によって電気双極子が電界の方向に向きを揃えようとし、激しく運動する。その際の分子間の摩擦による発熱（誘電損）を利用する。 **高周波誘電加熱**：使用する周波数 1 MHz〜200MHz 程度で木材の乾燥、プラスチックの接着などに用いられる。 **マイクロ波加熱**：マイクロ波が水分子に吸収される際に生じるエネルギーを利用する。主に 2.4GHz 帯を使用。電子レンジでの加熱調理に用いられる。

▶電気加熱の種類
ゴロあわせ
殿下の　　　功　　　績　　　どんでん返し
電気加熱　抵抗加熱　赤外線加熱　誘導加熱　誘電加熱

問題 ▶ 1　平成24年度 機械 問12 改題

●次の文章は、電気加熱に関する記述である。(ア)〜(オ)に入る適切な語句を選べ。

導電性の被加熱物を交番磁束内におくと、被加熱物内に起電力が生じ、渦電流が流れる。(ア　誘導・誘電)加熱は、この渦電流によって生じるジュール熱によって被加熱物自体が昇温する加熱方式であり、抵抗率の(イ　低い・高い)被加熱物は相対的に加熱されにくい。

また、交番磁束は(ウ　表皮・近接)効果によって被加熱物の表面近くに集まるため、渦電流も被加熱物の表面付近に集中する。この電流の表面集中度を示す指標として電流浸透深さが用いられる。電流浸透深さは、交番磁束の周波数が(エ　低い・高い)ほど浅くなる。したがって、被加熱物の深部まで加熱したい場合には、交番磁束の周波数は(オ　高い・低い)方が適している。

解説 ▶ 1

導電性の被加熱物に外部から磁界(交番磁界)を与え、電磁誘導の原理を用いて被加熱物に渦電流を生じさせる方法を誘導加熱という。生じた渦電流は、被加熱物内の抵抗成分で熱となるため、抵抗率が低い被加熱物はジュール熱の発生も少ない。

導電体に交流電流を流す場合、その表面に電流が集中し内部には流れにくくなる現象を表皮効果といい、流れる電流により発生する磁界の影響に由来している。この尺度として電流浸透深さ(skin depth)を用い、これは周波数が高いほど浅くなる。よって、被加熱物の深部まで加熱したい場合は低い周波数を用いる。

答え　(ア) 誘導　(イ) 低い　(ウ) 表皮
　　　　(エ) 高い　(オ) 低い

ゴロあわせ ▶誘導加熱と誘電加熱
誘導か…	工事	中ね。	殿下は	絶縁して	損
誘導加熱	交番磁界	ジュール熱	誘電加熱	絶縁体	誘電損

21 伝熱と温度測定

ここを暗記!

⊃比熱 1〔g〕や 1〔kg〕の物質の温度を 1〔K〕(もしくは〔℃〕)高めるのに必要な熱量。単位は〔J/g·K〕もしくは〔J/kg·K〕。熱の単位は〔J〕(ジュール)。1〔W〕の電力が 1 秒間に発する熱が 1〔J〕。

抵抗 R〔Ω〕の電熱器に I〔A〕の電流を t 秒間流したとき、m〔kg〕の水の温度が θ〔K〕上昇した場合、電熱器の発生する熱量 Q、温度上昇 θ は次のように計算できる。

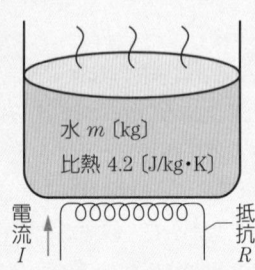

電熱器の発生する熱量 $Q = RI^2 t$ 〔J〕

温度上昇 $\theta = \dfrac{Q}{cm} = \dfrac{RI^2 t}{4.2m}$ 〔K〕

Q:電熱器の発生する熱量〔J〕 R:電熱器の抵抗〔Ω〕 I:電流〔A〕
t:時間〔秒〕 θ:温度上昇〔K〕 m:水の質量〔kg〕 c:水の比熱=4.2〔J/kg·K〕

⊃熱容量 物体の温度を 1〔K〕高めるのに必要な熱量。

熱容量 $C = cm = \dfrac{Q}{\theta}$ 〔J/K〕

C:熱容量〔J/K〕 m:物質の質量〔g〕·〔kg〕 c:物質の比熱〔J/g·K〕·〔J/kg·K〕
Q:物体の温度を θ〔K〕高めるのに必要な熱量〔J〕 θ:温度上昇〔K〕

⊃熱流 単位時間当たりに物体中を移動する熱量。単位は〔W〕(ワット)。熱の伝わりにくさを表す熱抵抗を R とすると、熱流は次のように表される。

熱流 $I = \dfrac{\theta}{R}$ 〔W〕 ←熱オームの法則

I:熱流〔W〕 R:熱抵抗〔K/W〕 θ:温度変化〔K〕

▶熱容量

ゴロあわせ ね!容量よく　コマーシャルのしたく
　　　　　　熱容量　　　 cm　　　 Q/θ

◎**伝熱** 熱エネルギーがある場所から別の場所に移動すること。次の 3 つがある。

伝熱	特徴	物質の熱抵抗の計算
熱伝導	物体中の分子の熱運動によって熱が移動すること。	熱抵抗 $R = \dfrac{l}{\lambda A}$ 〔K/W〕 λ：熱伝導率〔W/(m·K)〕
熱対流	気体や液体など流体の流動によって熱が移動すること。	
熱放射	高温の物体が表面から出す電磁波によって熱が移動すること。	熱抵抗 $R = \dfrac{1}{\alpha A}$ 〔K/W〕 α：熱伝達率〔W/(m²·K)〕

◎**温度の測定** 電気的に温度を測定する方法には次のようなものがある。

方式	測定方法	種類	特徴
接触式	サーミスタなど素子の抵抗変化や発電電圧を利用して測定。	熱電温度計	熱電対の熱起電力が熱接点と冷接点間の温度差に応じて生じるゼーベック効果を利用している。
		抵抗温度計	サーミスタなどの半導体の抵抗率が温度によって規則的に変化することを利用している。
非接触式	物体から放射される赤外線など電磁波の波長や放射強度を測定。	全放射温度計	ステファン・ボルツマンの法則（放射体から単位時間に放射される全放射エネルギーは放射体の絶対温度の4乗に比例する）を応用したもの。
		赤外線温度計	サーミスタや光電素子などで物体から放射される赤外線の量を測定する。

ゴロあわせ ▶熱流 I
熱愛、慕われた　ある人に
熱流 I　　$\theta ÷$　　R

問題 ▶ 1　平成17年度 機械 問17 改題

● 20〔℃〕において含水量 70〔kg〕を含んだ木材 100〔kg〕がある。これを 100〔℃〕に設定した乾燥器によって含水量が 5〔kg〕となるまで乾燥したい。この乾燥に要する全熱量〔kJ〕の値を求めよ。

ただし、木材の完全乾燥状態での比熱を 1.25〔kJ/(kg・K)〕、水の比熱と蒸発潜熱をそれぞれ 4.19〔kJ/(kg・K)〕、2.26×10^3〔kJ/kg〕とする。

解説 ▶ 1

この乾燥に必要な熱量を工程から①と②と③に分解する。

① 木材に含まれる 70kg の水分を 20℃から 100℃まで加熱するのに要する熱量 $70 \times (100 - 80) \times 4.19 = 23\,464$〔kJ〕

② さらに加熱して蒸発させるために必要な熱のことを蒸発潜熱といい、$70 - 5 = 65$〔kg〕の水分を蒸発させるから、必要な熱量は、$2.26 \times 10^3 \times 65 = 146\,900$〔kJ〕

③ 木材自体を 20℃から 100℃まで加熱するために必要な熱量は、$1.25 \times 30 \times 80 = 3\,000$〔kJ〕

合計は①+②+③ $= 23\,464 + 146\,900 + 3\,000 = 173\,364$
$\fallingdotseq 1.73 \times 10^5$〔kJ〕

答え 1.73×10^5〔kJ〕

問題 ▶ 2　平成19年度 機械 問12 改題

● 次の文章は、電気的に温度を測定する方法について述べたものである。（ア）～（カ）に入る正しい語句を選べ。

電気的に温度を測定する方法には、熱電温度計・抵抗温度計などの接触式のものと、全放射温度計・赤外線温度計・光高温計などの放射を利用した非接触式のものがある。

熱電温度計は、（ア　熱電対・サーミスタ）の熱起電力が熱接点と冷接点間の温度差に応じて生じるという（イ　ゼーベック・ペルチェ）効果を利用したものである。普通、温度差と熱起電力が直線的関係にある範囲で使用される。

合格アドバイス　比熱の計算が苦手という人が多いが、単なる比例計算なので計算自体は簡単である。身近な例で理解を深めること。単位ミスにも注意。

抵抗温度計は、白金や銅、ニッケルなどの純粋な金属や（ウ　サーミスタ・バイメタル）のような半導体の抵抗率が温度によって規則的に変化する特性を利用したものである。

全放射温度計は、「放射体から単位時間に放射される全放射エネルギーは放射体の絶対温度の（エ　3乗・4乗）に比例する」というステファン・ボルツマンの法則を応用したもので、光学系を使用して被測定体からの全放射エネルギーを受熱板に集めて、その温度上昇を熱電温度計などによって測定するものである。

赤外線温度計は、波長 700 ～ 20 000〔nm〕程度の赤外放射を利用したもので、検出素子としては（オ　サーミスタ・バイメタル）などを使ったものと、HgCdTe、InGaAs、PbS などの（カ　光電素子・熱電素子）を使ったものがある。

解説 ▶ 2

熱電温度計とは、熱電対を使った温度計である。これは、異なる金属線の両端を接続し、接続点間に温度差を与えると電流が流れるというゼーベック効果を利用したものである。逆に電流を流すと温度差が発生する現象をペルチェ効果という。また、抵抗温度計は、金属やサーミスタ素子の抵抗率が温度によって変化することを利用している。

全放射温度計は、放射体からの放射エネルギーは絶対温度の4乗に比例するという黒体放射を利用している。比例定数はボルツマン定数といい、4乗という数値は種々の公式の中でも特徴的なものである。

赤外線温度計は、対象物からの赤外放射を捉え、温度上昇をサーミスタで測定したり、赤外線量を各種の光電素子で捉えたりすることで間接的に対象物の温度を求めている。

答え　（ア）熱電対　（イ）ゼーベック　（ウ）サーミスタ
　　　　（エ）4乗　（オ）サーミスタ　（カ）光電素子

合格アドバイス　物理現象名を答える知識問題は、出題されるものはそう多くない。ひと通り覚えて得点源にしよう。

22 ヒートポンプ

ここを暗記!

ヒートポンプ 熱媒体を利用して低温部から高温部へ熱を移動させる装置。冷凍庫・冷蔵庫・エアコン等が代表的なものである。装置が消費した電力は、熱を移動するための仕事に使われる。冷房時は、室内の熱を奪って屋外（大気中）を加熱する働きをし、装置を稼働させる際に発生した熱も屋外に放出する。

熱を移動させる仕組み（エアコンの場合）

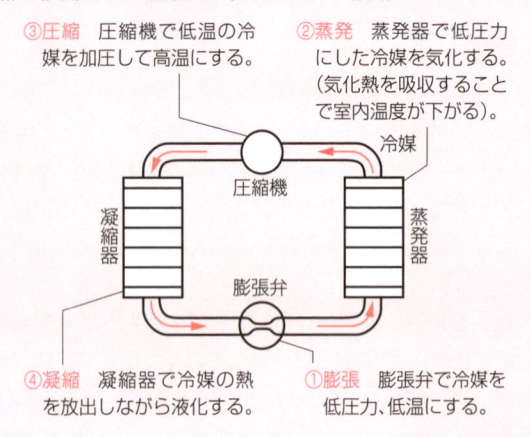

③圧縮 圧縮機で低温の冷媒を加圧して高温にする。

②蒸発 蒸発器で低圧力にした冷媒を気化する。（気化熱を吸収することで室内温度が下がる）。

④凝縮 凝縮器で冷媒の熱を放出しながら液化する。

①膨張 膨張弁で冷媒を低圧力、低温にする。

冷媒に求められる条件 安定性があり、凝縮圧力・蒸発圧力が適当であること、凝縮熱・蒸発熱が大きいことなどがある。長らく利用されたフロン類は、オゾン層破壊効果のため使用が中止され、代替フロンとしてHFC冷媒が広く利用されている。

成績係数（COP） ヒートポンプの性能（エネルギー消費効率）を表す指標。数値が高いほど効率がよい。

▶ヒートポンプ
ゴロあわせ
　　　　　人は　　　　倍の　　抵　　抗で　　　　移動
　　　　ヒートポンプ　熱媒体　低温部から高温部へ熱を移動

$$\text{成績係数 COP} = \frac{\text{冷・暖房能力（利用熱量）}}{\text{冷・暖房消費電力量（消費熱量）}}$$

ヒートポンプを暖房に用いるときは、屋外を冷却して室内に熱を移動させる働きとなる。装置が捨てる熱も暖房に利用できるため、効率（成績係数）は冷房時よりも高くなる。

問題 ▶ 1　平成23年度 機械 問12 改題

●次の文章は、ヒートポンプに関する記述である。（ア）～（カ）に当てはまる語句を選べ。

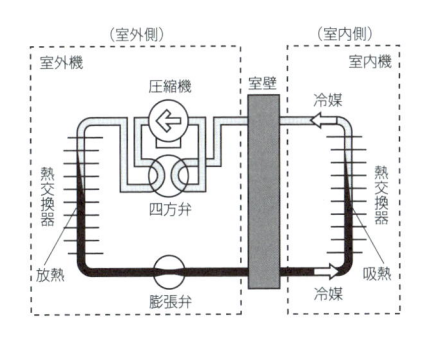

ヒートポンプはエアコンや冷蔵庫、給湯器などに広く使われている。図は冷房時のエアコンの動作概念図である。（ア　低温・高温）の冷媒は圧縮機に吸引され、室内機にある熱交換器において、室内の熱を吸収しながら（イ　気化・液化）する。次に、冷媒は圧縮機で圧縮されて（ウ　低温・高温）になり、室外機にある熱交換器において、外気へ熱を放出しながら（エ　液化・気化）する。その後、膨張弁を通って（オ　低温・高温）となり、再び室内機に送られる。

暖房時には、室外機の四方弁が切り替わって、冷媒の流れる方向が逆になり、室外機で吸収された外気の熱が室内機から室内に放出される。ヒートポンプの効率は成績係数と呼ばれ、熱交換器で

▶ヒートポンプでの熱の移動
ゴロあわせ　きっと　　　　ボジョレよ！　厚着　で　熱く移動
　　　　　ヒートポンプ　膨張蒸発　　圧縮凝縮　熱移動

吸収した熱量をQ〔J〕、ヒートポンプの消費電力量をW〔J〕とし、熱損失などを無視すると、冷房時は$\frac{Q}{W}$、暖房時は$1+\frac{Q}{W}$で与えられる。これらの値は外気温度によって（カ　変化しない・変化する）。

解説 ▶ 1

ヒートポンプの冷媒は、熱を奪って液体から気体に蒸発し、熱を放出して気体から液体に戻る。また、冷媒は圧縮されると温度が上がり、膨張すると温度が下がる（周囲から熱を奪う）。

よって、冷房動作時、低温の冷媒は室内機で周囲の熱を吸収して気化する。気化して高温高圧になった冷媒は、圧縮機で圧縮されてさらに高温になり、室外機で熱を放出しながら液化する。その後、膨張弁を通って低温となり、再び室内機で熱を奪う。

成績係数は、実際の熱移動量と消費電力量の比である。原理上、冷媒と外気の温度差が大きいほど効率的に熱が移動するため、外気温度が低いときの暖房や高いときの冷房は効率が悪化する。よって、成績係数は外気温度によって変化する。

答え　（ア）低温　（イ）気化　（ウ）高温
　　　　（エ）液化　（オ）低温　（カ）変化する

問題 ▶ 2　平成21年度 機械 問17 改題

●温度 20.0〔℃〕、体積 0.370〔m^3〕の水の温度を 90.0〔℃〕まで上昇させたい。次の（a）及び（b）に答えよ。ただし、水の比熱（比熱容量）と密度はそれぞれ 4.18×10^3〔J/(kg・K)〕、1.00×10^3〔kg/m^3〕とし、水の温度に関係なく一定とする。

（a）電熱器容量 4.44〔kW〕の電気温水器を使用する場合、これに必要な時間は何時間か。ただし、貯湯槽を含む電気温水器の総合効率は 90.0〔％〕とする。

(b) 上記 (a) の電気温水器の代わりに、最近普及してきた自然冷媒 (CO_2) ヒートポンプ式電気給湯器を使用した場合、これに必要な時間は、消費電力 1.25〔kW〕で 6 時間であった。水が得たエネルギーと消費電力量とで表せるヒートポンプユニットの成績係数 (COP) の値はいくらであるか。

ただし、ヒートポンプユニット及び貯湯槽の電力損、熱損失はないものとする。

解説 ▶ 2

(a) 水が得た熱量は、水の質量〔kg〕× 比熱 × 上昇温度で求められる。

また、電気エネルギーによる熱量は、消費電力〔W〕× 時間〔秒〕で求められるから、単位に注意して計算すると

$0.370 \times 1.00 \times 10^3 \times 4.18 \times 10^3 \times (90 - 20)$
$= 4.44 \times 10^3 \times t \times 3\,600 \times 0.9$

という式が成り立つ。これを解くと $t ≒ 7.53$〔時間〕となる。

(b) (a) で求めたように、この水が得た全熱量は

$0.370 \times 1.00 \times 10^3 \times 4.18 \times 10^3 \times (90 - 20)$
$= 1.083 \times 10^8$〔J〕

である。他方、1.25〔kW〕の消費電力で 6 時間稼働させたとき消費された電気エネルギーは

$1.25 \times 10^3 \times 6 \times 3\,600 = 2.7 \times 10^7$〔J〕

であるから、この比すなわち

成績係数 (COP) = $\dfrac{\text{利用熱量}}{\text{消費熱量}}$ であるから、

成績係数 (COP) = $\dfrac{1.083 \times 10^8}{2.7 \times 10^7} ≒ 4.01$

が成績係数となる。

答え (a) 7.53時間 (b) 4.01

ゴロあわせ ▶成績係数 (COP)
コップは　勝　負の　ようね
COP　消費熱量　分の　利用熱量

23 電気分解とファラデーの法則

ここを暗記！

🔴 **電気分解** 電解質の溶液に電極を浸して直流電圧を加えると、電解質中の化学物質が酸化や還元を起こす現象。電気めっきなどに用いられる。

塩化銅（$CuCl_2$）の電気分解

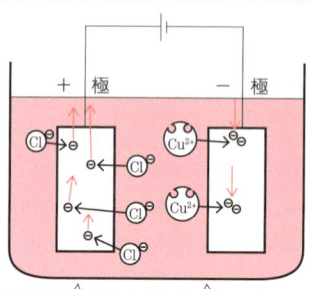

+極では塩素イオン（マイナスイオン）から電子が奪われて（酸化）、塩素が発生する。

−極では銅イオン（プラスイオン）に電子が与えられて（還元）、銅が電極に付着する。

🔴 **原子量とmol** 原子はその種類によって内部に持っている電子数や質量（重さ）が異なる。よって原子量の数値と同じグラム数を統一基準とし、mol（モル）という値で取り扱う。例えば炭素（原子量12）は12gが1 mol。

🔴 **ファラデーの電気分解第1法則** 電気分解によって金属を析出させる場合、外部から流した電子の総量（電流×時間）に析出量は比例する。

🔴 **ファラデーの電気分解第2法則** 電気分解によって金属を析出させる場合、析出する物質量は物質の化学当量に比例する。

🔴 **ファラデー定数** 電子がアボガドロ定数個集まったときの電荷量（1価のイオン1 molを析出するのに必要な電荷量）のこと。

アボガドロ定数 $N = 6.02 \times 10^{23}$
電子1個の電荷量 $e = 1.602 \times 10^{-19}$〔C〕

ゴロあわせ ▶ファラデーの電気分解第1法則
勤続の席、　　出る　時に　礼
金属析出量　　電流×時間に　比例

1〔F〕(ファラデー) $= Ne = 96\,500$ 〔C〕$= 26.8$ 〔A·h〕

⇒ **電気分解による物質の析出量** 以上の法則等により次のように計算できる。

$$析出量\, w\,〔g〕 = \frac{1}{96\,500} \times \frac{m}{n} \times q$$

$$= \frac{1}{26.8} \times \frac{m}{n} \times I\,t$$

w：析出量〔g〕 m：原子量 n：原子価 q：電気量〔C〕 I：電流〔A〕
t：通電時間〔h〕

問題 ▶ 1　平成25年度 機械 問12 改題

●次の文章は、電気めっきに関する記述である。(ア)～(カ)に当てはまる語句を選べ。

金属塩の溶液を電気分解すると(ア　陽極・陰極)に純度の高い金属が析出する。この現象を電着と呼び、めっきなどに利用されている。ニッケルめっきでは硫酸ニッケルの溶液にニッケル板〔(イ　陰極・陽極)〕とめっきを施す金属板〔(ウ　陽極・陰極)〕とを入れて通電する。硫酸ニッケルの溶液は、ニッケルイオン〔(エ　負イオン・正イオン)〕と硫酸イオン〔(オ　正イオン・負イオン)〕とに電離し、ニッケルイオンがめっきを施す金属板表面で電子を(カ　放出して・受け取って)金属ニッケルとなり、金属板表面に析出する。めっきは金属製品の装飾のほか、金属材料の耐食性や耐摩耗性を高める目的でも利用されている。

解説 ▶ 1

金属塩溶液とは、金属が溶け込んだ液体と思えばよい。金属が溶液に溶けるときは、電子を放出して必ず陽イオンとなる。よって、溶液に電子を供給する陰極表面では金属イオンが電子を受け取って純度の高い金属に戻る。例としてニッケルめっきを施す場合、陽極としてニッケル板を用いて溶液にニッケルを溶かし込み、陰極にめっきを施す金属板を置いてニッケルを析出させる。

硫酸ニッケル溶液中には、正イオンとしてニッケルイオン(Ni^{2+})、負イオンとして硫酸イオン(SO_4^{2-})が存在する。陰極表面では、ニッケルイオンが電子を受け取って金属ニッケルに戻り、めっきを施すことができる。

答え (ア)陰極　(イ)陽極　(ウ)陰極　(エ)正イオン　(オ)負イオン　(カ)受け取って

ゴロあわせ　▶ファラデー定数
ファラ出て、　　　アホが出ん！
ファラデー定数　アボガドロ定数×電子1個の電荷量

24 自動制御

ここを暗記!

⇒ 自動制御 機械や製造ラインの運転や調整などを制御装置によって行うこと。シーケンス制御とフィードバック制御に大別される。

⇒ シーケンス制御 あらかじめ定められた手順や判断によって制御の各段階を順に進めていく制御のこと。制御を行う機器として電磁リレーがよく用いられ、電磁リレーを用いた有接点シーケンス制御のことをリレーシーケンスという。

⇒ フィードバック制御 出力の目標値と実際の出力値を比較して自動的に出力値と目標値が一致するように制御する仕組み。例として、人間が車を運転する際、目から入った実際の速度情報をもとにしてアクセルの加減を調整するが、これがフィードバック制御の例である。

⇒ ブロック線図 制御工学では、ブロック線図を用いて制御系の挙動を記述する。電験三種の問題の解き方としては、ブロック線図の任意の点(出力端を用いるとよい)を「1」と置き、そこから遡って各点の値を求め、最後に出力値を入力値で割って求めるとよい。

問題 ▶ 1 平成25年度 機械 問13

●図は、フィードバック制御におけるブロック線図を示している。この線図において、出力 V_2 を、入力

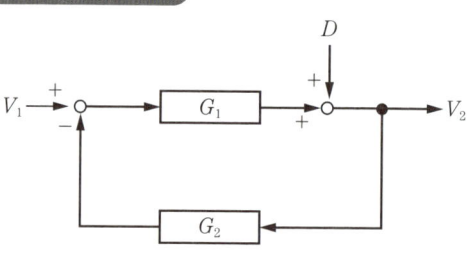

V_1 及び外乱 D を使って表現した場合、正しいものを次の (1)〜(5) のうちから一つ選べ。

(1) $V_2 = \dfrac{1}{1+G_1G_2}V_1 + \dfrac{G_2}{1+G_1G_2}D$
(2) $V_2 = \dfrac{G_2}{1+G_1G_2}V_1 + \dfrac{1}{1+G_1G_2}D$

(3) $V_2 = \dfrac{G_2}{1+G_1G_2}V_1 - \dfrac{1}{1+G_1G_2}D$
(4) $V_2 = \dfrac{G_1}{1+G_1G_2}V_1 - \dfrac{1}{1+G_1G_2}D$

(5) $V_2 = \dfrac{G_1}{1+G_1G_2}V_1 + \dfrac{1}{1+G_1G_2}D$

解説 ▶ 1

ブロック線図中、任意の点を「1」と置いて関係を求めればよいが、この出題においては入力 V_1 と外乱 D から V_2 に達する伝達関数が異なるので、次のように分けて考える。

① $D = 0$ と置く

$V_2 = 1$ と仮定して各部の値を求めると、

$\dfrac{V_2}{V_1} = \dfrac{G_1}{1+G_1G_2}$ と表せるので、

$V_2 = \dfrac{G_1}{1+G_1G_2} V_1$ であることが求まる。

② $V_1 = 0$ と置く

$V_2 = 1$ と仮定すると、G_2 の出力は G_2、G_1 の出力は $-G_1G_2$ であるから、$D = 1 + G_1G_2$ と逆算できる。これより

$\dfrac{V_2}{D} = \dfrac{1}{1+G_1G_2}$ であるから、

$V_2 = \dfrac{1}{1+G_1G_2} D$ と求まる。

①と②の結果を足し合わせたものが答えとなる。よって、

$V_2 = \dfrac{G_1}{1+G_1G_2}V_1 + \dfrac{1}{1+G_1G_2}D$

答え (5)

▶ フィードバック制御
ゴロあわせ　フィードバックは　ゴール　で　一致
フィードバック制御　目標値　出力値　一致するよう制御

25 電池

ここを暗記！

- **一次電池** 放電が終わったら充電ができない電池。
- **二次電池** 充電して繰り返し利用できる電池。
- **充放電反応** 鉛蓄電池の充放電反応の仕組みは次の図の通り。

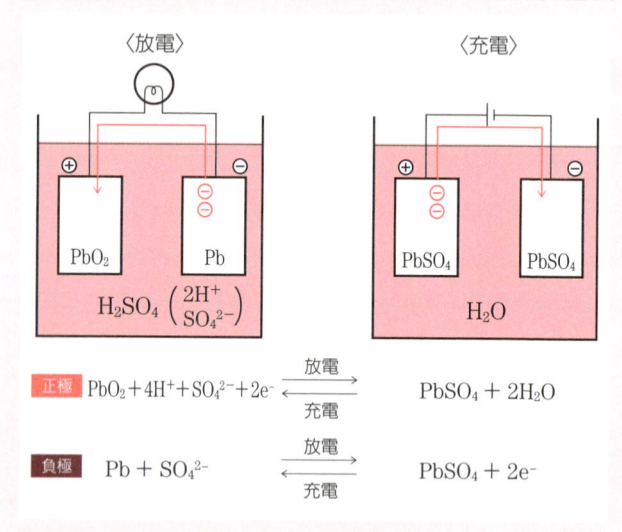

〈放電〉　　　　　　　　　　〈充電〉

（＋極：PbO_2、－極：Pb、電解液：H_2SO_4（$2H^+$、SO_4^{2-}））
（＋極：$PbSO_4$、－極：$PbSO_4$、H_2O）

正極 $PbO_2 + 4H^+ + SO_4^{2-} + 2e^- \underset{充電}{\overset{放電}{\rightleftarrows}} PbSO_4 + 2H_2O$

負極 $Pb + SO_4^{2-} \underset{充電}{\overset{放電}{\rightleftarrows}} PbSO_4 + 2e^-$

- **燃料電池** 熱機関を使用せず、直接化学エネルギーを電気エネルギーに変換するため、発電効率が高い。分散エネルギー源の一つとして注目されており、電気自動車のエネルギー源としての利用のほか、都市ガスから電気を得る手段として設置が増えている。

固体高分子形燃料電池（PEFC）	イオン交換膜を挟んで、正極に酸化剤、負極に還元剤（燃料）を供給することにより発電する。動作温度は100℃程度で、発電効率は約30～40％。
りん酸形燃料電池（PAFC）	電解質としてりん酸水溶液を用いる。動作温度は200℃程度で、発電効率は約40％。

合格アドバイス 二次電池は放電時、充電時それぞれで正極と負極で酸化、還元どちらの反応が起きているのかを模式図と反応式で確認しておこう。

溶融炭酸塩形燃料電池（MCFC）	溶融した炭酸塩を電解質として用いるため、動作温度が数百℃に達する。発電効率は約45％。高濃度の二酸化炭素が排ガスとして得られる性質を逆利用し、二酸化炭素回収に用いる試みが行われている。
固体酸化物形燃料電池（SOFC）	電解質としてイオン伝導性セラミックスを用い、動作温度は1 000℃近くに達する。発電効率は60％に達し、従来の汽力発電と組み合わせて極めて高い総合発電効率を得ることが期待されている。

問題▶1　平成26年度 機械 問12 改題

●次の文章は、燃料電池に関する記述である。（ア）〜（オ）に当てはまる適切な語句を選べ。

（ア　固体高分子形・りん酸形）燃料電池は80〜100℃程度で動作し、家庭用などに使われている。燃料には都市ガスなどが使われ、（イ　改質器・燃焼器）を通して水素を発生させ、水素は燃料極へと導かれる。燃料極において水素は電子を（ウ　放出して・受け取って）水素イオンとなり、電解質の中へ浸透し、空気極において電子を（エ　受け取って・放出して）酸素と結合し、水が生成される。放出した電子が電流として負荷に流れることで直流電源として動作する。また、発電時には（オ　発熱・吸熱）反応が起きる。

解説▶1

出題文は、固体高分子形燃料電池に関する記述である。この燃料電池は家庭用として普及が進みつつあり、燃料として都市ガスが主に用いられている。都市ガスから改質器を通して水素を取り出し、水素は電子を放出してH^+（水素イオン）となる。水素イオンは電解質の中を通過し、空気極で電子を受け取って酸素と結合し、H_2O（水）が生成される。このとき放出された電子を取り出して負荷に流すことで電池として動作する。発電時には発熱反応が起きるが、これは水素を燃焼させて炎が発生した熱ではなく、化学反応の反応熱であることに注意しよう。

答え　（ア）固体高分子形　（イ）改質器
（ウ）放出して　（エ）受け取って　（オ）発熱

合格アドバイス　燃料電池も今後出題が続きそうな分野である。この分野は研究開発が盛んであるため、最新の動向に気を付けておくことが必要。

26 電気動力と力学的エネルギー

ここを暗記!

→ エネルギー 仮想量であり、力学的な仕事と対応する。電気エネルギーで電動機を回転させると力学的な仕事をさせることができる。

→ 仕事やエネルギーの値

力学的な仕事〔J〕= 力の大きさ〔N〕× 変位の大きさ〔m〕

電気エネルギー〔J〕= 電力〔W〕× 時間〔秒〕

運動エネルギー〔J〕= $\frac{1}{2}$ × 質量〔kg〕×(速度〔m/s〕)^2

位置エネルギー〔J〕= 質量〔kg〕× 9.8 × 持ち上げた高さ〔m〕

回転体の運動エネルギー〔J〕= $\frac{1}{2}$ × 慣性モーメント〔kg·m^2〕×(角速度)^2

→ エネルギー保存の法則 エネルギーは保存され、相互変換される。これを用いて、消費した電気エネルギーの値から得られた力学的エネルギーを求めたり、得られた力学的エネルギーから消費された電気エネルギーを求めたりすることができる。

問題 ▶ 1　平成25年度 機械 問10 改題

●次の文章の ①〜④ のカッコ内の式のうち、正しいものを選べ。

電動機ではずみ車を加速して、運動エネルギーを蓄えることを考える。

まず、加速するための電動機のトルクを考える。加速途中の電動機の回転速度を N〔min^{-1}〕とすると、そのときの毎秒の回転速度 n〔s^{-1}〕は ①式で表される。

$$\left(n = \frac{N}{60} \cdot n = 60N\right) \quad \cdots ①$$

この回転速度 n〔s^{-1}〕から ②式で角速度 ω〔rad/s〕を求める

▶位置エネルギー
ゴロあわせ　<u>1円</u>は　<u>刑事が加え</u>　<u>たか</u>?
　　　　　位置エネルギー　kg　9.8　高さ

ことができる。

$$\left(\omega = 2\pi \times n \cdot \omega = \frac{n}{2\pi}\right) \cdots ②$$

このときの電動機が1秒間にする仕事、すなわち出力をP〔W〕とすると、トルクT〔N·m〕は③式となる。

$$\left(T = \frac{P}{\omega} \cdot T = P\omega\right) \cdots ③$$

③式のトルクによってはずみ車を加速する。電動機が出力し続けて加速している間、この分のエネルギーがはずみ車に注入される。電動機に直結するはずみ車の慣性モーメントをI〔kg·m^2〕として、加速が完了したときの電動機の角速度をω_0〔rad/s〕とすると、このはずみ車に蓄えられている運動エネルギーE〔J〕は④式となる。

$$\left(E = \frac{1}{2}I^2\omega_0 \cdot E = \frac{1}{2}I\omega_0^2\right) \cdots ④$$

解説 ▶ 1

電動機の回転速度Nは、慣例として1分間の回転数で表す。

これを1秒当たりの回転速度nに直すと$n = \frac{N}{60}$となる。

角速度ωは、回転体が1秒間に回転する角度を弧度法（1回転 = 2π）で示すものであるから$\omega = 2\pi \times n$となる。

トルクは、（回転体の中心からの距離）×（その点の円周方向の力）であり、このトルクで1秒間に何回転したか（角速度がいくらであるか）の積が電動機の仕事となる。

よって$P = \omega T$であるから、$T = \frac{P}{\omega}$となる。

この結果はずみ車に蓄えられる運動エネルギーは、直線運動の運動エネルギーEが$E = \frac{1}{2}mv^2$であるのと同様、$E = \frac{1}{2}I\omega_0^2$となる。

答え ① $n = \frac{N}{60}$　② $\omega = 2\pi \times n$　③ $T = \frac{P}{\omega}$　④ $E = \frac{1}{2}I\omega_0^2$

▶回転体の運動エネルギー

ゴロあわせ	回転が	ニブいかも	各事情で
	回転体の運動エネルギー	1/2 慣性モーメント	角速度の2乗

27 論理回路

ここを暗記！

- **論理素子** コンピュータ（電子計算機）内では、電圧の高低を二進数の1（オン）・0（オフ）に対応させて計算を行う。その計算を行うのが論理素子である。
- **記憶素子** 計算結果を記憶する素子として、RS-FF（フリップフロップ）と、それを機能進化させたJK-FFが存在する。
- **論理回路** OR、AND、NOT、XORと、そこから派生するNORやNANDなどがある。論理回路では○がNOTであることを示す。

論理回路	演算	
OR回路 （論理和） $A, B \to X$ $X = A + B$	$A\ B\ \ X$ 0 0　0 0 1　1 1 0　1 1 1　1	入力のどちらかが1であれば出力は1。
AND回路 （論理積） $A, B \to X$ $X = A \cdot B$	$A\ B\ \ X$ 0 0　0 0 1　0 1 0　0 1 1　1	入力が共に1であれば出力は1。
NOT回路 （否定） $A \to X$ $X = \overline{A}$	$A\ \ X$ 0　1 1　0	入力が1なら出力は0、0なら1。

合格アドバイス OR回路のORは「もしくは」。AもしくはBが0だったら出力は1。

回路	真理値表	説明
XOR回路 (排他的論理和) A, B → X $X = A \cdot \overline{B} + \overline{A} \cdot B$	A B | X 0 0 | 0 0 1 | 1 1 0 | 1 1 1 | 0	入力が共に同じなら0、異なるときは1を出力。
NOR回路 (否定論理和) A, B → X $X = \overline{A + B}$	A B | X 0 0 | 1 0 1 | 0 1 0 | 0 1 1 | 0	ORの出力を否定する。入力が共に0であれば出力は1。
NAND回路 (否定論理積) A, B → X $X = \overline{A \cdot B}$	A B | X 0 0 | 1 0 1 | 1 1 0 | 1 1 1 | 0	AND回路の出力を否定する。入力が共に1であれば出力は0。

⇒ **真理値表** 入力と出力の関係を表にまとめたもの。論理回路の組み合わせ回路は、ブール代数を用いて論理的に解析することもできるが、やさしい出題では、真理値表を要領よく埋めるだけで比較的短時間で答えが求まることも多い。

合格アドバイス AND回路のANDは「かつ」。AかつBが1なら出力は1。

問題 ▶ 1 平成25年度 機械 問14

●図の論理回路に、図に示す入力 A、B 及び C を加えたとき、出力 X として正しいものを、次の (1)〜(5) のうちから一つ選べ。

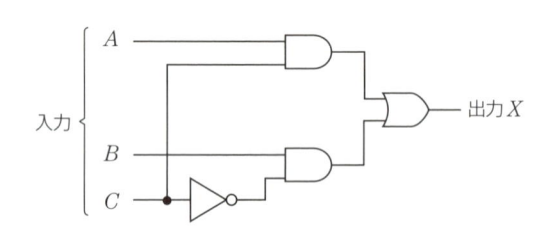

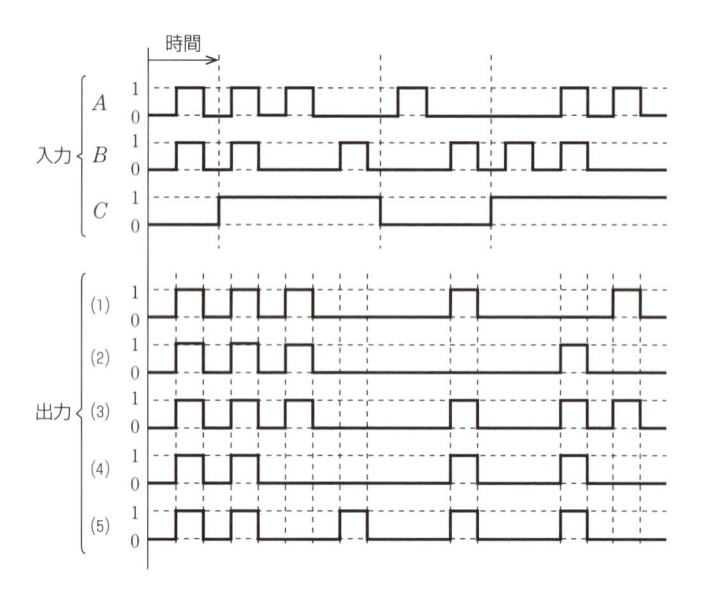

合格アドバイス XOR 回路の XOR は他を除外するという意味。OR 回路と (1, 1) の入力のときのみ異なる。ここが除外されて出力が 0 になる。

解説 ▶ 1

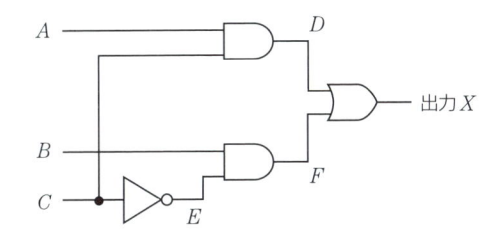

入力 $A \cdot B \cdot C$ と出力 X のほか、図のように $D \cdot E \cdot F$ をとる。D は A と C の AND なので $A = C = 1$ のときだけ 1、E は C の反転、F は B と E の AND なので $B = 1$、$C = 0$ のときだけ 1、X は D と F の OR なので $D = F = 0$ のときだけ 0 となることに留意して真理値表を作成する。

A	B	C	D	E	F	X
0	0	0	0	1	0	0
0	0	1	0	0	0	0
0	1	0	0	1	1	1
0	1	1	0	0	0	0
1	0	0	0	1	0	0
1	0	1	1	0	0	1
1	1	0	0	1	1	1
1	1	1	1	0	0	1

これより、$(A、B、C) = (0、1、0)(1、0、1)(1、1、0)(1、1、1)$ のときに出力 $X = 1$ であることが求まり、これに適合するものは (3) である。

答え (3)

合格アドバイス NOR 回路と NAND 回路はそれぞれ OR と AND 回路の出力とは反対になる。

問題 ▶ 2　平成23年度　機械　問14

●図のように、入力信号 A、B 及び C、出力信号 Z の論理回路がある。この論理回路の真理値表として、正しいものを次の (1)〜(5) のうちから一つ選べ。

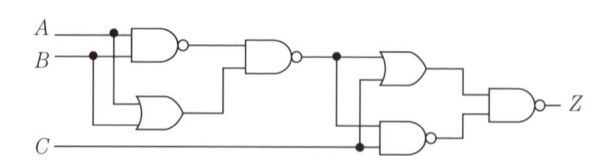

(1)

入力信号			出力信号
A	B	C	Z
0	0	0	0
0	0	1	1
0	1	0	1
0	1	1	0
1	0	0	1
1	0	1	0
1	1	0	0
1	1	1	1

(2)

入力信号			出力信号
A	B	C	Z
0	0	0	1
0	0	1	1
0	1	0	0
0	1	1	0
1	0	0	1
1	0	1	1
1	1	0	0
1	1	1	0

(3)

入力信号			出力信号
A	B	C	Z
0	0	0	1
0	0	1	1
0	1	0	1
0	1	1	0
1	0	0	1
1	0	1	0
1	1	0	1
1	1	1	0

(4)

入力信号			出力信号
A	B	C	Z
0	0	0	1
0	0	1	0
0	1	0	1
0	1	1	1
1	0	0	0
1	0	1	1
1	1	0	1
1	1	1	1

(5)

入力信号			出力信号
A	B	C	Z
0	0	0	0
0	0	1	0
0	1	0	1
0	1	1	1
1	0	0	0
1	0	1	1
1	1	0	0
1	1	1	1

解説 ▶ 2

　ブール代数を用いて展開し、答えとなる論理式を求めることもできるが、小規模な回路なので真理値表を用いて解くこともできる。ここでは、真理値表を用いて解答を求める。

合格アドバイス　よほど数学が得意な人は別として、ブール代数は理解しにくい分野の筆頭だろう。しかし真理値表を上手に使うと簡単に解くことができる。

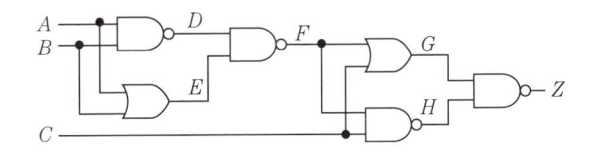

まず、出題の回路において、図のようにD〜Hを定義する。次に、入力$A \cdot B \cdot C$の組み合わせに対して各部の値を順次求める。真理値表の作り方は以下の通りである。

① $(ABC)=(000)$〜(111)までの8通りの組み合わせを記入する。
② DはAとBのNANDであるから、$(AB)=(11)$のときだけ0、後は1を記入する。
③ EはAとBのORであるから、$(AB)=(00)$のときだけ0、後は1を記入する。
④ FはDとEのNANDであるから、$(DE)=(11)$のときだけ0、後は1を記入する。
⑤ GはCとFのORであるから、$(CF)=(00)$のときだけ0、後は1を記入する。
⑥ HはCとFのNANDであるから、$(CF)=(11)$のときだけ0、後は1を記入する。
⑦ ZはGとHのNANDであるから、$(GH)=(11)$のときだけ0、後は1を記入する。
⑧ 以上で答えが求まる。

A	B	C	D	E	F	G	H	Z
0	0	0	1	0	1	1	1	0
0	0	1	1	0	1	1	0	1
0	1	0	1	1	0	0	1	1
0	1	1	1	1	0	1	1	0
1	0	0	1	1	0	0	1	1
1	0	1	1	1	0	1	1	0
1	1	0	0	1	1	1	1	0
1	1	1	0	1	1	1	0	1

以上より、答えは(1)である。

答え (1)

合格アドバイス このページの解説では、筆者が真理値表を作るときのコツを凝縮して披露した。この手の問題はこれで攻略できる。ぜひ得点源にしてほしい。

28 論理演算とブール代数

ここを暗記!

➡ **ブール代数** 複雑な論理回路や論理演算の解析には、ブール代数の知識が必要となる。ブール代数は、1と0(真・偽、ブーリアン)の値のみを取る演算であり、2値しか取らないことから生じる特徴がある。

$1 + A = 1 \quad 0 \cdot A = 0$	公理
$A \cdot A = A \quad A + A = A$	同一則
$A \cdot (B + C) = A \cdot B + A \cdot C$ $A + B \cdot C = (A + B) \cdot (A + C)$	分配則
$A \cdot \overline{A} = 0$ *$\overline{A}$ は A の否定を表す (A が 0 なら 1、A が 1 なら 0)	補元の法則
$A + \overline{A} = 1$ (「A 又は $\overline{A}$」は常に 1)	
$A \cdot (A + B) = A$	吸収則
$\overline{A \cdot B} = \overline{A} + \overline{B} \quad \overline{A + B} = \overline{A} \cdot \overline{B}$	ド・モルガンの法則

➡ **加法標準形と乗法標準形** 複数の入力に対する出力値の関係を積項の和で表したものを**加法標準形**といい、和項の積で表したものを**乗法標準形**という。

問題 ▶ 1 平成25年度 機械 問18

● 論理関数に関する次の (a) 及び (b) の問に答えよ。

(a) 論理式 $X \cdot Y \cdot \overline{Z} + X \cdot Y \cdot Z + \overline{X} \cdot Y \cdot Z + \overline{X} \cdot \overline{Y} \cdot Z$

を積和形式で簡単化したものを次の (1)〜(5) のうちから一つ選べ。

(1) $X \cdot Y + X \cdot Z$
(2) $X \cdot \overline{Y} + Y \cdot Z$

ゴロあわせ ▶加法標準形と乗法標準形
家宝　　　　積むわ、　　情報　　　　は鉱石
加法標準形　積項の和　　乗法標準形　和項の積

(3) $\overline{X} \cdot Y + X \cdot Z$
(4) $X \cdot Y + \overline{Y} \cdot Z$
(5) $X \cdot Y + \overline{X} \cdot Z$

(b) 論理式 $(X+Y+Z) \cdot (X+\overline{Y}+Z) \cdot (\overline{X}+Y+Z)$
を和積形式で簡単化したものを次の(1)~(5)のうちから一つ選べ。

(1) $(X+Z) \cdot (\overline{Y}+Z)$
(2) $(\overline{X}+Y) \cdot (X+Z)$
(3) $(X+Y) \cdot (Y+Z)$
(4) $(X+Z) \cdot (Y+Z)$
(5) $(X+Y) \cdot (\overline{X}+Z)$

解説 ▶ 1

(a) ブール代数の法則より、次のように変形できる。

$X \cdot Y \cdot \overline{Z} + X \cdot Y \cdot Z + \overline{X} \cdot Y \cdot Z + \overline{X} \cdot \overline{Y} \cdot Z$
$= X \cdot Y (\overline{Z} + Z) + \overline{X} \cdot Z (Y + \overline{Y}) = X \cdot Y + \overline{X} \cdot Z$

(b) ブール代数の法則を用いて展開すれば求まるが、やみくもに計算しても容易には求まらないので、次のように考える。

① まず、与えられた論理式をよく見ると、$Z=1$ のとき $X \cdot Y$ に関係なく 1 になることがわかる。この条件、すなわち $Z=1$ で無条件に 1 となる式は (1) と (4) のみである。

② 次に、$Z=0$ とすると、与えられた式は
$(X+Y) \cdot (X+\overline{Y}) \cdot (\overline{X}+Y)$
$= (XX + X\overline{Y} + XY + Y\overline{Y}) \cdot (\overline{X}+Y)$
$= X(Y+\overline{Y}) \cdot (\overline{X}+Y) = X(\overline{X}+Y)$
$= X \cdot Y$

と簡略化できる。$Z=0$ としたとき、この式と合致するものは (4) である。

答え (a) (5) (b) (4)

合格アドバイス 電験三種レベルの出題では、上手に目を付ければ必ず簡略化できるような問題になっていると考えてよいだろう。要領よく解いてほしい。

29 プログラミング

ここを 暗記!

⊃ アルゴリズム 数値処理の手順を定式化して表したもの。電子計算機の性質の1つとして、アルゴリズムの基本について出題されている。

⊃ 電子計算機の要素 次の要素で構成されている。

レジスタ （フリップフロップ）	計算中のデータを保持する。
プロセッサ	算術演算を行う。
記憶装置	命令や計算用データ・計算結果などを保持する。
出力装置	計算結果等を出力する。

⊃ プログラム 計算処理の基本動作は、電卓の動作を想定するとよい。計算に用いる値をレジスタにロードし、その値に対して何かの計算をする。その結果がレジスタに保持されるので、必要であれば別の場所にいったん保存して次の計算を行う、という操作を繰り返すことで一連の必要な計算を行う。その操作を指令するのがプログラムである。

問題 ▶ 1 平成26年度 機械 問14 改題

●次のフローチャートに従って作成したプログラムを実行したとき、印字されるA、Bの値を求めよ。

▶電子計算機の要素
ゴロあわせ
フリ　　　　　　プロ　　　　既　　　出
フリップフロップ　プロセッサ　記憶装置　出力装置

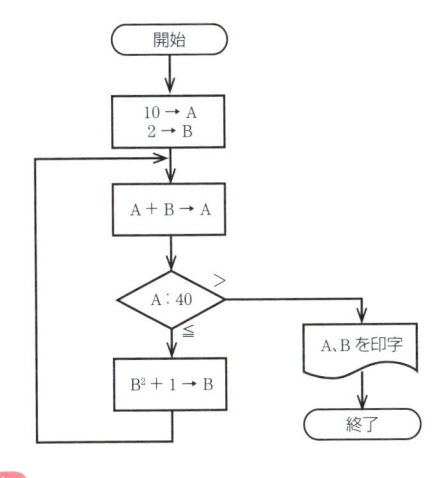

```
          開始
           ↓
      ┌─────────┐
      │ 10 → A  │
      │  2 → B  │
      └─────────┘
           ↓
      ┌─────────┐
 ┌──→ │ A + B → A│
 │    └─────────┘
 │         ↓
 │      ╱A：40╲  ＞
 │      ╲    ╱ ────┐
 │       ≦         │
 │         ↓       ↓
 │    ┌─────────┐ ┌─────────┐
 │    │ B² + 1→B│ │ A、Bを印字│
 │    └─────────┘ └─────────┘
 └────────┘           ↓
                    終了
```

解説 ▶ 1

フローチャートに関する出題については、指示に従って値を計算していくことで結果が求まる。

次のように、処理とA、Bの値を表形式にまとめるとわかりやすい。

A	B	説明
10	2	「10 → A」「2 → B」を実行。
12	2	「A + B → A」を実行。
12	2	「A：40」：Aと40を比較。「A ≦ 40」なので下に進む。
12	5	「B² + 1 → B」を実行。
17	5	「A + B → A」を実行。
17	5	「A：40」：Aと40を比較。「A ≦ 40」なので下に進む。
17	26	「B² + 1 → B」を実行。
43	26	「A + B → A」を実行。
43	26	「A：40」：Aと40を比較。「A ＞ 40」なので右に進む。

以上より、Aは43、Bは26が印字されて終了することが求まる。

答え A 43　B 26

合格アドバイス　B問題は選択であるから、より得点しやすい方を短い時間で選ぶ眼力も必要になる。苦手だと最初から捨てた問題が実は簡単だったということもあり得る。

数式に出てくるギリシャ文字

大文字	小文字	読み方	使用例
A	α	アルファ	角度、加速度、補正、全般
B	β	ベータ	角度、全般
Γ	γ	ガンマ	－
Δ	δ	デルタ	誤差、誘電損失角
E	ε	イプシロン	誘電率、誤差、電圧変動率
Z	ζ	ゼータ	－
H	η	イータ	効率
Θ	θ	シータ	角度、温度
I	ι	イオタ	－
K	κ	カッパ	係数
Λ	λ	ラムダ	波長、熱伝導率
M	μ	ミュー	透磁率、移動度（倍数記号 10^{-6}）
N	ν	ニュー	振動数
Ξ	ξ	クサイ	－
O	o	オミクロン	－
Π	π	パイ	円周率
P	ρ	ロー	抵抗率、密度
Σ	σ	シグマ	導電率
T	τ	タウ	回転力（トルク）
Y	υ	ユプシロン	－
Φ	ϕ	ファイ	角度、相、磁束
X	χ	カイ	係数
Ψ	ψ	プサイ	－
Ω	ω	オメガ	角速度、角周波数、立体角

計算問題に出てくる倍数記号

倍数	記号	読み方
10^{9}	G	ギガ
10^{6}	M	メガ
10^{3}	k	キロ

倍数	記号	読み方
10^{-2}	c	センチ
10^{-3}	m	ミリ
10^{-6}	μ	マイクロ

第 4 章

法規
の超重要ポイント

01 電圧種別と電気工作物

ここを暗記！

⇒ 電圧の種別 「低圧」「高圧」「特別高圧」に分けられる。

	0　　　　600　　　　　　　　　　　7000　　　　電圧[V]
交流(AC)	低圧(600V以下) ／ 高圧(600V超7 000V以下) ／ 特別高圧(7 000V超)
直流(DC)	低圧(750V以下) ／ 高圧(750V超7 000V以下) ／ 特別高圧(7 000V超)　※750

⇒ 電気工作物の区分（事業法第38条）

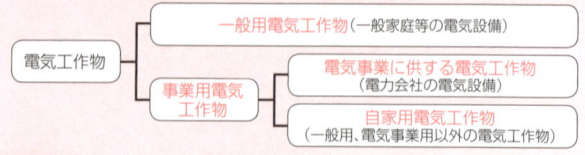

電気工作物
- 一般用電気工作物（一般家庭等の電気設備）
- 事業用電気工作物
  - 電気事業に供する電気工作物（電力会社の電気設備）
  - 自家用電気工作物（一般用、電気事業用以外の電気工作物）

一般用電気工作物	・600V以下の電圧で受電し、受電のための電線路以外に電線路を構外に出し、構外の電気工作物と電気的に接続していないもの。 ・小規模発電設備以外の発電設備が同一の構内に設置されていない（小出力発電設備は次表）もの。 ・爆発性又は引火性のものが存在する場所に設置されていないもの。
自家用電気工作物	・高圧又は特別高圧で受電するもの。 ・構外にわたる電線路を有するもの。 ・発電設備と同一の構内にあるもの（小出力発電設備を除く）。 ・火薬取締法及び鉱山保安規則の適用を受ける事業所に設置するもの。

⇒ 小規模発電設備の種別

発電設備の種類	適用範囲
太陽電池発電設備	出力50〔kW〕未満のもの
風力発電設備	出力20〔kW〕未満のもの
水力発電設備	出力20〔kW〕未満、かつダム・堰を有さない、かつ最大使用水量1〔m³/s〕のもの
内燃力発電設備	出力10〔kW〕未満の内燃力を原動力とする火力発電装置
燃料電池発電設備	出力10〔kW〕未満のもの
上記の組み合わせ	合計出力50〔kW〕未満のもの

ゴロあわせ ▶電圧の種別
交流会で群れて　直接　南国　で特別　生ビール
交流　600V　　直流　750V　特別高圧　7 000V超

問題 ▶ 1　平成21年度 法規 問2

●「電気事業法」に基づく、一般用電気工作物に該当するものは次のうちどれか。なお、(1)～(5)の電気工作物は、その受電のための電線路以外の電線路により、その構内以外の場所にある電気工作物と電気的に接続されていないものとする。

(1) 受電電圧 6.6〔kV〕、受電電力 60〔kW〕の店舗の電気工作物
(2) 受電電圧 200〔V〕、受電電力 30〔kW〕で、別に発電電圧 200〔V〕、出力 15〔kW〕の内燃力による非常用予備発電装置を有する病院の電気工作物
(3) 受電電圧 6.6〔kV〕、受電電力 45〔kW〕の事務所の電気工作物
(4) 受電電圧 200〔V〕、受電電力 35〔kW〕で、別に発電電圧 100〔V〕、出力 5〔kW〕の太陽電池発電設備を有する事務所の電気工作物
(5) 受電電圧 200〔V〕、受電電力 30〔kW〕で、別に発電電圧 100〔V〕、出力 37〔kW〕の太陽電池発電設備と、発電電圧 100〔V〕、出力 15〔kW〕の風力発電設備を有する公民館の電気工作物

解説 ▶ 1

(1) 受電電圧が交流 600V を超えているため高圧となり、一般用電気工作物に該当しない。
(2) 出力 10kW 以上の内燃力による発電設備を有しているため、一般用電気工作物に該当しない。
(3) 受電電圧が交流 600V を超えているため高圧となり、一般用電気工作物に該当しない。
(4) 受電電圧が交流 600V 以下で、かつ、出力 50kW 未満の太陽電池発電設備の小出力発電設備であり、一般用電気工作物に該当する。
(5) 全体で出力 50kW 以上の発電設備を有しているため、一般用電気工作物に該当しない。

答え (4)

合格アドバイス　小規模発電設備の種別は、「太陽50、風水20、燃10、合計50」と覚えよう。

02 電気工作物の維持義務

ここを暗記!

→ 事業用電気工作物を設置する者の義務 事業用電気工作物を経済産業省令で定める次の技術基準に適合するように維持しなければならない。

> ▶事業用電気工作物が人体に危害を及ぼしたり物件に損傷を与えたりしないこと。
> ▶事業用電気工作物が他の電気設備等に電気的・磁気的な障害を与えないようにすること。
> ▶事業用電気工作物の損壊で一般電気事業者の電気の供給に著しい支障を及ぼさないようにすること。
> ▶事業用電気工作物が一般電気事業の用に供される場合、事業用電気工作物の損壊で一般電気事業に係る電気の供給に著しい支障を生じないようにすること。

→ 電圧と周波数の維持 電気事業者は供給する電圧と周波数の値を次に維持するよう努めなければならない。

標準電圧	維持すべき値
100〔V〕	101 ± 6〔V〕
200〔V〕	202 ± 20〔V〕

維持すべき周波数
その者が供給する電気の標準周波数に等しい値

→ 一般用電気工作物の調査 一般用電気工事工作物の完成時及び変更の工事が完成したときに行うほか次の頻度で行う。

イ	ロ以外	4年に1回以上
ロ	登録を受けた法人が点検業務を委託している一般用電気工作物	5年に1回以上

▶電圧と周波数の維持
ゴロあわせ 入れ歯は 十色、 連れに 無礼に振る舞う
100V 101±6V 200V 202±20V

> **⮕技術基準適合命令** **経済産業大臣**は、事業用電気工作物が経産省令の技術基準適合に不適合と認めた場合、それを設置した者に対して、技術基準に適合するように修理・改造・移転・使用の一時停止・使用の制限を命じることができる。

問題▶1 平成20年度 法規 問5 改題

●次の文章は、「電気事業法」における事業用電気工作物の維持に関する記述である。(ア)〜(エ)に当てはまる語句を選べ。

1. 事業用電気工作物を設置する者は、事業用電気工作物を経済産業省令で定める(ア 電気事業法施行規則・技術基準)に適合するように維持しなければならない。
2. 前項の経済産業省令は、次に掲げるところによらなければならない。
   一 事業用電気工作物は、人体に危害を及ぼし、又は(イ 物件・公共施設)に損傷を与えないようにすること。
   二 事業用電気工作物は、他の電気設備その他の(イ)の機能に電気的又は(ウ 磁気的・熱的・機械的)な障害を与えないようにすること。
   三 事業用電気工作物の損壊により一般電気事業者の電気の供給に著しい支障を及ぼさないようにすること。
   四 事業用電気工作物が(エ 特定電気事業・一般電気事業)の用に供される場合にあっては、その事業用電気工作物の損壊によりその(エ)に係る電気の供給に著しい支障を生じないようにすること。

解説▶1

事業用電気工作物の維持に関しては、電気事業法第39条に規定されている。「ここを暗記!」を参照。

答え (ア)技術基準 (イ)物件 (ウ)磁気的 (エ)一般電気事業

合格アドバイス 人体は危害、物件は損傷、電気工作物は損壊と用語の組み合わせを覚えよう。

03 電気工作物の設置者の義務

ここを暗記!

◯事業用電気工作物の設置者の義務

義務	内容
①事業所ごとに電気主任技術者を選任	①電気主任技術者を従業員の中から選任。 ・常勤の派遣労働者を選任できる。 ・受電電圧7 000V以下の需要設備は、電気保安法人等へ委託できる。 ②選任したら、遅滞なく経済産業大臣に届出。 （実際は管轄区域の産業保安監督部に届出）
②保安規程を定めて届出	<保安規程に定める事項> 事業用電気工作物の工事、維持、運用に関して ①その業務の管理者の職務・組織 ②従事者の保安教育 ③保安のための巡視・点検・検査 ④保安のための記録 ⑤災害等非常時に採るべき措置

◯電気主任技術者の保安監督範囲

電気主任技術者の免状の種類ごとに保安監督範囲が次のように決まっている。

免状	保安監督ができる範囲
第1種電気主任技術者	すべての電気設備
第2種電気主任技術者	受電電圧17万〔V〕未満
第3種電気主任技術者	受電電圧5万〔V〕未満 （出力5 000kW以上の発電所を除く）

問題▶1　平成21年度 法規 問3 改題

●次の文章は、「電気事業法施行規則」における、保安規程において定めるべき事項の記述の一部である。（ア）～（ウ）に当てはまる語句を選べ。

a. 事業用電気工作物の工事、維持又は運用に関する業務を管理する者の（ア　職務・資格）及び組織に関すること。
b. 事業用電気工作物の工事、維持又は運用に従事する者に対する（イ

合格アドバイス　電気主任技術者の保安監督の上記の電圧区分は、低圧・高圧・特別高圧の電圧区分とは異なるところに注意。

保安教育・指導・訓練）に関すること。
c. 事業用電気工作物の工事、維持及び運用に関する保安のための巡視、点検及び検査に関すること。
d. 事業用電気工作物の工事、維持及び運用に関する保安についての（ウ　記録・監視）に関すること。
e. 災害その他非常の場合に採るべき措置に関すること。

解説 ▶ 1

保安規程に定める内容に関しては、電気事業法施行規則第50条に規定されている。「ここを暗記!」を参照。

答え　(ア) 職務　(イ) 保安教育　(ウ) 記録

問題 ▶ 2　平成23年度　法規　問1　改題

●次は自家用電気工作物を設置するX社が、需要設備又は変電所のみを直接統括する同社のA、B事業場ごとに行う電気主任技術者の選任等に関する記述である。ただし、A、Bの各事業場は、どちらもY産業保安監督部の管轄区域内のみにある。「電気事業法」及び「電気事業法施行規則」に基づき、この記述が適切か不適切かを答えよ。

最大電力400〔kW〕の需要設備を直接統括するA事業場には、X社の従業員で第一種電気工事士試験に合格している者をあてることとして、保安上支障がないと認められたため、Y産業保安監督部長の許可を受けてその者を電気主任技術者に選任した。その後、その電気主任技術者を電圧6 600〔V〕の変電所を直接統括するB事業場の電気主任技術者として兼任させた。その際、A事業場への選任の許可を受けているので、Y産業保安監督部長の承認は求めなかった。

解説 ▶ 2

2以上の事業所に電気主任技術者を兼任させることはできない。ただし、保安上支障がないと認められる場合で、経済産業大臣もしくは産業保安監督部長の承認を受けた場合はこの限りではない。兼任させる場合は承認が必要なので不適切。

答え　不適切

ゴロあわせ　▶電気主任技術者の保安監督範囲
<u>2種</u>　はいないが、<u>3種</u>　はごまんといる
第2種　17万未満　　第3種　5万未満

04 電気事故報告

ここを暗記！

電気事故報告 電気事業者又は自家用電気工作物の設置者は、電気事故が発生したとき、次の2回の期間内に、所轄の産業保安監督部長に事故の報告をしなければならない。

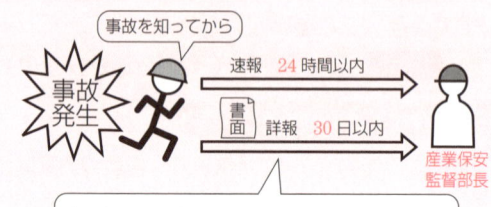

事故を知ってから
- 速報 24時間以内
- 詳報（書面） 30日以内
→ 産業保安監督部長

〈報告すべき主な電気事故〉
① 感電、破損事故等で死傷した事故（死亡又は入院した場合）
② 電気火災事故（半焼以上）
③ 公共施設を使用不可能にさせた事故、社会的影響を及ぼした事故
④ 主要電気工作物の破損事故（電圧1万〔V〕以上の需要設備等）
⑤ 波及事故（電圧3 000〔V〕以上の自家用電気工作物の事故等）

問題 ▶ 1 平成20年度 法規 問2 改題

●次の文章は、「電気関係報告規則」の事故報告についての記述の一部である。（ア）～（ウ）に当てはまる語句又は数値を選べ。

1. 電気事業者は、電気事業の用に供する電気工作物（原子力発電工作物を除く。）に関して、次の事故が発生したときは、報告しなければならない。

（ア 感電・火災）又は破損事故若しくは電気工作物の誤操作若しくは電気工作物を操作しないことにより人が死傷した事故（死

▶電気事故報告
ゴロあわせ 事故の速報はまずは電話により。追って書面で下され
速報　　24時間以内　　書面　　30日

亡又は病院若しくは診療所に治療のため入院した場合に限る。)
2. 上記の規定による報告は、事故の発生を知った時から（イ　48・24）時間以内で可能な限り速やかに事故の発生の日時及び場所、事故が発生した電気工作物並びに事故の概要について、電話等の方法により行うとともに、事故の発生を知った日から起算して、（ウ　14・30）日以内に様式第12の報告書を提出して行わなければならない。

解説▶1

事故報告については、電気関係報告規則第3条に規定されている。「ここを暗記！」を参照。

答え　(ア)感電　(イ)24　(ウ)30

問題▶2　平成22年度 法規 問3

●「電気関係報告規則」に基づく、事故報告に関して、受電電圧6 600〔V〕の自家用電気工作物を設置する事業場における下記(1)～(5)の事故事例のうち、事故報告に該当しないものはどれか。
(1) 自家用電気工作物の破損事故に伴う構内1号柱の倒壊により道路をふさぎ、長時間の交通障害を起こした。
(2) 保修作業員が、作業中誤って分電盤内の低圧200〔V〕の端子に触れて感電負傷し、治療のため3日間入院した。
(3) 電圧100〔V〕の屋内配線の漏電により火災が発生し、建屋が全焼した。
(4) 従業員が、操作を誤って高圧の誘導電動機を損壊させた。
(5) 落雷により高圧負荷開閉器が破損し、電気事業者に供給支障を発生させたが、電気火災は発生せず、また、感電死傷者は出なかった。

解説▶2

(4) 電気工作物の破損事故については、電圧1万〔V〕以上の主要電気工作物について規定されている。高圧(7 000V以下)の誘導電動機は主要電気工作物に該当しないため、事故報告に該当しない。

答え　(4)

ゴロあわせ　▶報告すべき主な電気事故
たった1万円でも　重要！　破産？
1万V以上の　需要設備　破損事故

05 電気用品安全法

ここを暗記!

→ **電気用品安全法の目的** 電気用品の製造、販売等を規制して電気用品による危険及び障害の発生を防止する。

→ **電気用品の定義**
① 一般用電気工作物の部分やこれに接続して用いられる機械、器具、材料
② 携帯発電機
③ 蓄電池

→ **特定電気用品** 特に危険又は障害の発生するおそれが多い電気用品。

→ **PSEマーク** 届出事業者は電気用品安全法等に定められた義務を履行し、電気用品に経済産業省令で定めるPSEマークを表示しなければならない。

特定電気用品のマーク　　特定電気用品以外の電気用品マーク

〈PSE〉　　　　　　　　　（PSE）

問題 ▶ 1 平成16年度 法規 問7 改題

●次の文章は、「電気用品安全法」に基づく電気用品に関する記述である。(ア)〜(エ)に当てはまる語句を選べ。

1. この法律において「電気用品」とは、次に掲げるものをいう。
   一　一般用電気工作物（電気事業法第38条第1項に規定する一般用電気工作物をいう。）の部分となり、又はこれに接続して用いられる機械、（ア　器具・電線）又は材料であって、

合格アドバイス 携帯発電機などのように一般の人が取り扱ったり、触れたりするものが、特に定めた特定電気用品となっている。

政令で定めるもの

二　(イ　小型発電機・携帯発電機)であって、政令で定めるもの

2. この法律において「(ウ　特殊電気用品・特定電気用品・特別電気用品)」とは、構造又は使用方法その他の使用状況からみて特に危険又は(エ　障害・火災・事故)の発生するおそれが多い電気用品であって、政令で定めるものをいう。

解説▶1

「ここを暗記!」を参照。

答え　(ア)器具　(イ)携帯発電機　(ウ)特定電気用品　(エ)障害

問題▶2　平成20年度　法規　問1

●次の文章は、「電気用品安全法」についての記述であるが、不適切なものはどれか。

(1) この法律は、電気用品による危険及び障害の発生を防止することを目的としている。

(2) 一般用電気工作物の部分となる器具には電気用品となるものがある。

(3) 携帯用発電機には電気用品となるものがある。

(4) 特定電気用品とは、危険又は障害の発生するおそれの少ない電気用品である。

(5) 〈PS/E〉は、特定電気用品に表示する記号である。

解説▶2

(4) 特定電気用品については、電気用品安全法により次のように定義されている。

この法律において「特定電気用品」とは、構造又は使用方法その他の使用状況からみて特に危険又は障害の発生するおそれが多い電気用品であって、政令で定めるものをいう。

答え　(4)

ゴロあわせ　▶電気用品の定義
利　　き　　酒は　　　一般に　　　　ケ　　　チ
機械、器具、材料　①一般用電気工作物　②携帯発電機　③蓄電池

06 電気工事士法

ここを暗記！

⇒ 電気工事士が行うことができる工事の範囲

電気工事業法及び電気工事士法における電気工作物と資格について

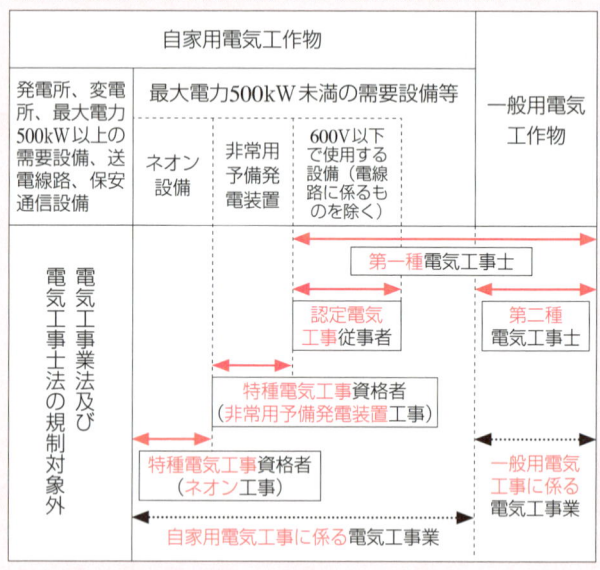

自家用電気工作物				一般用電気工作物
発電所、変電所、最大電力500kW以上の需要設備、送電線路、保安通信設備	最大電力500kW未満の需要設備等			
	ネオン設備	非常用予備発電装置	600V以下で使用する設備（電線路に係るものを除く）	

※図解：
- 第一種電気工事士：最大電力500kW未満の需要設備等（600V以下で使用する設備）～一般用電気工作物
- 認定電気工事従事者：600V以下で使用する設備
- 第二種電気工事士：一般用電気工作物
- 特種電気工事資格者（非常用予備発電装置工事）
- 特種電気工事資格者（ネオン工事）
- 一般用電気工事に係る電気工事業
- 自家用電気工事に係る電気工事業

（左端）電気工事業法及び電気工事士法の規制対象外

⇒ 電気工事業者が備えなければならない器具

電気工事業者	備えなければならない器具
一般用電気工事のみ	①絶縁抵抗計 ②接地抵抗計 ③回路計
自家用電気工事	以上3点の他に、 ④検電器（低圧・高圧） ⑤継電器試験装置 ⑥絶縁耐力試験装置

合格アドバイス 500kW以上の需要設備等は、電気主任技術者の監督下に置かれているため、電気工事士法などの規制の対象外になっている。

問題 ▶ 1　平成20年度　法規　問3

●「電気工事士法」においては、電気工事の作業内容に応じて必要な資格を定めているが、作業者の資格とその電気工事の作業に関する記述として、不適切なものは次のうちどれか。

(1) 第一種電気工事士は、自家用電気工作物であって最大電力 250〔kW〕の需要設備の電気工事の作業に従事できる。
(2) 第一種電気工事士は、最大電力 250〔kW〕の自家用電気工作物に設置される出力 50〔kW〕の非常用予備発電装置の発電機に係る電気工事の作業に従事できる。
(3) 第二種電気工事士は、一般用電気工作物に設置される出力 3〔kW〕の太陽電池発電設備の設置のための電気工事の作業に従事できる。
(4) 第二種電気工事士は、一般用電気工作物に設置されるネオン用分電盤の電気工事の作業に従事できる。
(5) 認定電気工事従事者は、自家用電気工作物であって最大電力 250〔kW〕の需要設備のうち 200〔V〕の電動機の接地工事の作業に従事できる。

解説 ▶ 1

(2) 非常用予備発電装置の発電機に係る電気工事は、特殊電気工事に該当し、特種電気工事資格者認定証の交付を受けている者でなければ、その作業に従事してはならない。
(4) ネオン工事も特殊電気工事に該当するが、分電盤については特殊電気工事には該当しないので、一般用電気工作物の電気工事として、第二種電気工事士は従事できる。

答え　(2)

ゴロあわせ ▶電気工事業者が備えなければならない器具
　　　　　　一般に　　　　絶縁な人は　　接触　　　回数が少ない
一般用電気工事のみ　絶縁抵抗計　接地抵抗計　回路計

07 絶縁抵抗値と低圧電路の絶縁性能

ここを暗記！

⊃ 絶縁抵抗値 開閉器や過電流遮断器を動作させることで区切ることができる電路の絶縁抵抗のこと。電路の使用電圧によって次のように定められている。

電路の使用電圧の区分		絶縁抵抗値
300V以下	対地電圧*が150V以下の場合 *接地式電路においては電線と大地間の電圧、非接地式電路においては電線間の電圧	0.1〔MΩ〕以上
	その他の場合	0.2〔MΩ〕以上
300V超		0.4〔MΩ〕以上

⊃ 低圧電線路の絶縁性能 低圧電線路中絶縁部分の電線と大地との間及び電線の線心相互間の絶縁抵抗は、使用電圧に対する漏えい電流が最大供給電流の $\frac{1}{2\,000}$ を超えないようにしなければならない。

低圧電線路の漏えい電流 ≦ $\frac{最大供給電流}{2\,000}$

絶縁抵抗値 ≧ $\frac{対地電圧}{漏えい電流}$

▶絶縁抵抗値
ゴロあわせ サマーの一コマ、オイル切らして絶縁。 バイバイ
　　　　　　　300　　150　　　0.1　　　　　絶縁　2倍（0.2）4倍（0.4）

問題 ▶ 1　平成19年度 法規 問4 改題

●「電気設備技術基準」では、低圧電線路の絶縁性能として、「低圧電線路中絶縁部分の電線と大地との間及び電線の線心相互間の絶縁抵抗は、使用電圧に対する漏えい電流が最大供給電流の（ア $\frac{1}{1\,000}$・$\frac{1}{1\,500}$・$\frac{1}{2\,000}$）を超えないようにしなければならない。」と規定している。

いま、定格容量 75〔kV·A〕、一次電圧 6 600〔V〕、二次電圧 105〔V〕の単相変圧器に接続された単相 2 線式 105〔V〕1 回線の低圧架空配電線路について、上記規定に基づく、この配電線路の電線 1 線当たりの漏えい電流〔A〕の許容最大値を求めることとする。

上記の記述中の（ア）に当てはまる数字を選び、漏えい電流〔A〕の許容最大値を答えよ。

解説 ▶ 1

電気設備に関する技術基準を定める省令の第 22 条で、次のように規定されている。「低圧電線路中絶縁部分の電線と大地との間及び電線の線心相互間の絶縁抵抗は、使用電圧に対する漏えい電流が最大供給電流の $\frac{1}{2\,000}$ を超えないようにしなければならない。」

低圧電線路の最大供給電流 I_m は次式の通りである。

$$I_m = \frac{75 \times 10^3 \text{〔V·A〕}}{105 \text{〔V〕}} \fallingdotseq 714.3 \text{〔A〕}$$

したがって、漏えい電流の許容最大値 I_{Lm} は次式で求まる。

$$I_{Lm} \leq \frac{I_m}{2\,000} = \frac{714.3}{2\,000} \fallingdotseq 0.357 \text{〔A〕}$$

答え　（ア）$\frac{1}{2\,000}$　漏えい電流の許容最大値 $= 0.357$〔A〕

▶低圧電線路の絶縁性能
ゴロあわせ　停電で　ニセの　絶縁性能
低圧電線路　2 000

08 絶縁耐力試験

ここを暗記！

◆絶縁耐力試験
下表にある試験電圧を電路と大地との間に連続して10分間加えたとき、これに耐える性能を有すること。

最大使用電圧	電路の種類	試験電圧(最大使用電圧の何倍)
7 000〔V〕以下	交流の電路	1.5倍の交流電圧
7 000〔V〕以下	直流の電路	1.5倍の直流電圧又は、1倍の交流電圧
7 000〔V〕超 60 000〔V〕以下	最大使用電圧が15 000〔V〕以下の中性点接地式電路* *中性線を有するものであって、その中性線に多重接地するものに限る	0.92倍の電圧
7 000〔V〕超 60 000〔V〕以下	上記以外	1.25倍の電圧 (10 500〔V〕未満となる場合は10 500〔V〕)

◆最大使用電圧を求める公式

最大線間電圧	公式
1 000〔V〕以下	最大使用電圧＝公称電圧 × 1.15〔V〕
1 000〔V〕超 500 000〔V〕未満	最大使用電圧＝公称電圧 × $\dfrac{1.15}{1.1}$〔V〕

◆ケーブル使用の交流電路の絶縁耐力試験
ケーブル使用の交流電路を直流で試験する場合、上の表で規定する交流での試験電圧の2倍の直流電圧を電路と大地の間（多心ケーブルでは心線相互間及び心線と大地との間）に連続して10分間加えたとき、これに耐える性能を有すること。

◆回転機、燃料電池、太陽電池の絶縁耐力試験

交流の回転機（回転変流機を除く）	規定する試験電圧の1.6倍の直流電圧を巻線と大地との間に連続して10分間加えたとき、これに耐える性能を有すること。
燃料電池 太陽電池モジュール	最大使用電圧の1.5倍の直流電圧又は1倍の交流電圧(500V未満となる場合は、500V)を充電部分と大地との間に連続して10分間加えたとき、これに耐える性能を有すること。

▶絶縁耐力試験
ゴロあわせ　絶倫！　体力、7戦　インコと交流、10分
　　　　　　絶縁耐力　7 000　1.5　　　　　10分

問題 ▶ 1　平成20年度 法規 問7 改題

●次の文章は、「電気設備の技術基準の解釈」に基づく、電線にケーブルを使用する交流の電路の絶縁耐力試験に関する記述の一部である。（ア）～（エ）に当てはまる数値を答えよ。

電線にケーブルを使用する交流の電路においては、下表に規定する試験電圧の　（ア）　倍の直流電圧を電路と大地の間（多心ケーブルにあっては、心線相互間及び心線と大地との間）に連続して　（イ）　分間加えたとき、これに耐える性能を有すること。

電路の種類		試験電圧
最大使用電圧が7 000〔V〕以下の電路	交流の電路	最大使用電圧の　（ウ）　倍の交流電圧
	直流の電路	最大使用電圧の　（ウ）　倍の直流電圧又は1倍の交流電圧
最大使用電圧が7 000〔V〕を超え、60 000〔V〕以下の電路	最大使用電圧が15 000〔V〕以下の中性点接地式電路（中性線を有するものであって、その中性線に多重接地するものに限る。）	最大使用電圧の0.92倍の電圧
	上記以外	最大使用電圧の　（エ）　倍の電圧（10 500〔V〕未満となる場合は10 500〔V〕）

解説 ▶ 1

（ア）交流電路における直流での試験電圧は、交流での試験電圧の2倍と規定されている。
（イ）試験電圧を印加する時間は10分間と規定されている。
（ウ）最大電圧が7 000V以下の電路の試験電圧は、最大使用電圧の1.5倍以上と規定されている。
（エ）最大電圧が7 000Vを超え、60 000V以下の電路の試験電圧は、原則、最大使用電圧の1.25倍以上と規定されている。

答え　（ア）2　（イ）10　（ウ）1.5　（エ）1.25

合格アドバイス　実際の絶縁耐力試験では、絶縁耐力試験の前後に絶縁抵抗測定を行い、絶縁性能に異常がないことを確認する。

09 接地工事

> ここを 暗記！

🔘 **接地工事の種類と抵抗** 接地工事の種類によって接地抵抗値と接地線の太さが定められている。

接地工事	接地抵抗値	接地線の太さ(直径)	電圧の種別による機器
A種	10Ω以下	2.6mm以上	高圧用又は特別高圧用の機械器具の鉄台及び金属製外箱
B種	計算値*	4mm以上	高圧又は特別高圧の電路と低圧電路とを結合する変圧器の低圧側の中性点（中性点がない場合は低圧側の1端子）
C種	10Ω以下**	1.6mm以上	低圧用機械器具の鉄台及び金属製外箱(300Vを超えるもの)
D種	100Ω以下**	1.6mm以上	低圧用機械器具の鉄台及び金属製外箱（300V以下のもの。ただし、直流電路及び150V以下の交流電路に設けるもので、乾燥した場所に設けるものを除く）

＊ 変圧器の高圧側又は特別高圧側の電路の1線地絡電流アンペア数で150（変圧器の高圧側の電路と低圧側の電路との混触により、低圧電路の対地電圧が150Vを超えた場合に、1秒超2秒以下で自動的に高圧電路を遮断する装置を設けるときは300、1秒以下で遮断する装置を設ける場合は600）を除した値に等しいオーム数以下。

▶接地工事の種類と線の太さ
ゴロあわせ <u>A</u>の　持論で　<u>B</u>　<u>4</u>
A種　2.6mm　B種　4mm

**低圧電路において、その電路に電流動作形で定格感度電流100mA以下、動作時間 0.5秒以内の漏電遮断器を施設するときは 500Ω以下でよい。

問題 ▶ 1　平成25年度 法規 問13(a) 改題

● 変圧器によって高圧電路に結合されている低圧電路に施設された使用電圧 100〔V〕の金属製外箱を有する電動ポンプがある。この変圧器のB種接地抵抗値及びその低圧電路に施設された電動ポンプの金属製外箱のD種接地抵抗値に関して、変圧器の低圧側に施されたB種接地工事の接地抵抗値について、「電気設備技術基準の解釈」で許容されている上限の抵抗値〔Ω〕を求めよ。ただし、次の条件によるものとする。

（ア）変圧器の高圧側電路の1線地絡電流は3〔A〕とする。
（イ）高圧側電路と低圧側電路との混触時に低圧電路の対地電圧が 150〔V〕を超えた場合に、1.2 秒で自動的に高圧電路を遮断する装置が設けられている。

解説 ▶ 1

使用電圧 100V であり対地電圧 150V 以下となる。また、条件（ア）、（イ）より、B種接地工事の接地抵抗値 R_B は、300 を1線地絡電流値で除した値となり、次式で求まる。

$$R_B = \frac{300}{3} = 100 \ [\Omega]$$

答え　100〔Ω〕

ゴロあわせ　▶接地工事の種類と線の太さ
弟子は　一郎
D種C種　1.6mm以上

10 架空電線

ここを暗記!

⊃ 架空電線路の電線の太さ

電圧の種別	市街地外	市街地
300V以下	直径3.2mm (絶縁電線使用の場合2.6mm)	
300V超 7kV以下	直径4.0mm	直径5.0mm

⊃ 架空電線の高さ

布設する場所	低圧〔m〕	高圧〔m〕
道路*の横断	6以上	
鉄道・軌道の横断	5.5以上	
その他の場所	5(4)以上**	5以上

〔注〕
*農道その他の交通量の激しくない道路及び横断歩道橋を除く。
**( )内は道路以外の箇所に施設する場合又は対地電圧150V以下の屋外照明用のもので交通に支障のないように施設する場合

⊃ 架空電線の離隔距離

近接対象物 (単位〔m〕以上)			低圧架空電線		高圧架空電線	
			絶縁電線	ケーブル	絶縁電線	ケーブル
建造物	上部造営材	上方	2	1	2	1
		下方又は側方	1.2(0.8)	0.4	1.2(0.8)	0.4
	その他造営材		0.6	0.3	1.2	0.4
架空弱電流電線等	弱電線の上方		0.3	0.15	0.8	0.4
アンテナ			0.6	0.3	0.8	0.4

〔注〕( )内は電線に人が容易に触れるおそれのないように施設した場合

⊃ 低圧架空引込線の電線の強さと太さ

▶ 引張強さ2.30 kN以上のもの
又は
▶ 直径2.6mm以上の硬銅線

*ケーブルである場合を除く。
**ただし、径間が15m以下の場合に限り、引張強さ1.38kN以上のもの、又は直径2mm以上の硬銅線の使用可。

ゴロあわせ
▶架空電線路の電線の太さ
300リットルでも　風呂が　ミニ
電圧300V以下　　2.6mm　3.2mm

◯低圧架空引込線の電線の高さ

区分		高さ(数値以上)
道路(歩行の用にのみ供される部分を除く。)を横断する場合	技術上やむを得ない場合において交通に支障のないとき	路面上3m
	その他の場合	路面上5m
鉄道又は軌道を横断する場合		レール面上5.5m
横断歩道橋の上に施設する場合		横断歩道橋の路面上3m
上記以外の場合	技術上やむを得ない場合において交通に支障のないとき	地表上2.5m
	その他の場合	地表上4m

◯接近状態

「電気設備の技術基準の解釈」は、架空電線が他の工作物と接近する状態を次の2つに分けている。

接近状態	状態
第1次接近状態	接近する他の工作物に上方・側方において、水平距離で3m以上かつ支持物の高さ以内に接近する状態。電線の接触や支持物の倒壊等により接触するおそれのある状態。
第2次接近状態	接近する他の工作物に上方・側方において、水平距離で3m未満に接近する状態。

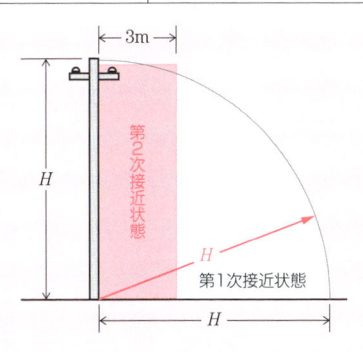

ゴロあわせ ▶架空電線路の電線の太さ
貸せん！　　　　みんなで　　　　四の　　　五の言うな！
架空電線　電圧300V超7kV以下　4.0mm　5.0mm

問題 ▶ 1　平成23年度 法規 問7 改題

●次の文章は、「電気設備技術基準の解釈」における、低圧架空引込線の施設に関する記述の一部である。（ア）～（オ）に当てはまる数値を選べ。

a. 電線は、ケーブルである場合を除き、引張強さ（ア　2.00・2.30・2.35）〔kN〕以上のもの又は直径 2.6〔mm〕以上の硬銅線とする。ただし、径間が（イ　15・20）〔m〕以下の場合に限り、引張強さ 1.38〔kN〕以上のもの又は直径 2〔mm〕以上の硬銅線を使用することができる。

b. 電線の高さは、次によること。
①道路（車道と歩道の区別がある道路にあっては、車道）を横断する場合は、路面上（ウ　4・5）〔m〕（技術上やむを得ない場合において交通に支障のないときは（エ　3・4）〔m〕）以上
②鉄道又は軌道を横断する場合は、レール面上（オ　5・5.5・6）〔m〕以上

解説 ▶ 1

（ア）（イ）低圧架空引込線の電線は、「ケーブルである場合を除き、引張強さ 2.30kN 以上のもの又は直径 2.6mm 以上の硬銅線であること。ただし、径間が 15m 以下の場合に限り、引張強さ 1.38kN 以上のもの又は直径 2mm 以上の硬銅線を使用することができる。」と規定されている。

（ウ）（エ）（オ）低圧架空引込線の高さは、道路は路面上 5m 以上、やむを得ない場合は 3m 以上、鉄道・軌道はレール上 5.5m 以上と規定されている。

答え　（ア）2.30　（イ）15　（ウ）5　（エ）3　（オ）5.5

ゴロあわせ　▶低圧架空引込線の電線
強い　　兄さん、　風呂で　行動
引張強さ　2.30kN　2.6mm　硬銅線

問題 ▶ 2　平成21年度 法規 問7 改題

●次の文章は、「電気設備技術基準の解釈」における、第1次接近状態及び第2次接近状態に関する記述である。(ア)～(エ)に当てはまる数値又は語句を選べ。

1. 「第1次接近状態」とは、架空電線が他の工作物と接近する場合において、当該架空電線が他の工作物の上方又は側方において、水平距離で(ア　1.2・2・3)〔m〕以上、かつ、架空電線路の支持物の地表上の高さに相当する距離以内に施設されることにより、架空電線路の電線の(イ　振動・切断)、支持物の(ウ　傾斜・倒壊)等の際に、当該電線が他の工作物(エ　を損壊させる・に接触する)おそれがある状態をいう。

2. 「第2次接近状態」とは、架空電線が他の工作物と接近する場合において、当該架空電線が他の工作物の上方又は側方において水平距離で(ア)〔m〕未満に施設される状態をいう。

解説 ▶ 2

　第1次接近状態とは、接近する他の工作物に上方・側方において、水平距離で3m以上かつ支持物の高さ以内に接近する状態、すなわち、電線の接触や支持物の倒壊等により接触するおそれのある状態をいう。

　第2次接近状態とは、接近する他の工作物に上方・側方において、水平距離で3m未満に接近する状態をいう。

答え　(ア) 3　(イ) 切断　(ウ) 倒壊　(エ) に接触する

ゴロあわせ
▶第1次接近状態
水兵　　　さんの　　支持が　　　高い
水平距離で3m以上　支持物の高さ以内

11 地中電線・屋側ケーブル

ここを暗記!

地中電線路の埋設表示 高圧又は特別高圧の地中電線路は、掘削工事の影響を受けないように次により表示を施すこと*。
① 物件の名称、管理者名及び電圧
② おおむね 2 m の間隔で表示する。

*ただし、需要場所に施設する高圧地中電線路であって、その長さが15m以下のものにあってはこの限りでない。

直接埋設式の埋設深さ

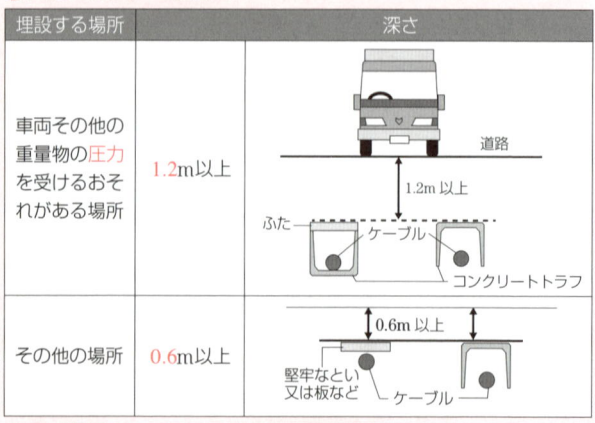

埋設する場所	深さ
車両その他の重量物の圧力を受けるおそれがある場所	1.2m以上
その他の場所	0.6m以上

高圧屋側ケーブルの支持点間の距離

取付場所	支持点間の距離
造営材の側面又は下面に沿って取り付ける場合	2m以下
垂直に取り付ける場合	6m以下

高圧屋側ケーブルの接地工事

施工箇所	接地工事の種類
金属製部分	A種
接触防護措置を施す場合	D種

合格アドバイス トラフとは細長い飼い葉桶のことで、転じて舟底のような形状のことを指す。

問題 ▶ 1　平成17年度 法規 問8 改題

● 次の文章は、「電気設備技術基準」及び「電気設備技術基準の解釈」に基づく地中電線路の施設に関する記述の一部である。（ア）～（ウ）に当てはまる語句又は数値を選べ。

1. 地中電線路は、車両その他の重量物による圧力に耐え、かつ、当該地中電線路を埋設している旨の表示等により（ア　舗装工事・掘削工事・建設工事）からの影響を受けないように施設しなければならない。
2. 地中電線路を直接埋設式により施設する場合は、地中電線の埋設深さは、車両その他の重量物の圧力を受けるおそれがある場所においては（イ　1.0・1.2・1.5）〔m〕以上、その他の場所においては（ウ　0.5・0.6・0.8）〔m〕以上であること。

解説 ▶ 1

（ア）地中電線路は掘削工事の影響を受けないように埋設表示をする必要がある。
（イ）（ウ）直接埋設式の埋設深さは、車両その他の重量物の圧力を受けるおそれがある場所においては1.2m以上、その他の場所においては0.6m以上、と規定されている。

答え　（ア）掘削工事　（イ）1.2　（ウ）0.6

問題 ▶ 2　平成18年度 法規 問8 改題

● 次の文章は、「電気設備技術基準の解釈」に基づく高圧屋内配線等の施設に関する記述の一部である。（ア）（イ）に当てはまる数値を選べ。

高圧屋側ケーブル工事における垂直に取り付ける場合の電線の支持点間の距離は（ア　3・6）〔m〕以下であること。電線を造営材の側面又は下面に沿って取り付ける場合は、（イ　1・2）〔m〕以下とすること。

解説 ▶ 2

高圧屋内配線等の施設について、垂直に取り付ける場合は6m以下、造営材の側面又は下面に沿って取り付ける場合は2m以下、とされている。

答え　（ア）6　（イ）2

▶ 高圧屋側ケーブルの支持点間の距離
ゴロあわせ　ソックスと仮面だけ に着替えて スイム
　　　　　　　側面　　下面　2m以下　　垂直6m以下

12 変電設備等の施設の基準

ここを 暗記!

⊃ 避雷器等の施設 高圧・特別高圧の電路中、次の箇所には、避雷器を施設する。なお、避雷器にはA種接地工事を施す。

▶発電所又は変電所の架空電線の引込口、引出口
▶架空電線路に接続する配電用変圧器の高圧側及び特別高圧側
▶高圧架空電線路から電気の供給を受ける受電電力が500kW以上の需要場所の引込口
▶特別高圧架空電線路から電気の供給を受ける需要場所の引込口

⊃ 発電所等への取扱者以外の者の立入りの防止 高圧・特別高圧の機械器具等を屋外に施設する発電所、変電所、開閉所には、取扱者以外の者が立ち入らない ①～③ の措置を講じる。

① 「さく」「へい」を設ける。

さく、へい等の高さと、さく、へい等から充電部分までの距離との和は次に規定する値以上とする。

充電部分の使用電圧の区分	さく、へい等の高さと、さく、へい等から充電部分までの距離との和
35 000V以下	5 m
35 000V超160 000V以下	6 m
160 000V超	$(6+c)$m*

*c=使用電圧と160 000Vの差を10 000Vで除した値(小数点以下切上)×0.12

② 出入口に立入りを禁止する旨を表示する。

③ 出入口に施錠する等、取扱者以外の者の出入りを制限する。

⊃ 架空地線の強度

電圧の種類	使用する電線の基準
高圧架空電線路の架空地線	引張強さ 5.26kN以上の裸硬銅線又は直径 4 mm以上の裸硬銅線
特別高圧架空電線路の架空地線	引張強さ 8.01kN以上の裸線又は直径 5 mm以上の裸硬銅線

ゴロあわせ
▶架空地線の強度
　　　高圧で　　　　　　　引っ張る　　コンブ
高圧架空電線路の架空地線　引張強さ　5.26kN以上

小出力発電設備の施設（太陽電池モジュール）の基準

- 充電部分が露出しないように施設すること。
- 負荷側の電路には、接続点に近接して開閉器を施設すること。
- 太陽電池モジュールを並列に接続する電路には、過電流遮断器等を施設すること。
- 電線は、次によること。
  ①直径 1.6mm の軟銅線又はこれと同等以上のものを使用。
  ②合成樹脂管工事、金属管工事、金属可とう電線管工事、ケーブル工事によって施設すること。
- 器具に電線を接続する場合は、ねじ止め等により、堅ろうに、かつ、電気的に完全に接続するとともに、接続点に張力が加わらないようにすること。

問題 ▶ 1　平成22年度 法規 問5

●「電気設備技術基準の解釈」では、高圧及び特別高圧の電路中の所定の箇所又はこれに近接する箇所には避雷器を施設することとなっている。この所定の箇所に該当するのは次のうちどれか。

(1) 発電所又は変電所の特別高圧地中電線引込口及び引出口
(2) 高圧側が 6〔kV〕高圧架空電線路に接続される配電用変圧器の高圧側
(3) 特別高圧架空電線路から電気の供給を受ける需要場所の引込口
(4) 特別高圧地中電線路から電気の供給を受ける需要場所の引込口
(5) 高圧架空電線路から電気の供給を受ける受電電力の容量が 300〔kW〕の需要場所の引込口

解説 ▶ 1

(3) 特別高圧の電圧で架空電線路より電気の供給を受ける需要場所の引込口は、避雷器を施設することと規定されている。

答え　(3)

ゴロあわせ　▶架空地線の強度
特別で　やわい　肌
特別高圧　引張強さ8.01kN以上の裸線

13 屋内電路の施設

ここを暗記！

⊃ 屋内電路の構成 屋内電路は、屋内幹線と屋内幹線から分岐して照明器具やコンセント等に電気を供給する分岐回路で構成される。幹線と分岐回路には開閉器と過電流遮断器を施設しなければならない。

⊃ 幹線の許容電流 次の①と②で下限値を求める計算式が異なる。

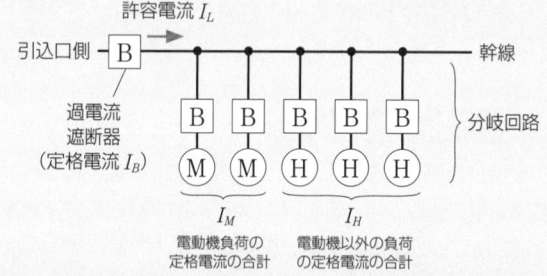

許容電流 I_L

引込口側 ─ B ──●──●──●──●──●── 幹線

過電流遮断器（定格電流 I_B）

B B B B B ┐
M M H H H ┘ 分岐回路

I_M 電動機負荷の定格電流の合計
I_H 電動機以外の負荷の定格電流の合計

		幹線の許容電流の計算式
① $I_M \leq I_H$ のとき		$I_L \geq I_M + I_H$
② $I_M > I_H$ のとき	$I_M \leq 50〔A〕$	$I_L \geq I_M \times 1.25 + I_H$
	$I_M > 50〔A〕$	$I_L \geq I_M \times 1.1 + I_H$

⊃ 幹線の過電流遮断器の定格電流

$I_B = 3 I_M + I_H$ ┐
$I_B = 2.5 I_L$ ┘ いずれか小さい値

I_L：幹線の許容電流〔A〕 I_B：幹線の過電流遮断器の定格電流〔A〕
I_M：電動機負荷の定格電流の合計〔A〕
I_H：電動機以外の負荷の定格電流の合計〔A〕

ゴロあわせ ▶配線用遮断器の規格（定格電流30A以下の場合）
てか、　威張らず、　いつかロト当て、　ニコニコ
定格電流　1倍　　1.25倍60分　　　2倍2分

分岐回路の開閉器・過電流遮断器の施設
原則、分岐点より 3 m 以下に開閉器・過電流遮断器を施設。ただし、分岐回路の許容電流によって取付位置の緩和条件がある。

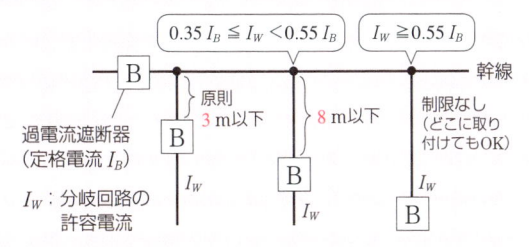

```
                    [0.35 I_B ≦ I_W < 0.55 I_B]   [I_W ≧ 0.55 I_B]
         ┌─B─┬──────────────┬──────────────────── 幹線
             │ 原則          │ 8 m以下           制限なし
過電流遮断器   │ 3 m以下       │                  (どこに取り
(定格電流 I_B) B               B                  付けてもOK)
              │               │
I_W:分岐回路の I_W            I_W                  I_W
    許容電流                                      B
```

配線用遮断器の規格 （定格電流 30 〔A〕以下の場合）

①定格電流の 1 倍で動作しないこと
②定格電流の 1.25 倍で 60 分以内に動作
③定格電流の 2 倍で 2 分以内に動作

電線の接続

①抵抗を増加させない。
②引張強さを 20 ％以上減少させない。
③ろう付け、その他接続器具等で堅ろうに。

対地電圧の規制
屋内電路の対地電圧は原則 150 〔V〕以下。
ただし、定格消費電力 2 〔kW〕以上の電気機械器具は 300 〔V〕以下。

金属管工事の接地工事
金属管に次の接地工事を施す。

使用電圧 300 〔V〕超	C 種接地工事
使用電圧 300 〔V〕以下	D 種接地工事 *

*ただし、D 種接地工事では、次の場合、接地工事の省略ができる。
- 使用電圧 300 〔V〕以下で、4 〔m〕以下の金属管を乾燥した場所に施設する場合
- 対地電圧 150 〔V〕以下で、8 〔m〕以下の金属管に簡易接触防護措置を施す場合又は乾燥した場所に施設する場合

▶対地電圧の規制

ゴロあわせ

タイに	行こう	肉は	300倍か？
対地電圧	150V以下	2kW以上	300V以下

問題 ▶ 1　平成22年度 法規 問6 改題

●次の文章は、「電気設備技術基準の解釈」における、低圧幹線の施設に関する記述の一部である。（ア）〜（エ）に当てはまる数値を選べ。

低圧幹線の電源側電路には、当該低圧幹線を保護する過電流遮断器を施設すること。ただし、次のいずれかに該当する場合はこの限りではない。

a. 低圧幹線の許容電流が、当該低圧幹線の電源側に接続する他の低圧幹線を保護する過電流遮断器の定格電流の（ア　50・55）〔％〕以上である場合

b. 過電流遮断器に直接接続する低圧幹線又は上記 a に掲げる低圧幹線に接続する長さ（イ　6・7・8）〔m〕以下の低圧幹線であって、当該低圧幹線の電源側に接続する他の低圧幹線を保護する過電流遮断器の定格電流の（ウ　33・35）〔％〕以上である場合

c. 過電流遮断器に直接接続する低圧幹線又は上記 a 若しくは上記 b に掲げる低圧幹線に接続する長さ（エ　3・4・5）〔m〕以下の低圧幹線であって、当該低圧幹線の負荷側に他の低圧幹線を接続しない場合

解説 ▶ 1

「ここを暗記!」の「分岐回路の開閉器・過電流遮断器の施設」を参照。

答え　（ア）55　（イ）8　（ウ）35　（エ）3

問題 ▶ 2　平成25年度 法規 問8 改題

●次の文章は、「電気設備技術基準の解釈」に基づく、住宅の屋内電路の対地電圧の制限に関する記述の一部である。（ア）～（エ）に当てはまる数値又は語句を選べ。

　住宅の屋内電路（電気機械器具内の電路を除く。）の対地電圧は、150〔V〕以下であること。ただし、定格消費電力が（ア　2・3・5）〔kW〕以上の電気機械器具及びこれに電気を供給する屋内配線を次により施設する場合は、この限りでない。

a. 屋内配線は、当該電気機械器具のみに電気を供給するものであること。
b. 電気機械器具の使用電圧及びこれに電気を供給する屋内配線の対地電圧は、（イ　300・450）〔V〕以下であること。
c. 屋内配線には、簡易接触防護措置を施すこと。
d. 電気機械器具には、簡易接触防護措置を施すこと。
e. 電気機械器具は、屋内配線と（ウ　直接接続・分岐接続）して施設すること。
f. 電気機械器具に電気を供給する電路には、専用の（エ　漏電遮断器・開閉器）及び過電流遮断器を施設すること。
g. 電気機械器具に電気を供給する電路には、電路に地絡が生じたときに自動的に電路を遮断する装置を施設すること。

解説 ▶ 2

「ここを暗記！」の「屋内電路の構成」と「対地電圧の規制」を参照。

答え　（ア）2　（イ）300　（ウ）直接接続　（エ）開閉器

▶金属管D種接地工事が省略できる場合

ゴロあわせ　では、しよう。　300円を　預金。　以後　発禁
　　　　　　　D種　使用電圧　300V　4m金属管　150　8m金属管

14 負荷特性（需要率・負荷率・不等率）

ここを暗記！

○ **需要率** 需要家が施設する電気設備の容量のうち、実際に需要があった電力の最大の割合を表した値。

$$需要率 = \frac{最大需要電力〔kW〕}{設備容量〔kW〕} \times 100 〔\%〕$$

○ **負荷率** ある期間中の電力需要の変動の度合いを表した値。日負荷率、月負荷率、年負荷率がある。

$$負荷率 = \frac{平均需要電力〔kW〕}{最大需要電力〔kW〕} \times 100 〔\%〕$$

○ **不等率** 複数の需要家の個々の負荷の最大需要電力の和と全需要家の合成最大需要電力の比。値が大きいほど、需要が分散していることを、また値が 1 の場合は需要ピーク時間が一致していることを示す。

$$不等率 = \frac{最大需要電力の総和〔kW〕}{合成最大需要電力〔kW〕} \geq 1$$

問題 ▶ 1　平成20年度 法規 問12 改題

●ある変電所から供給される下表に示す需要家A、B及びCがある。各需要家間の負荷の不等率を 1.2 とするとき、次の（a）及び（b）に答えよ。

需要家	負荷の設備容量〔kV·A〕	力率	需要率〔%〕	負荷率〔%〕
A	500	0.90	40	50
B	200	0.85	60	60
C	600	0.80	60	30

（a）需要家Aの平均電力〔kW〕の値を求めよ。
（b）変電所からみた合成最大需要電力〔kW〕の値を求めよ。

ゴロあわせ
▶需要率
授業は　　要領が　　最も重要
需要率　設備容量　最大需要電力

解説 ▶ 1

（a）最大需要電力は次式で求まる。

最大需要電力 = 設備容量 × 力率 × $\left(\dfrac{需要率}{100}\right)$
= $500 \times 0.90 \times \left(\dfrac{40}{100}\right) = 180$ 〔kW〕

平均需要電力は次式で求まる。

平均需要電力 = 最大需要電力 × $\left(\dfrac{負荷率}{100}\right)$
= $180 \times \left(\dfrac{50}{100}\right) = 90$ 〔kW〕

（b）合成最大需要電力は次式で求まる。

合成最大需要電力 = $\dfrac{最大需要電力の総和}{不等率}$

需要家B及びCの最大需要電力を求める。

需要家Bの最大需要電力 = $200 \times 0.85 \times \left(\dfrac{60}{100}\right) = 102$ 〔kW〕

需要家Cの最大需要電力 = $600 \times 0.80 \times \left(\dfrac{60}{100}\right) = 288$ 〔kW〕

したがって、合成最大需要電力は次式で求まる。

合成最大需要電力 = $\dfrac{180+102+288}{1.2} = 475$ 〔kW〕

答え (a) 90〔kW〕 (b) 475〔kW〕

問題 ▶ 2 平成26年度 法規 問12(a) 改題

● A工場及びB工場の、日負荷曲線は図の通りである。設備容量が、A工場 400kW、B工場 700kWであるとき、A工場及びB工場を合わせた需要率〔%〕の値を求めよ。

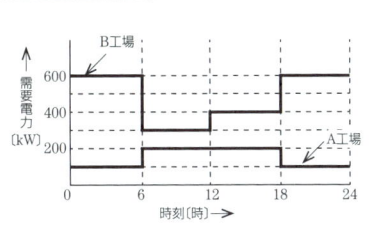

解説 ▶ 2

A工場とB工場を合わせた最大需要電力は 0－6 時、18－24時のA 100kW、B 600kWの 700kWである。

A工場とB工場全設備の容量は、400 + 700 = 1 100〔kW〕

したがって、需要率 = $\dfrac{700}{1\,100} \times 100 ≒ 63.6$〔%〕

答え 63.6〔%〕

ゴロあわせ ▶負荷率
負担だ。最大寿命も　　平均寿命も上がると
負荷率　最大需要電力　平均需要電力

15 対地電圧からの接地抵抗の計算

ここを暗記!

→ **接地抵抗の計算** 下図のように低圧線が電動機などの金属製外箱に接した場合、電動機にD種接地工事を施してあると地絡電流(……)が流れて外箱の対地電圧を低く抑えることができる。

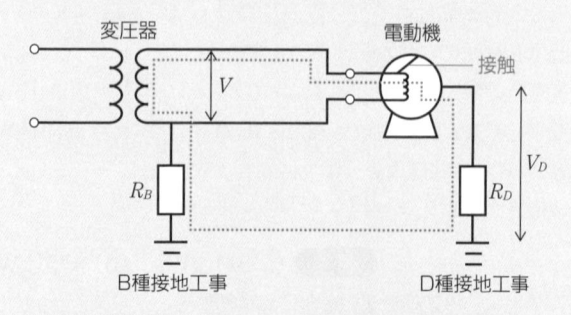

B種接地抵抗のR_BとD種接地抵抗のR_Dが直列の等価回路になる

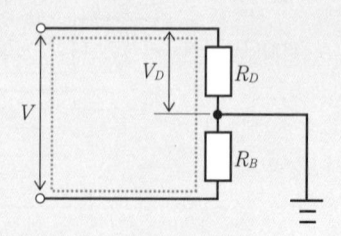

よって、対地電圧は次の式で求められる。

電動機の対地電圧 $V_D = \dfrac{R_D}{R_D + R_B} \times V$ 〔V〕

V_D:D種接地抵抗の電圧〔V〕　R_D:D種接地抵抗値〔Ω〕
R_B:B種接地抵抗値〔Ω〕　V:使用電圧〔V〕

合格アドバイス 本節15と次節16の接地抵抗の計算は問題の形式は違うが、等価回路がわかれば計算式を暗記しなくても導き出せる。

問題 ▶ 1　平成25年度 法規 問13(b) 改題

●変圧器によって高圧電路に結合されている低圧電路に施設された使用電圧100〔V〕の金属製外箱を有する電動ポンプがある。この変圧器のB種接地抵抗値は100〔Ω〕である。この電動ポンプに完全地絡事故が発生した場合、電動ポンプの金属製外箱の対地電圧を25〔V〕以下としたい。このための電動ポンプの金属製外箱に施すD種接地工事の接地抵抗値〔Ω〕の上限値を求めよ。

解説 ▶ 1

完全地絡時の等価回路は下図の通りである。

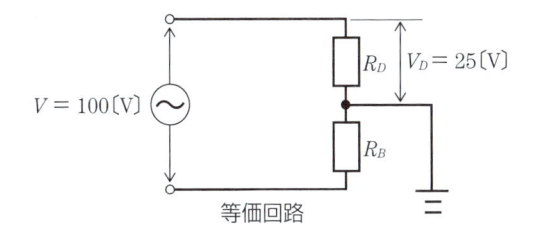

等価回路

したがって、D種接地抵抗値は次式で求まる。

$$V_D = \frac{R_D}{R_D + R_B} \times V \text{〔V〕}$$

$$25 = \frac{R_D}{R_D + R_B} V = \frac{R_D}{R_D + 100} \times 100$$

$$0.25(R_D + 100) = R_D$$

$$\therefore R_D = \frac{0.25 \times 100}{0.75} \fallingdotseq 33.3 \text{〔Ω〕}$$

答え　33.3〔Ω〕

合格アドバイス　電動機の対地電圧の式は、直列接続の各抵抗にかかる電圧はそれぞれの抵抗値に比例配分することから導き出せる。

16 漏えい電流からの接地抵抗の計算

ここを 暗記！

⊃漏えい電流からの接地抵抗の計算 下図のように低圧線が電動機などの金属製外箱に接して地絡事故が起こり、外箱に触れた人体に電流が流れた場合、電動機にD種接地工事を施してあると地絡電流（……）が流れて、人体に流れる電流を小さくできる。

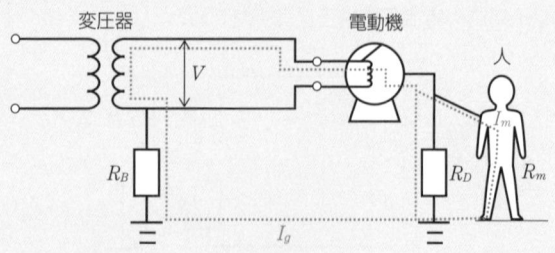

D種接地抵抗のR_Dと人体抵抗R_mが並列の等価回路になる

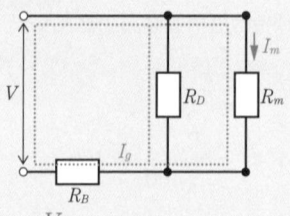

地絡電流 $I_g = \dfrac{V}{R_B + \dfrac{R_D R_m}{R_D + R_m}}$ 〔A〕

人体に流れる電流 $I_m = I_g \dfrac{R_D}{R_D + R_m}$ 〔A〕

V：低圧電路の使用電圧〔V〕　R_B：B種接地抵抗値〔Ω〕
R_D：D種接地抵抗値〔Ω〕　R_m：人体抵抗値〔Ω〕
I_m：人体に流れる電流〔A〕　I_g：地絡電流〔A〕

合格アドバイス 人体に流れる電流の式は、並列接続の各抵抗に流れる電流はそれぞれの抵抗値に反比例配分することから導き出せる。

問題 ▸ 1 平成22年度 法規 問12(b) 改題

●変圧器によって高圧電路に結合されている低圧電路に施設された使用電圧 100〔V〕の金属製外箱を有する空調機がある。この変圧器のB種接地抵抗値は 40〔Ω〕である。この空調機に地絡事故が発生した場合、空調機の金属製外箱に触れた人体に流れる電流を 10〔mA〕以下としたい。そのための空調機の金属製外箱に施すD種接地工事の接地抵抗値の上限値を求めよ。ただし、人体抵抗値を 6 000〔Ω〕とする。

解説 ▸ 1

地絡電流 I_g は次式で求まる。

$$I_g = \frac{V}{R_B + \dfrac{R_D R_m}{R_D + R_m}}$$

人体に流れる漏えい電流 I_m は次式の通りとなる。

$$I_m = I_g \frac{R_D}{R_D + R_m} = \frac{V}{\dfrac{R_D R_m}{R_D + R_m} + R_B} \times \frac{R_D}{R_D + R_m}$$

$$= \frac{R_D}{R_D (R_m + R_B) + R_B R_m} V$$

題意の数値を代入して、R_D について解くと

$$10 \times 10^{-3} = \frac{R_D}{R_D (6\,000 + 40) + 40 \times 6\,000} \times 100$$

$60.4 R_D + 2\,400 = 100 R_D$

したがって $R_D ≒ 60.6$〔Ω〕

答え 60.6〔Ω〕

▶人体に流れる電流 I_m

ゴロあわせ 人では　愛が　あるで！　人でいこう　たぶん　あるで
人体電流　I_g　R_D　　　　人体抵抗　分　R_D

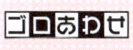

17 高圧ケーブルの絶縁耐力試験

ここを 暗記!

⊃ 試験変圧器の容量 絶縁耐力試験には試験変圧器が用いられる。変圧器には、ケーブルの充電電流とリアクトル電流の合成電流が流れるため、事前に試験変圧器の容量が不足しないか確認する必要がある。

試験変圧器の容量 $W = V_t I_t$ 〔V·A〕

試験変圧器の電流 $\dot{I}_t = \dot{I}_L + \dot{I}_C$ 〔A〕

充電電流 $\dot{I}_C = j\omega C V_t$ 〔A〕

> W：試験変圧器の容量〔V·A〕 V_t：試験電圧〔V〕 I_t：試験変圧器の電流〔A〕
> I_L：補償リアクトルの電流〔A〕 I_C：充電電流〔A〕 ω：角周波数〔rad/s〕
> C：対地静電容量〔F〕

問題 ▶ 1　平成24年度 法規 問11 改題

●公称電圧 6 600〔V〕、周波数 50〔Hz〕の三相 3 線式配電線路から受電する需要家の竣工時における自主検査で、高圧引込ケーブルの交流絶縁耐力試験を「電気設備技術基準の解釈」に基づき実施する場合、この試験で必要な電源容量として、単相交流発電機に求められる最小の容量〔kV·A〕を求めよ。

ただし、試験回路、試験対象物である高圧引込ケーブル及び交流絶縁耐力試験に使用する試験器等の仕様は、次の通りとし、この試験は 3 線一括で実施し、高圧引込ケーブル以外の電気工作物は接続されないものとし、各試験器の損失は無視する。また、高圧補償リアクトルのリアクタンスは 43 333〔Ω〕、高圧引込ケーブルの 1 線の対地静電容量は 0.033〔μF〕とする。

合格アドバイス　補償リアクトルは、ケーブルによる充電電流を補償し、試験変圧器の電流を低減するために設けられる。

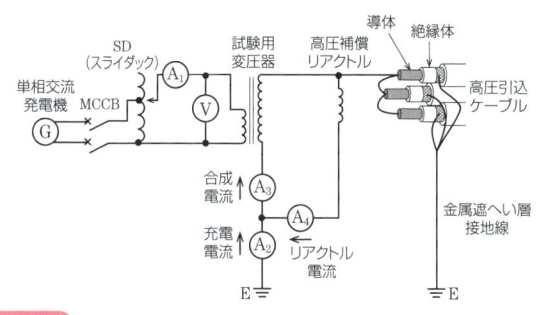

解説 ▶ 1

最大使用電圧は次式で求まる。

最大使用電圧 ＝ 公称電圧 × $\dfrac{1.15}{1.1}$ ＝ $6\,600 \times \dfrac{1.15}{1.1}$ ＝ $6\,900$〔V〕

したがって、試験電圧 V_t は次の通りとなる。

$V_t = 6\,900 \times 1.5 = 10\,350$ 〔V〕

ケーブル1線の対地静電容量 C_e は、題意より、

$C_e = 0.033$ 〔μF〕

3線一括で試験しており、3線の並列回路の合成静電容量 C は次式の通りである。

$C = 3C_e$

したがって、3線一括の充電電流 I_c は次の通りである。

$I_c = j\,3\omega C_e V_t$

$\quad = j\,3 \times (2\pi \times 50) \times (0.033 \times 10^{-6}) \times 10\,350$

$\quad ≒ j\,0.3219$ 〔A〕 ＝ $j\,321.9$ 〔mA〕

次に高圧補償リアクトルの電流 I_L を次式より求める。

$I_L = \dfrac{V_t}{jX_L} = -j\,\dfrac{10\,350}{43\,333} ≒ -j\,0.2388$〔A〕 ＝ $-j\,238.8$〔mA〕

したがって、試験変圧器の電流 I_t は次式で求まる。

$\dot{I}_t = \dot{I}_C + \dot{I}_L = j\,321.9 - j\,238.8 = j\,83.1$ 〔mA〕

ゆえに変圧器容量 W は次の通りである。

$W = V_t I_t = 10\,350 \times (83.1 \times 10^{-3}) ≒ 0.860$ 〔kV・A〕

答え 0.860〔kV・A〕

ゴロあわせ
▶ケーブルの充電電流 I_c の求め方

医師が 「じゃあ、おめーがしろ」 とぼやいて
$I_c =$ 　j 　ω 　C 　V 　t

18 支線の張力と強度の計算

ここを暗記!

○**支線** 架空電線路の支持物の強度を補強するために施設される金属線のこと。引張荷重、安全率などの規定がある。

○**支線に働く引張荷重** 電線による回転モーメントと支線による回転モーメントは等しくなる。

$T_0 h_0 = T_P h$

支線の張力の水平成分 $T_P = P \sin \theta$

○**複数の電線を支持する支線に働く引張荷重** 各電線による回転モーメントの合計と支線による回転モーメントは等しくなる。

$T_1 h_1 + T_2 h_2 = T_P h$

支線の張力の水平成分 $T_p = P \sin \theta$

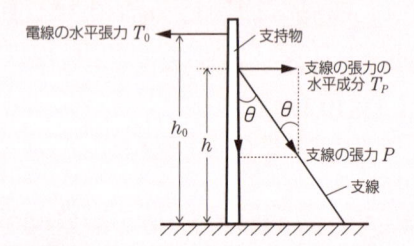

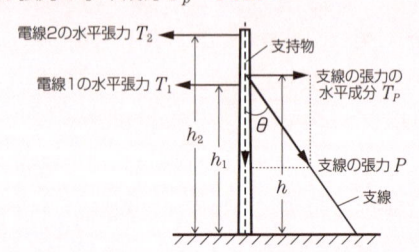

○**支線の条数** 支線の最小条数は次式で求められる。

$$N \geq \frac{\text{支線に働く力} \times \text{安全率}}{\text{素線の引張強さ} \times \text{断面積} \times \text{より合わせによる引張荷重減少係数}}$$

＊支線の安全率は2.5以上（ただし、引き留め線の場合は1.5以上）

合格アドバイス 三角関数よりも、三平方の定理（ピタゴラスの定理）で三辺を求め、三辺の比（三角比）から算出することが多い。

問題 ▶ 1　平成16年度 法規 問11 改題

●図のように低圧架空電線と高圧架空電線を併架するA種鉄筋コンクリート柱がある。この電線路の引留箇所において下記の条件で支線を設けるものとする。

（ア）低高圧電線間の離隔距離を 2〔m〕とし、高圧電線の取り付け高さを 10〔m〕、低圧電線と支線の取り付け高さをそれぞれ 8〔m〕とする。

（イ）低圧電線の水平張力は 4〔kN〕、高圧電線のそれは 9〔kN〕とし、これらの全荷重を支線で支えるものとする。

このとき、支線に生じる引張荷重〔kN〕の値を求めよ。

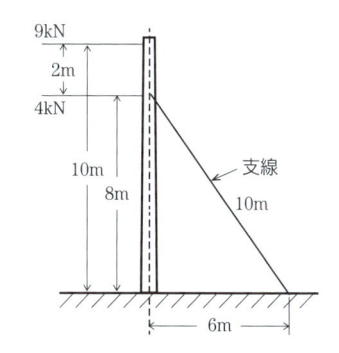

解説 ▶ 1

支線の水平張力を T_P とすると、次式が成り立つ。

$T_P \times 8 = 4 \times 8 + 9 \times 10$

したがって、$T_P = 15.25$〔kN〕と求まる。

支線に生じる引張荷重を P とすると、図の三角比より次の関係が成り立つ。

$P : T_P = 10 : 6$

したがって、P は次式で求まる。

$P = T_P \times \left(\dfrac{10}{6}\right) = 15.25 \times \left(\dfrac{10}{6}\right) \fallingdotseq 25.4$〔kN〕

答え　25.4〔kN〕

▶支線の安全率

ゴロあわせ　視線は　ニコッと　目線は　1個以上
　　　　　　　支線　2.5以上　引き留め線　1.5以上

19 架空線路の風圧荷重の計算

ここを暗記!

⇒風圧荷重の種類と適用 風圧荷重には甲種、乙種、丙種の3つの規定があり、高温季と低温季、また氷雪の多い地方とそれ以外の地方によって、次のように適用される。

季節	地域区分		適用される風圧荷重
高温季	すべての地方		甲種
低温季	氷雪の多い地方	低温季に最大風圧を生じる地方	甲種又は乙種のいずれか大きいもの
		低温季に最大風圧を生じない地方	乙種
	氷雪の多い地方以外の地方		丙種

⇒甲種風圧荷重 風速40m/s(10分間平均)の風圧による長さ1m当たりの荷重。

$F_1 = 980 \times S$
$= 980 \times dl$
$= 980\,d$ 〔N〕

⇒乙種風圧荷重 比重0.9、厚さ6mmの氷雪が付着し、甲種風圧荷重の$\frac{1}{2}$の風圧による長さ1m当たりの荷重。

$F_2 = 980 \times \frac{1}{2} \times S$
$= 490 \times (d + 2 \times 6 \times 10^{-3}) \times l$
$= 490 \times (d + 12 \times 10^{-3})$ 〔N〕

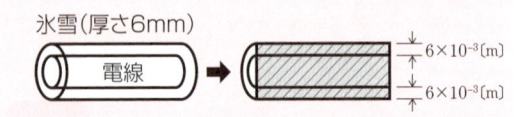

▶風圧荷重の種類と適用

ゴロあわせ
高　校の　冬の風評被害は　　　　甲乙つけがたい
高温季　甲種　低温季　最大風圧　氷雪　甲種か乙種

→ **丙種風圧荷重** 甲種風圧荷重の $\frac{1}{2}$ の風圧による長さ1m当たりの荷重。

$$F_3 = 980 \times \frac{1}{2} \times S$$
$$= 490 \times dl$$
$$= 490\,d\,[\text{N}]$$

問題 ▶ 1　平成22年度　法規　問13(b)　改題

●氷雪の多い地方のうち、海岸地その他の低温季に最大風圧を生ずる地方以外の地方において、電線に断面積150〔mm^2〕（19本／3.2〔mm〕）の硬銅より線を使用する特別高圧架空電線路がある。この電線1条、長さ1〔m〕当たりに加わる低温季における風圧荷重〔N〕の値を求めよ。

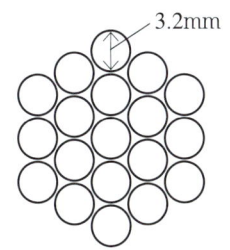

解説 ▶ 1

氷雪の多い地方で、低温季に最大風圧を生じない地方は、低温季における風圧荷重は乙種風圧荷重が適用される。乙種風圧荷重は次式で求まる。

$$F = 980 \times \frac{1}{2} \times S$$
$$= 490 \times (d + 2 \times 6 \times 10^{-3}) \times l$$
$$= 490 \times (d + 12 \times 10^{-3})$$
$$= 490 \times (5 \times 3.2 \times 10^{-3} + 12 \times 10^{-3})$$
$$= 13.72\,[\text{N}]$$

答え 13.72〔N〕

ゴロあわせ　▶乙種風圧荷重
おつかれ！　後半部分　か？　いこうかキャバレー
乙種　甲種の半分　荷重　甲　980

20 短絡電流と遮断容量の計算

ここを暗記!

● 配線用遮断器の遮断容量 短絡事故が発生した場合の短絡電流の大きさを求める問題と配線用遮断器の遮断容量を求める問題が出題されることがある。

短絡電流 $I_S = \dfrac{I_n}{\%z} \times 100 = \dfrac{I_n}{\sqrt{p^2+q^2}} \times 100$ 〔A〕

I_S：短絡電流〔A〕　I_n：基準電流〔A〕
$\%z$：百分率インピーダンス降下　p：百分率抵抗降下〔%〕
q：百分率リアクタンス降下〔%〕（百分率＝パーセント）

問題▶1　平成21年度　法規　問13(b)　改題

●図は、三相 210〔V〕低圧幹線の計画図の一部である。図の低圧配電盤から分電盤に至る低圧幹線に施設する配線用遮断器に関して、次の問に答えよ。

ただし、基準容量 200〔kV·A〕・基準電圧 210〔V〕として、変圧器及びケーブルの各百分率インピーダンスは次の通りとし、変圧器より電源側及びその他記載のないインピーダンスは無視するものとする。

● 変圧器の百分率抵抗降下 1.4〔%〕及び百分率リアクタンス降下 2.0〔%〕
● ケーブルの百分率抵抗降下 8.8〔%〕及び百分率リアクタンス降下 2.8〔%〕

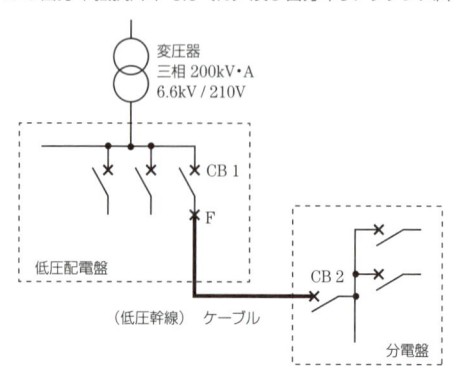

▶ 短絡電流 I_s・基準電流 I_n・百分率インピーダンス %Z
ゴロあわせ　イスは　パズルの　中に100脚
　　　　　　　I_s　　　%Z　　　I_n　100

配線用遮断器CB1及びCB2の遮断容量〔kA〕の値を求めよ。

ただし、CB1とCB2は、三相短絡電流の値の直近上位の遮断容量〔kA〕の配線用遮断器を選択するものとする。

解説 ▶ 1

問題の図を描きかえると次の通りである。

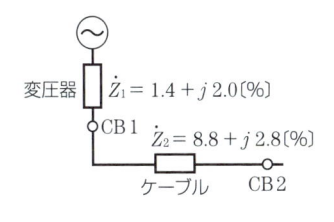

変圧器 $\dot{Z}_1 = 1.4 + j\,2.0$〔％〕
CB1
$\dot{Z}_2 = 8.8 + j\,2.8$〔％〕
ケーブル CB2

基準電流 I_n を次式で求める。

$$I_n = \frac{P_n}{\sqrt{3}V_n} = \frac{200 \times 10^3}{\sqrt{3} \times 210} \fallingdotseq 550 \text{〔A〕}$$

CB1の短絡電流 I_{s1} を次の通り求める。

$\%\dot{Z}_1 = 1.4 + j\,2.0$ 〔％〕

$\%Z_1 = |\%\dot{Z}_1| = \sqrt{1.4^2 + 2.0^2} \fallingdotseq 2.44$ 〔％〕

$$I_{s1} = \frac{100}{\%Z_1} I_n = \frac{100}{2.44} \times 550$$

$\fallingdotseq 22541$ 〔A〕 $\fallingdotseq 22.5$ 〔kA〕

CB2の短絡電流 I_{s2} を次の通り求める。

$\%\dot{Z}_1 + \%\dot{Z}_2 = (1.4 + j\,2.0) + (8.8 + j\,2.8)$
$= 10.2 + j\,4.8$ 〔％〕

$|\%\dot{Z}_1 + \%\dot{Z}_2| = \sqrt{10.2^2 + 4.8^2}$
$= \sqrt{104.04 + 23.04} \fallingdotseq 11.27$ 〔％〕

$$I_{s2} = \frac{100}{|\%\dot{Z}_1 + \%\dot{Z}_2|} I_n = \frac{100}{11.27} \times 550 \fallingdotseq 4\,880 \text{〔A〕} \fallingdotseq 4.9 \text{〔kA〕}$$

答え CB1 22.5〔kA〕 CB2 4.9〔kA〕

合格アドバイス 短絡電流は定格電流より大きな値となる。異なる結果が出たら計算が間違っているので、確認しよう。

21 中性点非接地式電路の1線地絡電流

ここを暗記！

➡ 1線地絡電流の計算　中性点非接地式高圧配電線路に接続されている変圧器（二次側が低圧）の高低圧が混触したとき、低圧側の対地電圧をある値以下に抑制するために変圧器の二次側にB種接地工事を施す。その接地抵抗値を求める際に、1線地絡電流の計算が必要となる。

$$1 \text{線地絡電流 } I_g = 1 + \underbrace{\frac{\frac{VL}{3} - 100}{150}}_{\text{ケーブル以外の電線に適用}} + \underbrace{\frac{\frac{VL'}{3} - 1}{2}}_{\text{ケーブルに適用}} \text{〔A〕}$$

ただし、計算結果は、小数点以下を切り上げ、2A未満となる場合は2Aとする。

> V'：電路の公称電圧を 1.1 で除した電圧〔kV〕
> L：同一母線に接続される高圧電路の電線延長〔km〕
> L'：同一母線に接続される高圧電路の線路延長〔km〕

電線延長 L：電線の長さの合計で、線路延長に電線の本数を乗じて求める。三相3線式の場合は3本分の長さ。

線路延長 L'：線路の長さ。すなわち配線ルートの長さ。

問題 ▶ 1　平成24年度 法規 問10 改題

●公称電圧 6 600〔V〕の三相3線式中性点非接地式の架空配電線路（電線はケーブル以外を使用）があり、そのこう長は 20〔km〕である。この配電線路に接続される柱上変圧器の低圧電路側に施設されるB種接地工事の接地抵抗値〔Ω〕の上限を求めよ。

ただし、高圧電路と低圧電路の混触により低圧電路の対地電圧が 150〔V〕を超えた場合に、1秒以内に自動的に高圧電路を遮

合格アドバイス　身近な送電線や配電線をみると、各相が離れて架空されているのがわかる。このような場合は電線延長を用いて求める。

断する装置を施設しているものとする。

なお、高圧配電線路の 1 線地絡電流 I_1〔A〕は、次式によって求めるものとする。

$$I_1 = 1 + \frac{\frac{V}{3}L - 100}{150} \text{〔A〕}$$

V は、配電線路の公称電圧を 1.1 で除した電圧〔kV〕

L は、同一母線に接続される架空配電線路の電線延長〔km〕

解説 ▶ 1

V を求める。

$$V = \frac{6.6}{1.1} = 6 \text{〔kV〕}$$

L は、三相 3 線式であるので、線路のこう長を 3 倍して求める。

$$L = 20 \times 3 = 60 \text{〔km〕}$$

したがって、I_1 は次式で求まる。

$$I_1 = 1 + \frac{\frac{V}{3}L - 100}{150} = 1 + \frac{\frac{6}{3} \times 60 - 100}{150} \fallingdotseq 1.1333 \text{〔A〕}$$

小数点以下を切り上げ、2A未満となる場合は 2Aとするので、2Aとなる。

したがって、混触時に 1 秒以内に動作する遮断装置のある場合のB種接地工事の抵抗値の上限は、次の通りとなる（P270参照）。

$$\frac{600}{2} = 300 \text{〔Ω〕}$$

答え　300〔Ω〕

合格アドバイス　ケーブルの場合は各相一括、又は各相がくっついて配線されている。このような場合は線路延長を用いて求める。

22 調整池式発電所の計算

ここを 暗記！

🔴 **調整池式水力発電所** 貯水と放水ができる調整池を持つ水力発電所。負荷変動に応じて流量調整ができる。

🔴 **調整池の有効貯水量** ピーク時に調整池から放出される水量はピーク時以外に調整池の貯水する水量と同量になり、この値を有効貯水水量という。

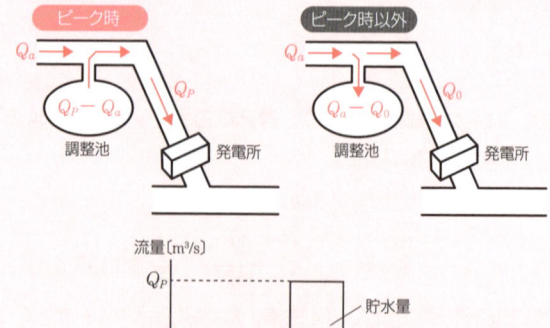

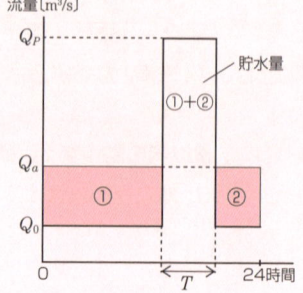

有効貯水水量 $V = (Q_P - Q_a) T \times 3600$
$ = (Q_a - Q_0)(24 - T) \times 3600 \, [\mathrm{m^3}]$

V：有効貯水水量 $[\mathrm{m^3}]$
Q_P：ピーク時の使用水量（最大使用水量）$[\mathrm{m^3/s}]$
Q_a：河川流量 $[\mathrm{m^3/s}]$ Q_0：ピーク時以外の使用水量 $[\mathrm{m^3/s}]$
T：ピーク継続時間 〔時間〕

合格アドバイス 1日～1週間程度の負荷変動に対応するものを調整池、数か月単位の季節的変動に対応するものを貯水池という。

問題 ▶ 1　平成24年度 法規 問13 改題

●発電所の最大出力が 40 000 [kW] で最大使用水量が 20 [m³/s]、有効容量 360 000 [m³] の調整池を有する水力発電所がある。河川流量が 10 [m³/s] 一定である時期に、河川の全流量を発電に利用して図のような発電を毎日行った。毎朝満水になる 8 時から発電を開始し、調整池の有効容量の水を使い切る x 時まで発電を行い、その後は発電を停止して翌日に備えて貯水のみをする運転パターンである。次の (a) 及び (b) の問に答えよ。

ただし、発電所出力 [kW] は使用水量 [m³/s] のみに比例するものとし、その他の要素にはよらないものとする。

(a) 運転を終了する時刻 x は何時か。
(b) 図に示す出力 P [kW] の値を求めよ。

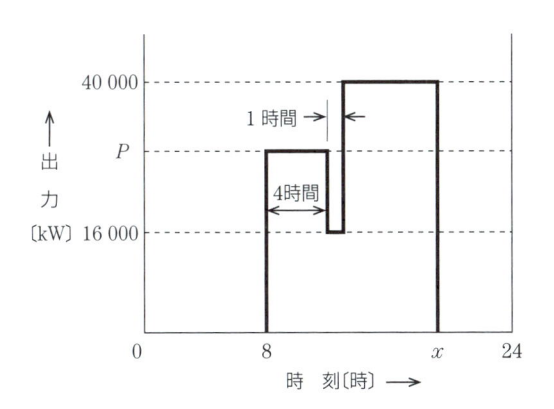

解説 ▶ 1

(a) 0 時～8 時と x 時と 24 時の間で 10m³/s の流量でためた量が 360 000m³ になるので、次式が成り立つ。

$\{(8-0)+(24-x)\}$ [h] $\times 3\,600$ [s/h] $\times 10$ [m³/s]
$= 360\,000$ [m³]

これを解くと、$x = 22$ [時]

ゴロあわせ ▶調整池の有効貯水水量
ゆうちょは　ピークで　出すが、　意外に貯める　同僚
有効貯水水量　ピーク時　放出量　ピーク時以外　同量

(b) 発電に使用する水量 W は次式で表される。

$W = \{Q_P \times 4 + Q_{16} \times 1 + Q_{40} \times (22 - 8 - 4 - 1)\} \times 3\,600$ 〔m³〕

$W = (4Q_P + Q_{16} + 9Q_{40}) \times 3\,600$ 〔m³〕

ただし、

Q_{40}：出力 40 000kW 時の使用水量〔m³/s〕

Q_P：出力 P〔kW〕時の使用水量〔m³/s〕

Q_{16}：出力 16 000kW 時の使用水量〔m³/s〕

発電所の使用水量は発電機の出力に比例するので、次の関係が成り立つ。

$Q_{40} : Q_P : Q_{16} = 40\,000 : P : 16\,000$

題意より

$Q_{40} = 20$ 〔m³/s〕

ゆえに Q_P、Q_{16} は次の通りとなる。

$Q_P = 20 \times \left(\dfrac{P}{40\,000}\right)$ 〔m³/s〕

$Q_{16} = 20 \times \left(\dfrac{16\,000}{40\,000}\right) = 8$ 〔m³/s〕

したがって、発電に使用する水量 W は次の通りである。

$W = (4Q_P + Q_{16} + 9Q_{40}) \times 3\,600$

$ = (4 \times 20 \times \dfrac{P}{40\,000} + 8 + 9 \times 20) \times 3\,600$

$ = (0.002P + 188) \times 3\,600$ 〔m³〕

発電に使用する水量は1日の河川の全流量に等しいので、次式が成り立つ。

$W = 1$ 日の河川の全流量〔m³〕

$(0.002P + 188) \times 3\,600$〔m³〕$= 10$〔m³/s〕$\times 24$〔h〕$\times 3\,600$〔s/h〕

$P = 26\,000$〔kW〕

答え (a) 22時 (b) 26 000〔kW〕

合格アドバイス 有効貯水量の式は暗記するのではなく、負荷曲線から導き出せるようにしよう。

問題 ▶ 2 平成17年度 法規 問題13 改題

●有効落差 80 〔m〕の調整池式水力発電がある。河川の流量が 12 〔m³/s〕で一定で、図のように1日のうち18時間は発電せずに全流量を貯水し、6時間だけ自流分に加え貯水分を全量消費して発電を行うものとするとき、1日当たりの総流入量〔m³〕と発電電力〔kW〕の値を求めよ。ただし、水車及び発電機の総合効率は 85 〔%〕、運転中の有効落差は一定とし溢水はないものとする。

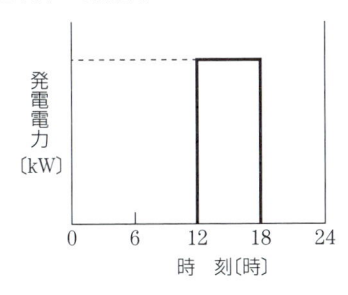

解説 ▶ 2

河川の流量を Q_a 〔m³/s〕、1日の総流入量を V 〔m³〕とすると、

$V = Q_a$ 〔m³/s〕 × 24 〔h〕 × 3 600 〔s/h〕
 $= 12 × 24 × 3 600 = 1 036 800$ 〔m³〕

発電電力を P_w 〔kW〕、単位時間当たりの水車に流れ込む水量を Q 〔m³/s〕、有効落差 H 〔m〕、水車と発電機の効率を η とすると、次の式が成り立つ。

$P_w = 9.8 Q H \eta$ 〔kW〕 (←P122参照)

グラフより Q は1日の総流入量 V を6時間使用して発電するから、

$$Q = \frac{V}{6 × 3 600} = \frac{1 036 800}{21 600} = 48 \text{ 〔m}^3\text{/s〕}$$

よって

$P_w = 9.8 × 48$ 〔m³/s〕 × 80 〔m〕 × 85 〔%〕 ≒ 31 987 〔kW〕

答え 1日の流入量 1 036 800〔m³〕 発電電力 31 987〔kW〕

合格アドバイス 水力発電所の出力は、落差と効率が一定ならば、流量に比例する。発電電力量は、貯水量に比例する。

23 変圧器の全日効率

ここを暗記!

◯ **変圧器の全日効率** 変圧器を1日運転した場合の効率のことで、計算には1日の供給電力量と損失電力量を求める必要がある。

◯ **変圧器の鉄損電力量** $W_i = P_i t$ 〔Wh〕

W_i:鉄損電力量〔Wh〕 P_i:鉄損〔W〕 t:時間〔h〕

◯ **変圧器の銅損電力量** $W_c = \alpha^2 P_c t$ 〔Wh〕

W_c:銅損電力量〔Wh〕 α:負荷率 P_c:全負荷時の銅損〔W〕 t:時間〔h〕

負荷率 $\alpha = \dfrac{P_L}{P_n \cos\theta}$

P_L:負荷電力〔W〕 P_n:変圧器の定格容量〔VA〕 $\cos\theta$:力率

◯ **変圧器の損失電力量** 損失電力量は変圧器の鉄損電力量と銅損電力量の和で求まる。

変圧器の損失電力量 $W_L = W_i + W_c$ 〔Wh〕

W_L:損失電力量〔Wh〕 W_i:鉄損電力量〔Wh〕
W_c:銅損電力量〔Wh〕

◯ **変圧器の全日効率の計算式**

$$\text{全日効率} = \frac{1\text{日の出力電力量}〔\text{kW}\cdot\text{h}〕}{(1\text{日の出力電力量}+1\text{日の損失電力量})〔\text{kW}\cdot\text{h}〕} \times 100 〔\%〕$$

問題▶1 平成19年度 法規 問12 改題

●配電線路に接続された、定格容量 20〔kV·A〕、定格二次電流 200〔A〕、定格電圧時の鉄損 150〔W〕、定格負荷時の銅損 270〔W〕の単相変圧器がある。

この変圧器の二次側の日負荷曲線が図のような場合について、

合格アドバイス　鉄損は負荷によらず一定で、無負荷でも発生する。銅損は負荷の2乗に比例し、無負荷では発生しない。

次の（a）及び（b）に答えよ。

ただし、負荷の力率は100〔%〕とする。

(a) 変圧器の1日の損失電力量〔kW·h〕の値を求めよ。
(b) 変圧器の全日効率〔%〕の値を求めよ。

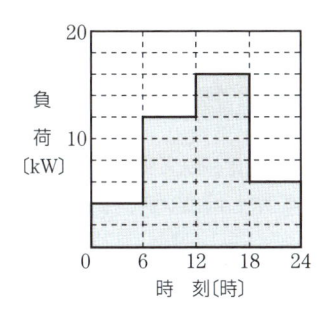

解説▶1

(a) 鉄損は次式で求まる。
$W_i = 150〔W〕 \times 24〔h〕 \times 10^{-3} = 3.6〔kW·h〕$

銅損は次式で求まる。

$$W_c = \left\{\left(\frac{4}{20}\right)^2 \times 6〔h〕 + \left(\frac{12}{20}\right)^2 \times 6〔h〕\right.$$
$$\left. + \left(\frac{16}{20}\right)^2 \times 6〔h〕 + \left(\frac{6}{20}\right)^2 \times 6〔h〕\right\}$$
$$\times 270〔W〕 \times 10^{-3}$$
$$= (0.2^2 + 0.6^2 + 0.8^2 + 0.3^2) \times 270 \times 6 \times 10^{-3}$$
$$\fallingdotseq 1.83〔kW·h〕$$

したがって、変圧器の損失電力量は次式で求まる。

$W_L = W_i + W_c = 3.6 + 1.83 = 5.43〔kW·h〕$

(b) 1日の出力電力量をW_oとすると、次式で求まる。

$W_o = 4〔kW〕 \times 6〔h〕 + 12〔kW〕 \times 6〔h〕 + 16〔kW〕 \times 6〔h〕 + 6〔kW〕 \times 6〔h〕$
$= 228〔kW·h〕$

したがって、全日効率は次式で求まる。

$$全日効率 = \frac{W_o}{W_o + W_L} \times 100 = \frac{228}{228 + 5.43} \times 100$$
$$\fallingdotseq 97.7〔\%〕$$

答え (a) 5.43〔kW·h〕 (b) 97.7〔%〕

合格アドバイス：効率は、出力を入力で除したものである。入力から損失を減じたものが出力となる。この2つを理解すること。

24 電力用コンデンサで力率改善

ここを暗記!

● 電力用コンデンサ 誘導性負荷による遅れ力率を改善するために、負荷に対して並列に電力用コンデンサを入れる。電力用コンデンサの容量の単位は〔var〕。

● 電力用コンデンサの容量の求め方 電力用コンデンサを接続して力率が $\cos\theta \to \cos\theta_0$ に改善した場合、電力用コンデンサの容量 Q_C は次のように求まる。

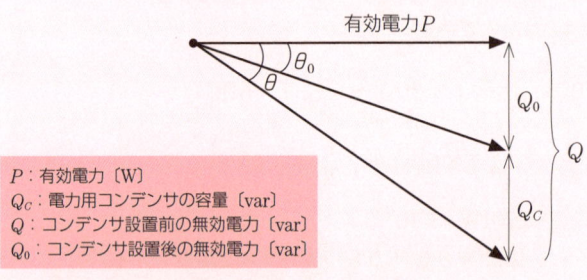

P：有効電力〔W〕
Q_C：電力用コンデンサの容量〔var〕
Q：コンデンサ設置前の無効電力〔var〕
Q_0：コンデンサ設置後の無効電力〔var〕

電力用コンデンサの容量 $Q_C = Q - Q_0 = P(\tan\theta - \tan\theta_0)$

$$= P\left(\frac{\sin\theta}{\cos\theta} - \frac{\sin\theta_0}{\cos\theta_0}\right) = P\left(\frac{\sqrt{1-\cos^2\theta}}{\cos\theta} - \frac{\sqrt{1-\cos^2\theta_0}}{\cos\theta_0}\right)$$

問題 ▶ 1 平成24年度 法規 問12(b) 改題

● 電気事業者から供給を受ける、ある需要家の自家用変電所を送電端とし、高圧三相3線式1回線の専用配電線路で受電している第2工場がある。第2工場の負荷は2 000〔kW〕、受電電圧は6 000〔V〕である。電力用コンデンサを接続して、第2工場の力率を改善し、受電端電圧を6 300〔V〕にしたい場合、設置する電力用コンデンサ容量〔kvar〕の値を求めよ。

ただし、第2工場の負荷の消費電力及び負荷力率(遅れ)は、

合格アドバイス 力率改善用のコンデンサ容量を算出する問題はよく出る。公式に頼らず、ベクトル図を描いて求められるようにしよう。

受電端電圧によらないものとし、自家用変電所の送電端電圧は6 600〔V〕、専用配電線路の電線1線当たりの抵抗は0.5〔Ω〕及びリアクタンスは1〔Ω〕とする。

また、電力用コンデンサ設置前の負荷力率は0.6（遅れ）とする。

なお、配電線の電圧降下式は、簡略式を用いて計算するものとする。

解説 ▶ 1

まず、コンデンサ設置前の無効電力 Q〔kvar〕を求める。

$$Q = P\tan\theta = P\frac{\sin\theta}{\cos\theta} = P\frac{\sqrt{1-\cos^2\theta}}{\cos\theta}$$

$$= 2\,000 \times \frac{\sqrt{1-0.6^2}}{0.6} \fallingdotseq 2\,666.7 \text{〔kvar〕}$$

次にコンデンサ設置後の無効電力 Q_0〔kvar〕を求める。

V_S：送電端線間電圧〔V〕 V_R：受電端線間電圧〔V〕 I：配電線電流〔A〕 r：配電線路1線当たりの抵抗〔Ω〕 x：配電線路1線当たりのリアクタンス〔Ω〕とすると、

$V_S - V_R = \sqrt{3}\,I\,(r\cos\theta_0 + x\sin\theta_0)$ ・・・①

$P = \sqrt{3}\,V_R I \cos\theta_0$ ・・・②

$Q_0 = \sqrt{3}\,V_R I \sin\theta_0$ ・・・③

上の3式より、次式が成り立つ。

$$V_S - V_R = \frac{Pr}{V_R} + \frac{Q_0 x}{V_R}$$

この式に各値を代入する。

$$6\,600 - 6\,300 = \frac{2\,000 \times 10^3 \times 0.5}{6\,300} + \frac{Q_0 \times 1}{6\,300}$$

$$300 = \frac{1\,000\,000 + Q_0}{6\,300}$$

$1\,890\,000 = 1\,000\,000 + Q_0$

∴ $Q_0 = 890\,000$〔var〕= 890〔kvar〕

したがって、$Q_C = Q - Q_0 = 2\,666.7 - 890 = 1\,776.7$〔kvar〕

答え 1 776.7〔kvar〕

▶電力用コンデンサの容量の求め方
ゴロあわせ 電車で混んでんよ！ 前から 後ろを引く婿
電力コンデンサの容量 設置前 設置後 無効電力

さくいん

英字
CVケーブル	152
n形半導体	116
OFケーブル	152
PSEマーク	262
p形半導体	116
RLC直列回路	46
RLC並列回路	48
V特性曲線	198

あ行
アークホーン	148・150
アーマロッド	150
アクセプタ	116
圧電効果	115
アボガドロ定数	234
アルゴリズム	250
安全率	292
一般用電気工作物	254・264
インバータ	212
インピーダンス	46
エネルギー保存の法則	240
円形コイル	88
演算増幅器	112
エンタルピー	131
エントロピー	130
オームの法則	16
屋内幹線	280
遅れ力率	154
オシロスコープ	118
温度係数	18

か行
加圧水型原子炉	140
がいし	150
開閉器	146・280
架空送電	150
架空地線	148
架空電線	164・272
角周波数	43
核分裂の発熱量	133
かご型誘導電動機	190
重ね合わせの理	26
可視光線	217
ガス絶縁開閉装置	146
過電圧	148
過電流	180
過電流継電器	170
過電流遮断器	280
可動コイル形	78
可動鉄片形	78
過渡現象	38
過熱器	136
カプラン水車	128
可変電圧可変周波数制御	190
火力発電	138
火力発電所	136
環状ソレノイド	88
記憶素子	242
起磁力	94
汽水分離器	136
逆起電力	174
ギャロッピング	164
給水加熱器	136
給水ポンプ	130
共振回路	50
共振周波数	50
汽力発電	130
キルヒホッフの法則	24
金属管工事	281
空気予熱器	136
クーロンの法則	80
クロスフロー水車	129
蛍光灯	216
軽水炉	140
系統連系用保護装置	214
ゲイン	108
原子力発電	140
高圧屋側ケーブル	276
鋼心アルミより線	150
合成インダクタンス	98
光束	220
光束発散度	221
交直変換設備	156
光度	220
交流ベクトル	54
誤差率	69
コンデンサ	82・84
コンバインドサイクル発電	138

さ行

サージタンク	122
サージ性過電圧	148
再生タービン	136
再熱器	136
サイリスタ	210
三相交流	58・62・64・66・204
三電圧計法	76
三電流計法	76
シーケンス制御	236
シース損	152
磁界	88
紫外線	217
磁界の強さ	86
自家用電気工作物	254・264
磁気回路	94
磁気回路のオームの法則	95
磁気抵抗	94
事業用電気工作物	254
磁極間のクーロンの法則	86
時限順送方式	170
試験電圧	268
試験変圧器	290
支線	292
自然エネルギー発電	142
磁束鎖交数	95
磁束密度	90
室指数	221
自動制御	236
遮断器	146
遮断容量	296
遮へい角	148
周期	43
充電電流	168
周波数	43
充放電反応	238
ジュール熱	36
需要率	284
小出力発電設備	254・279
照度	220
衝動水車	128
衝動タービン	136
照明LED	216
照明率	221
真性半導体	116
進相コンデンサ	154
スイッチングデバイス	212
水平面照度	221
水力発電	122
Y結線	60・160
Y-Y-Δ結線	160
Y-Δ結線	160
スペーサ	150
滑り	184
スリートジャンプ	164
正弦波交流	42
静止型無効電力補償装置	154
静止セルビウス方式	189
成績係数（COP）	230
静電エネルギー	82
静電形	78
静電容量	82
整流回路	206
整流形	78
整流作用	117
ゼーベック効果	114
赤外線	217
赤外線温度計	227
赤外線加熱	224
絶縁協調	148
絶縁耐力試験	268
絶縁抵抗値	266
接近状態	273
節炭器	136
接地工事	270
接地抵抗	286・288
線間電圧	60
全日効率	304
線電流	60
全放射温度計	227
相互インダクタンス	96・98
相互誘導	96
相電圧	60
送電線	148
送電端効率	133
相電流	60
送配電線路の中性点接地	162
送配電線路の電圧降下	158
増幅度	108
双方向サイリスタ	210
総落差	122
損失水頭	122

た行

タービン	130
タービン効率	133

ダイオード	117・206
太陽光発電	142
太陽電池モジュール	268・279
単相交流電力	52
単相単巻変圧器	202
単相変圧器	180
ダンパ	150
短絡比	196
断路器	146
地中送電	152
地中電線路	276
中性点非接地式電路	298
調整池式水力発電所	300
調相設備	154
直流送電	156
直流電動機	174
直流電力	70
直流発電機	178
直列リアクトル	154
地絡方向継電器	170
通過電荷	102
抵抗温度計	227
抵抗加熱	224
抵抗損	152
鉄機械	196
鉄損	180・186
テブナンの定理	28
Δ結線	60・160
電圧種別	254
電界	80
電界効果トランジスタ(FET)	110
電気加熱	224
電気計器	78
電気工作物	254・256
電気工事士	264
電気工事法	264
電機子	174・178
電気事故報告	260
電機子反作用	178・194
電気主任技術者	258
電気抵抗	18・20・22・32
電気分解	234
電気保安法人	258
電気用品安全法	262
電磁エネルギー	96
電子の運動	104
電子密度	102
電磁誘導	92

電磁力	90
伝熱	227
電流力計形	78
電力	36
電力用コンデンサ	306
電力量	36・132
等価回路	181
同期インピーダンス	196
銅機械	196
同期機	192
同期調相機	154
同期電動機	198
透磁率	91
銅損	180・186
特定電気用品	262
ドナー	116
トムソン効果	114
トランジスタ増幅回路	108

な行

鉛蓄電池	144
二次電池	144・238
ニッケル水素電池	144
二電力計法	72
熱オームの法則	226
熱サイクル効率	132
熱消費率	133
熱対流	227
熱電温度計	227
熱電形	78
熱伝導	227
熱放射	227
熱容量	226
熱流	226
燃料消費率	133
燃料電池	238・268

は行

背圧タービン	136
バイオマス発電	142
配線用遮断器	281・296
バイポーラトランジスタ	110
倍率器	68
波形率	43
波高率	43
発電効率	132
発電端効率	133
発電ブレーキ	184

パワーコンディショナ	142・214
反転増幅回路	112
反動水車	128
反動タービン	136
半導体	116
ヒートポンプ	230
比エンタルピー	131
ヒステリシス曲線	100
ヒステリシス損	100・180
ひずみ波	56
ひずみ率	57
皮相電力	52
引張荷重	292
比熱	226
非反転増幅回路	112
微風振動	164
百分率同期インピーダンス	196
避雷器	148
比例推移	188
ファラデー定数	234
ファラデーの電気分解の法則	234
ファラデーの電磁誘導の法則	92
フィードバック制御	236
風圧荷重	294
風力発電	142
ブール代数	248
フェランチ現象	148・166
負荷率	284
復水器	130
復水タービン	136
沸騰水型原子炉	140
不等率	284
フラッシオーバ電流	148
フランシス水車	128
ブリッジ回路	34
ブリッジ整流回路	207
フレミング左手の法則	90
フレミング右手の法則	92
プログラミング	250
ブロック線図	236
プロペラ水車	128
分岐回路	280
分散型小規模発電装置	142
分流器	68
平滑回路	206
ペルチェ効果	114
ペルトン水車	128
ベルヌーイの定理	126
変電設備	278
保安規程	258
ボイラ	130
ボイラ効率	132
法線照度	221
ホール効果	114
保護協調	170
保護継電器	170
保守率	221
補正率	69

ま・や・ら行

巻線形誘導電動機	188
水トリー	166
ミルマンの定理	30
無効電力	52
有効貯水水量	300
有効電力	52
有効落差	122
誘電加熱	224
誘電体損	152
誘電率	82
誘導加熱	224
誘導起電力	92
誘導障害	166
誘導電動機	184・186
誘導リアクタンス	46
揚水発電	123
容量リアクタンス	46
ランキンサイクル	130
リアクトル電流	290
力率	46・52・194
リサジュー図形	118
リチウムイオン電池	144
立体角	220
利得	108
レンツの法則	92
漏えい電流	288
ロータリーコンデンサ	154
論理回路	242
論理素子	242

● 著者紹介　**石原 鉄郎**（いしはら　てつろう）

ドライブシャフト合同会社代表社員。電験、電工、施工管理技士、給水装置工事などの技術系国家資格の受験対策講習会などに年間100回以上登壇している。電気主任技術者、エネルギー管理士、ビル管理技術者の法定選任経験あり。第一種電気工事士の法定講習の認定講師。東京都在住の兼業講師。

● 著者紹介　**毛馬内 洋典**（けまない　ひろのり）

1974年東京都中野区出身。電気通信大学大学院電子工学専攻博士前期課程修了。同大学院電子工学専攻博士後期課程単位取得退学。有限会社KHz-NET代表取締役社長。電験資格ほか、第一級総合無線通信士、第一級陸上無線技術士等技術系・現場系資格を中心に取得済み国家資格は70に達する。現在、中学・高等学校講師のほか、技術系書籍執筆、技術系国家資格試験講座の講師などで高い評価を得ている。

本書に関するお問い合わせは、書名・発行日・該当ページを明記の上、下記のいずれかの方法にてお送りください。電話でのお問い合わせはお受けしておりません。

・ナツメ社webサイトの問い合わせフォーム
　https://www.natsume.co.jp/contact
・FAX（03-3291-1305）
・郵送（下記、ナツメ出版企画株式会社宛て）

なお、回答までに日にちをいただく場合があります。正誤のお問い合わせ以外の書籍内容に関する解説・受験指導は、一切行っておりません。あらかじめご了承ください。

ナツメ社Webサイト
https://www.natsume.co.jp
書籍の最新情報（正誤情報を含む）はナツメ社Webサイトをご覧ください。

丸覚え！電験三種　公式・用語・法規の超重要ポイント

2015年 7 月 8 日　初版発行
2023年 6 月20日　第 8 刷発行

著　者　石原　鉄郎
　　　　毛馬内洋典
発行者　田村　正隆

©Ishihara Tetsuro, 2015
©Kemanai Hironori, 2015

発行所　株式会社ナツメ社
　　　　東京都千代田区神田神保町1-52ナツメ社ビル1F（〒101-0051）
　　　　電話　03（3291）1257（代表）　FAX　03（3291）5761
　　　　振替　00130-1-58661
制　作　ナツメ出版企画株式会社
　　　　東京都千代田区神田神保町1-52ナツメ社ビル3F（〒101-0051）
　　　　電話　03（3295）3921
印刷所　凸版印刷株式会社

ISBN978-4-8163-5864-7　Printed in Japan

〈定価はカバーに表示してあります〉〈落丁・乱丁本はお取り替えいたします〉
本書の一部または全部を著作権法で定められている範囲を超え、ナツメ出版企画に無断で複写、複製、転載、データファイル化することを禁じます。